• 浙江生物多样性保护研究系列 •
Biodiversity Conservation Research Series in Zhejiang, China

百山祖国家公园蝴蝶图鉴

【第I卷】

Butterflies Atlas of Baishanzu National Park

【Volume I】

李泽建 刘玲娟 刘萌萌 等/编著

中国农业科学技术出版社
China Agricultural Science and Technology Press

图书在版编目（CIP）数据

百山祖国家公园蝴蝶图鉴．第Ⅰ卷 / 李泽建等编著．—
北京：中国农业科学技术出版社，2020.11
ISBN 978-7-5116-4901-0

Ⅰ．①百… Ⅱ．①李… Ⅲ．①国家公园—蝶—庆元县—
图集 Ⅳ．① Q964-64

中国版本图书馆 CIP 数据核字（2020）第 140653 号

责任编辑　张志花
责任校对　李向荣

出 版 者　中国农业科学技术出版社
　　　　　北京市中关村南大街 12 号　邮编：100081
电　　话　（010）82106636（编辑室）（010）82109702（发行部）
　　　　　（010）82109709（读者服务部）
传　　真　（010）82106631
网　　址　http://www.castp.cn
经 销 者　各地新华书店
印 刷 者　北京科信印刷有限公司
开　　本　787 毫米 ×1092 毫米　1/16
印　　张　35.25
字　　数　550 千字
版　　次　2020 年 11 月第 1 版　2020 年 11 月第 1 次印刷
定　　价　468.00 元

Biodiversity Conservation Research Series in Zhejiang, China

Butterflies Atlas of Baishanzu National Park (Volume I)

Compiled by Li Zejian, Liu Lingjuan, Liu Mengmeng et al.

China Agricultural Science and Technology Press

《百山祖国家公园蝴蝶图鉴（第Ⅰ卷）》编辑委员会

名誉顾问：

童雪松

顾　　问：

武春生　张雅林　王　敏　诸立新　范骁凌　尚素琴
袁向群

编　　著：

李泽建　刘玲娟　刘萌萌　刘胜龙　王军峰

摄　　影：

李泽建　杨熉傲　叶立新　刘萌萌　王军峰　余　英
刘胜龙　陈黎明　陈志伟　姬婷婷　李美琴　李秀芳
高凯文　瞿承伟　叶维友　彭　辉

序 一

2019 年，《浙江天目山蝴蝶图鉴》一书出版。2020 年，《百山祖国家公园蝴蝶图鉴（第Ⅰ卷）》一书又将付梓，这本蝴蝶著作是浙江生物多样性保护研究系列卷册之一，是对百山祖国家公园蝴蝶物种资源多样性最好的诠释与展示，可为广大蝴蝶爱好者与研究学者提供重要的数据参考。

百山祖国家公园以浙江省凤阳山－百山祖国家级自然保护区为核心，整合了庆元国家森林公园、庆元大鲵国家级自然保护区等自然保护地和周边具有优质自然生态、深厚文化底蕴的区域。百山祖国家公园地处丽水市下辖，是中亚热带常绿阔叶林生态系统的典型代表，也是我国具有全球意义的生物多样性保护关键区域之一。1979—1988 年，我曾先后 15 次带领浙江农业大学和另 2 所农林学校毕业实习生到凤阳山－百山祖国家级自然保护区采集蝴蝶标本。之后我与日本开展中日蝶类合作研究期间再次到保护区考察研究。1993 年我主编出版的《浙江蝶类志》中大部分蝴蝶种类均采自该保护区。

《百山祖国家公园蝴蝶图鉴（第Ⅰ卷）》是浙江生物多样性保护研究系列卷册之一。本书图文并茂，数据翔实，采用样线监测法和实地踏查法对百山祖国家公园的蝴蝶物种进行了详细调查与动态监测记录。本书提供的所有蝴蝶标本照与生态照均给出了详细的采集地信息与拍摄日期，文字内容严谨。本书采用当前国际较为流行的中国蝴蝶 5 科分类系统，共记载百山祖国家公园蝴蝶 5 科 140 属 283 种，让读者清晰直观了解百山祖国家公园蝴蝶物种的分布状况，从而为保护蝴蝶重要物种提供科学依据。同时，本书也为浙江省各自然保护区掌握蝴蝶本地资源提供了详细参考，具有十分重要的学术价值和研究价值。

衷心地祝贺《百山祖国家公园蝴蝶图鉴（第Ⅰ卷）》一书顺利出版！本人非常乐于为此书作序！

中国昆虫学会蝴蝶分会原副理事长

《中国蝶类志》原副主编

丽水地区农业科学研究所原所长、研究员

2020 年 5 月 18 日于杭州

序　二

蝶缘 2020

据说时间是公平的。不抬杠的话，可以说每个人每天拥有的时间一样长。我不喜欢抬杠，也不喜欢喜欢抬杠的人。与其花时间去考虑时间是否公平这样的基本问题，偶尔想一想时间是冷酷的这种世俗问题或许更有趣些：有的人觉得时间太长、太难熬，能把它缩一缩的方法却少得可怜，还很不好用。有的人觉得时间太快、太匆匆，却没办法把它抻一抻，只好拼命地追，像追赶地铁末班车，眼见它呼啸遁去，望尘莫及。

模糊记得读小学或初中的时候，看过一本短短的科幻小说，名字早已经不记得了。里面说，未来有一种银行，可以把闲暇时间存进去，需要的时候再取出来用。感觉作者很向往这种时间银行，虽然当时的我并不理解。那个时候还不流行为孩子报各种班。课后作业倒有，但跟当下比实在少得可怜。我的学习成绩一向很好，作业做得快，课后的闲暇时间很多，除了帮助处理家务或者下地干农活等正事外，还有时间做点别的：捉蝴蝶，玩泥巴，斗纽扣，踢毽子，等等，不胜枚举。清贫但快乐的童年，在记忆里是如此的短暂，却又那么令人怀念。倏忽之间，我已经“年过半百”。按小时候算命的说法，我今生寿可八十。当时还觉得活这么久会不会太长了？可是，不知道从什么时候开始，渐渐觉得八十不太够了。手上仅有的一两件事情眼见无法完成，就有点贪心。算计着要是能活到一百岁，也许还马马虎虎。

回头看看，过去的五十多年，年年都不一样，其中有一些年曾经觉得很特别，发生过一些好像很大的事情，或者遇到了谁。可是，正像某人说的，你觉得你很牛叉，那是因为你还没有见到牛叉。现在我们好像见到牛叉了，它是 2020 年。但不同凡响的 2020 年也快要过去了。以后也许还会遇到更牛叉的年代，让我们拭目以待吧。我的 2020 年就像我的人生一样已经过去了四分之三，回头看看好像一片荒芜。泽建博士的 2020 年却像他前面的数年一样，成果丰硕。真是充满活力的后浪啊。

依稀记得，年初的某个时候或者更早，泽建博士给我安排了一个任务：给他们的一本蝴蝶新书写序。说实话，对这个任务我潜意识里有点抗拒，经常忙来忙去的，假装不记得泽建给过我这样的一个任务。泽建是一个十分厚道的青年学者，专心致志，踏实勤恳，没有青年才俊常有的好高骛远、眼高手低这样的毛病，几乎月月见论文，年年出新著。这一点甚至让我觉得心虚，因为我一直以为自己做事专心，踏实勤恳。泽建博士脾气又好，隔一段时间，他就在 QQ 里耐心地提醒我，记得写序哦，但不着急。可是我着急啊，每次看到他的新提醒，都觉得头有些疼，不知是不是刚好后脑有点缺血。十几年前体检的时候，医生跟我说过的，我的后脑有根血管太细，血流不畅。相比波澜壮阔的 2020 年，给我学生的一部新著写个小序，自然算不上什么大事，即使这部新著是关于美丽蝴蝶的故事。对于一个严重拖延症患者来说，拖一拖一件事，又不一定需要理由。但这件迟迟未能了结的事让我觉得 2020 年过得更快了。

时间就这么飞速地逝去。七月份，在西藏优哉游哉地采集期间，再次收到泽建博士的催稿消息。当夜就做了一个颇长的旧梦：……在茂密森林的冠层上下，起伏穿行，自由飘荡。微风拂过身上薄薄的绒毛，华美的双翼斜展并适时地变换角度，无声地穿过各种奇怪角度伸出来的枝枝杈杈。在无边际的林海之上，突然看到了一轮氤氲的朝阳，美丽、柔和。那一刻好像有刹那的明悟：梦又醒了！恍惚之间记得入梦时还是一头肥且慵懒的毛毛虫，吃得有点多，还不爱爬行。而现在的我，是丛林里一只有个古怪名字的、美丽的翠叶风蝶：*Trogonoptera brookiana*。关于我的梦，在人生的那边，很多人说我化蛹了，后来又羽化了。用他们的话说，这是完全变态。而在虫生，我好像只是睡了一段有点长的觉。我觉得我的虫生或者人生，逻辑有点乱。

而耕耘不辍的泽建、萌萌博士伉俪，一对燕赵侠侣，如今栖止于华夏东南旖旎的丛林，像蜜蜂一样地工作着。我猜不出他们是什么蝴蝶。只模糊记得我们曾经一起飞行过几年，经历过一些虫虫的故事。他们那么喜欢叶蜂啊、蝴蝶啊，一定还有很多零碎、有趣的往事吧。多年之后，或有缘再遇于清涧林间，溪上有数只蜻蜓，萦绕荷花。我们以草甸为席，磐石为桌，餐风饮露，指点蝴蝶或者别的什么虫虫……也算是一种小小的际会吧。

正是：粉蕊新凝露，缘结旧梦初。晓来天欲醉，更饮一滴无？

魏美才

2020 年 10 月 1 日，庚子中秋月圆之夜，南昌瑶湖

前　言

《百山祖国家公园蝴蝶图鉴（第Ⅰ卷）》是作者及团队成员经过近 5 年（2016—2020 年）的详细调查与监测最终整理编著而成的一部兼具学术性、科普性、可读性的蝴蝶著作。该书是对以凤阳山为主体的百山祖国家公园内蝴蝶物种进行的系统性整理，图片内容十分丰富，累计图片 1 600 余张，为研究浙江蝴蝶物种多样性与中国蝴蝶地理分布格局提供了重要基础材料，也为国内外专业人士研究蝴蝶类群提供了详细参考，还为进一步编纂《中国蝴蝶图鉴》等书籍打下了良好的研究基础。

《百山祖国家公园蝴蝶图鉴（第Ⅰ卷）》一书得以顺利出版，得到了丽水市高层次人才培养项目（2019RC02）和丽水市科协服务科技创新项目（2020RKT07）的共同资助。目前，本书按照中国蝴蝶 5 科分类系统进行，共记录蝴蝶 5 科 140 属 283 种。其中，书内部分疑难蝴蝶物种鉴定工作得到了中国科学院动物研究所武春生研究员、西北农林科技大学张雅林教授和袁向群教授、华南农业大学王敏教授与范骁凌教授、滁州学院诸立新教授、甘肃农业大学尚素琴教授等专业人士的大力帮助与支持，在此深表感谢！

目前，《百山祖国家公园蝴蝶图鉴（第Ⅱ卷）》一书也在筹备之中，希望在不久的将来可以与读者见面。由于编著人员水平有限，个别蝴蝶物种鉴定错误难免，敬请广大蝴蝶研究人员与蝴蝶爱好者不吝赐教与斧正。

李泽建

中国科学院动物研究所博士后

华东药用植物园科研管理中心副研究员、高级工程师

2020 年 3 月 1 日于丽水

目 录

凤蝶科 Papilionidae

粉蝶科 Pieridae

蛱蝶科 Nymphalidae

灰蝶科 Lycaenidae

弄蝶科 Hesperiidae

凤蝶科

Papilionidae

【鉴别特征】成虫体型多数大型，较少数为中型；色彩鲜艳，底色多黑、黄、白，有蓝、绿、红等颜色的斑纹；后翅通常具一尾突；前足胫节有 1 个前胫突；后翅 2A 脉伸达后缘。幼虫前胸有一“Y”形翻缩腺。世界已知 570 余种，中国记载 130 余种，百山祖国家公园记载 7 属 26 种。

【寄主植物】马兜铃科 Aristolochiaceae、景天科 Crassulaceae、樟科 Lauraceae、罂粟科 Papaveraceae、芸香科 Rutaceae、伞形花科 Umbelliferae 等。

裳凤蝶属 *Troides* Hübner, 1819

1. 金裳凤蝶 *Troides aeacus* (C. & R. Felder, 1860)

麝凤蝶属 *Byasa* Moore, 1882

2. 灰绒麝凤蝶 *Byasa mencius* (C. & R. Felder, 1862)

珠凤蝶属 *Pachliopta* Reakirt, [1865]

3. 红珠凤蝶 *Pachliopta aristoloxhiae* (Fabricius, 1775)

凤蝶属 *Papilio* Linnaeus, 1758

4. 小黑斑凤蝶 *Papilio epycides* Hewitson, 1864
5. 褐斑凤蝶 *Papilio agestor* Gray, 1831
6. 宽尾凤蝶 *Papilio elwesi* Leech, 1889
7. 宽带凤蝶 *Papilio nephelus* Boisduval, 1836

8. 玉斑凤蝶 *Papilio helenus* Linnaeus, 1758

9. 玉带凤蝶 *Papilio polytes* Linnaeus, 1758

10. 蓝凤蝶 *Papilio protenor* Cramer, 1775

11. 美凤蝶 *Papilio memnon* Linnaeus, 1758

12. 绿带翠凤蝶 *Papilio maackii* Ménétriès, 1859

13. 巴黎翠凤蝶 *Papilio paris* Linnaeus, 1758

14. 碧凤蝶 *Papilio bianor* Cramer, 1777

15. 穹翠凤蝶 *Papilio dialis* (Leech, 1893)

16. 达摩凤蝶 *Papilio demoleus* Linnaeus, 1758

17. 金凤蝶 *Papilio machaon* Linnaeus, 1758

18. 柑橘凤蝶 *Papilio xuthus* Linnaeus,1767

青凤蝶属 *Graphium* Scopoli, 1777

19. 宽带青凤蝶 *Graphium cloanthus* (Westwood, 1845)

20. 青凤蝶 *Graphium sarpedon* (Linnaeus, 1758)

21. 黎氏青凤蝶 *Graphium leechi* (Rothschild, 1895)

22. 碎斑青凤蝶 *Graphium chironides* (Honrath, 1884)

剑凤蝶属 *Pazala* Moore, 1888

23. 四川剑凤蝶 *Pazala sichuanica* Koiwaya, 1993

24. 铁木剑凤蝶 *Pazala mullah* (Alphéraky, 1897)

25. 升天剑凤蝶 *Pazala eurous* (Leech, [1893])

丝带凤蝶属 *Sericinus* Westwood, 1851

26. 丝带凤蝶 *Sericinus montelus* Gray, 1852

裳凤蝶属 *Troides* Hübner, 1819

【鉴别特征】大型凤蝶。头胸黑色，头后及胸侧具红毛，腹背中央具香鳞。头大，复眼裸露，触角粗长，末端膨大。前翅窄长，外缘平直或微内凹；后翅外缘波状，无尾突。雄蝶后翅臀褶内有灰黄色香鳞。性二型显著，雄蝶后翅通常无斑纹，雌蝶通常具黑斑。

【分　　布】东洋区。

【寄主植物】马兜铃科 Aristolochiaceae。

1. 金裳凤蝶 *Troides aeacus* (C. & R. Felder, 1860)

【鉴别特征】大型凤蝶。本种与裳凤蝶近似，但雄蝶前翅狭窄，顶角突出，外缘内凹，色泽透明略有丝绢质感；雄蝶后翅外缘弧形具波齿，前缘处无黑色，为金黄色，臀区外缘三角形斑内具灰色晕；雌蝶前翅脉侧灰白色纹明显，后翅黑色斑列不与外缘黑斑接触，二者间具灰色晕。一年多代。

【分　　布】中国浙江[1]（百山祖、凤阳山、天目山、云和县）、甘肃、陕西，长江以南地区；南亚次大陆、中南半岛和马来半岛。

【发　　生】5—8月。

浙江凤阳山　2019-08-06

♂正

♂反

1cm

浙江凤阳山　2019-05-12

[1] 浙江省属于长江以南、秦岭以南、华东地区等，但为突出浙江省的分布状况，特将浙江省单独列出。

浙江云和县　2020-08-05

浙江云和县　2020-08-05

麝凤蝶属 *Byasa* Moore, 1882

【鉴别特征】中型至大型凤蝶。体背黑色，腹面红色，胸侧具红毛。头较小，复眼裸露，触角较短。翅窄长，前翅外缘平直，后翅具尾突，外缘波齿状。雄蝶后翅臀褶内具香鳞。无性二型。多数种类一年 2 代，少数种类一年 1 代或一年多代。

【分　　布】东洋区、古北区。

【寄主植物】马兜铃科 Aristolochiaceae、防己科 Menispermaceae。

2. 灰绒麝凤蝶 *Byasa mencius* (C. & R. Felder, 1862)

【鉴别特征】中大型凤蝶。雄蝶翅背面灰黑色，前翅具黑色翅脉、中室纹及脉间纹。后翅尾突长指状，亚外缘具暗红色新月形斑，香鳞白色。腹面斑纹如背面，亚外缘红色新

♀正

♀反

1cm

浙江凤阳山　2018-04-25

♂正

♂反

1cm

浙江凤阳山　2018-06-14

月形斑鲜艳清晰，臀角红斑不规则。雌蝶翅灰褐色，斑纹同雄蝶，后翅背面亚外缘红斑清晰。

【分　　布】中国浙江（百山祖、凤阳山、草鱼塘、烂泥湖、四明山、天目山、望东垟）、陕西、山西、福建、四川。

【发　　生】 3—10月。

♂正

♂反

1cm

浙江凤阳山　2020-04-08

浙江凤阳山　2017-04-22

浙江凤阳山　2018-04-24

浙江天目山　2019-04-12

浙江天目山　2020-04-07

珠凤蝶属 *Pachliopta* Reakirt, [1865]

【鉴别特征】中型凤蝶。头胸黑色，腹部红色具黑纹。头较小，复眼裸露，触角较短。翅狭长，前翅外缘平直，后翅外缘波状齿，具窄匙状尾突。雄蝶后翅臀褶内无香鳞。无性二型。

【分　　布】东洋区。

【寄主植物】马兜铃科 Aristolochiaceae。

3. 红珠凤蝶 *Pachliopta aristoloxhiae* (Fabricius, 1775)

【鉴别特征】中型凤蝶。雄蝶翅背面黑色，前翅外缘 2/3 具明显的辐射状灰色中室纹及脉侧纹，外缘黑色；后翅中室外侧具 4 枚长形白斑，亚外缘具模糊的暗红色斑。腹

♀正

♀反

1cm

浙江凤阳山　2017-09-17

♂正

♂反

1cm

浙江凤阳山　2017-09-17

面斑纹与背面一致，前翅色淡，后翅红斑鲜艳清晰。雌蝶翅褐色，斑纹同雄蝶但色泽暗淡。

【分　　布】中国浙江（百山祖、凤阳山），长江以南地区；南亚次大陆、马来半岛。

【发　　生】4—9月。

浙江凤阳山　2018-06-14

浙江凤阳山　2018-08-14

凤蝶属 *Papilio* Linnaeus, 1758

【**鉴别特征**】中大型凤蝶。体色斑纹多变。头大，复眼裸露，触角长。翅形多宽阔，少数窄长；前翅外缘平直或内凹；后翅多具尾突，外缘波齿状。雄蝶后翅无香鳞。部分种类具性二型或雌多型。多数种类为一年 2 代至多代，少数种类为一年 1 代。

【**分　　布**】古北区、东洋区。

【**寄主植物**】芸香科 Rutaceae、伞形科 Umbelliferae、番荔枝科 Annonaceae、樟科 Lauraceae、木兰科 Magnoliaceae。

4. 小黑斑凤蝶 *Papilio epycides* Hewitson, 1864

【**鉴别特征**】中小型凤蝶。无尾突。雄蝶翅背面污白色具黑脉，前翅前缘与顶区黑色，

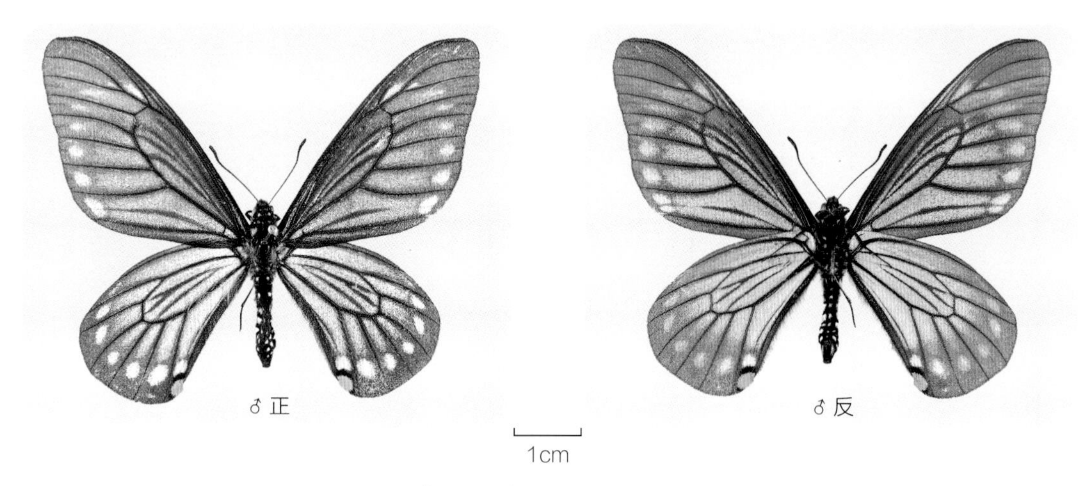

浙江凤阳山　2020-04-08

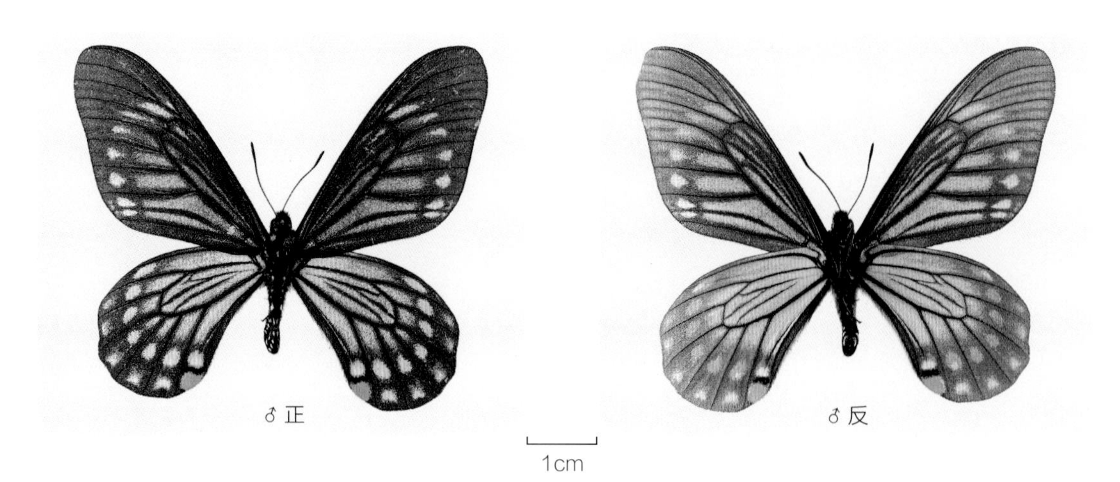

浙江天目山　2017-04-08

中室具 4 条黑线，亚外缘具 2 条黑带，外缘具污白色斑列；后翅中室具 3 条黑线，外中区至亚外缘具 2 列污白色斑，臀角具黄斑。腹面底为褐色，斑纹与背面一致，白色斑更明显。雌蝶色泽斑纹同雄蝶一致。

【分　　布】中国浙江（百山祖、凤阳山、天目山），西南、华南、华东地区；印度、老挝、越南。

【发　　生】3—4 月。

浙江天目山　2019-04-12

5. 褐斑凤蝶 *Papilio agestor* Gray, 1831

【鉴别特征】中型凤蝶。无尾突。雄蝶前翅背面黑色，各室具青灰色斑纹，亚外缘斑呈双列；后翅背面黑色至栗色，中室及相邻部分具青灰色斑纹，中室具 3 条黑色至栗色线，亚外缘具白色斑纹。腹面前翅斑纹与背面一致，但顶区呈栗色；后翅色泽斑纹与背面极为相似。雌蝶斑纹与雄蝶一致，但色泽较为暗淡。

【分　　布】中国浙江（百山祖、凤阳山），西南、华南、华中地区；南亚次大陆、马来半岛。

【发　　生】4—5 月。

♂正

♂反

1cm

浙江凤阳山　2019-04-17

♂正

♂反

1cm

浙江凤阳山　2018-04-25

浙江凤阳山　2018-05-16

浙江凤阳山　2018-05-16

6. 宽尾凤蝶 *Papilio elwesi* Leech, 1889

【鉴别特征】中大型凤蝶。具尾突。躯体黑褐色。前翅修长，翅顶圆，外缘直。后翅外缘波浪状，后翅具明显的叶状尾突，内有两条翅脉贯穿，末端呈靴状。翅背面大部呈灰褐色，中室及各室内具暗色细条，后缘外侧呈黑褐色。后翅中室及周围有时具明显白色斑纹，这一特征主要在西南地区明显。后翅沿外缘有 1 列红色或橙红色弦月形斑纹。翅腹面底色较背面略浅。

【分　　布】中国浙江（百山祖、凤阳山、草鱼塘、四明山、天目山）、福建、江西、安徽、广东、广西、湖南、四川、贵州。

【发　　生】4—8 月。

♂正

♂反

1cm

浙江凤阳山　2017-04-20

♂正

♂反

1cm

浙江草鱼塘　2019-06-28

浙江凤阳山　2018-05-16

浙江凤阳山　2019-07-29

7. 宽带凤蝶 *Papilio nephelus* Boisduval, 1836

【鉴别特征】大型凤蝶。具尾突。雄蝶翅背面黑色，前翅具暗土色中室纹和脉间纹；后翅亚顶区具4块小斑构成的牙白色大斑。腹面黑褐色斑纹与背面大体一致，前翅中室纹和脉间纹更清晰，中室外上方及臀角附近具小白斑；后翅中室具3条灰白色线纹，白斑较窄小，亚外缘具土黄色斑列。雌蝶翅色暗淡，后翅白斑宽阔，在背面可进入中室，腹面通常向臀角延伸为带状。

【分　　布】中国浙江（凤阳山）、台湾，西南、华中、华东、华南地区；南亚次大陆、马来群岛。

【发　　生】5—10月。

♀正

♀反

1cm

浙江凤阳山　2019-06-24

♂正

♂反

1cm

浙江凤阳山　2019-06-24

8. 玉斑凤蝶 *Papilio helenus* Linnaeus, 1758

【鉴别特征】中大型凤蝶。具尾突。雄蝶翅背面黑色，前翅具暗土色中室纹和脉间纹；后翅亚顶区具 3 块小斑构成的牙白色大斑，亚外缘后半段具暗红色新月形斑纹。腹面灰黑色，前翅中室纹及脉间纹灰白色；后翅肩区及前缘基半部散布灰白色鳞，中室具 3 条灰白色线，亚顶区白斑与背面相似但窄小，亚外缘具绛红色新月形斑纹，臀角具绛红色环纹。雌蝶黑褐色，后翅白斑更黄，亚外缘红斑发达清晰。

【分　　布】中国浙江（百山祖、凤阳山、九龙山、白云森林公园、烂泥湖、四明山、天目山、云和县），南方各地；南亚次大陆、中南半岛、马来半岛、菲律宾群岛、马来群岛、日本群岛。

【发　　生】5—10 月。

♀正

♀反

1cm

浙江凤阳山　2019-09-17

♂正

♂反

1cm

浙江天目山　2016-09-23

1cm

浙江青田县烂泥湖　2019-08-23

浙江云和县梯田
2019-08-25

浙江凤阳山　2019-08-04

9. 玉带凤蝶 *Papilio polytes* Linnaeus, 1758

【鉴别特征】中型凤蝶。雌多型，具短尾突。雄蝶翅背面黑色，前翅具土黄色中室纹和脉间纹，外缘具黄白色点列；后翅外中区贯穿 1 列黄白色斑，亚外缘或出现绛红色新月纹，外缘具黄白色点列。腹面斑纹与背面相似但色泽较淡，前翅外缘点列呈白色；后翅亚外缘常具稀疏的灰蓝色鳞，亚外缘斑列鲜艳清晰。雌蝶（玉带型）：斑纹同雄蝶仅色泽较淡。雌蝶（红珠型）：模拟红珠凤蝶，前翅端半部灰色具黑色翅脉和脉间纹，后翅室端具成团白斑，亚外缘红斑发达鲜艳。

【分　　布】中国浙江（百山祖、凤阳山、九龙山、白云森林公园、四明山、天目山），秦岭以南地区；南亚次大陆、中南半岛、安达曼群岛、马来半岛、菲律宾群岛、日本群岛。

【发　　生】4—10 月。

♀正　　♀反

1cm

浙江白云森林公园　2019-04-12

♂正　　♂反

1cm

浙江白云森林公园　2018-09-18

浙江白云森林公园 2019-08-30

浙江白云森林公园 2019-05-22

10. 蓝凤蝶 *Papilio protenor* Cramer, 1775

【鉴别特征】大型凤蝶。无尾突。雄蝶翅背面灰黑色，有弱深蓝光泽，具清晰的黑色翅脉、脉间纹和中室纹；后翅具暗蓝色天鹅绒光泽，前缘中部具长椭圆形淡黄色香鳞斑，下端半部散布灰蓝色鳞，臀角具镶黑点的绛红色斑。腹面灰黑色，前翅斑纹如背面；后翅顶区、外缘中部和臀角具多枚红斑。雌蝶翅灰褐色无光泽，斑纹如雄蝶，后翅背面无香鳞。

【分　　布】中国浙江（百山祖、凤阳山、九龙山、白云森林公园、烂泥湖、四明山、天目山），秦岭以南地区；南亚次大陆、中南半岛、朝鲜半岛、日本群岛。

【发　　生】4—10月。

♀正

♀反

1cm

浙江天目山　2016-07-27

♂正

♂反

1cm

浙江凤阳山　2018-10-02

1cm

浙江白云森林公园　2019-08-23

浙江凤阳山
2019-08-07

浙江凤阳山　2019-08-07

11. 美凤蝶 *Papilio memnon* Linnaeus, 1758

鉴定特征：大型凤蝶。雄蝶无尾突，雌多型，有尾型。雄蝶翅背面黑色，具暗蓝色光泽，前翅中室基部具暗红色斑纹，中室外侧具蓝灰色条纹；后翅外 2/3 为蓝灰色放射状斑纹。腹面前翅基部红斑清晰，具黑色脉间纹和中室纹；后翅基具绛红色斑纹，外中区具蓝灰色镶黑斑的宽带，臀区具镶黑点的绛红色斑。中国浙江的标本显示雌蝶为无尾型和有尾型两类：无尾型翅灰褐色具黑色翅脉、脉间纹和中室纹，中室基部具红色斑；后翅大面积白斑，外缘黑斑列。腹面斑纹与背面一致，前翅红斑和后翅白斑更明显。

【分　　布】中国浙江（百山祖、凤阳山、九龙山、白云森林公园、丽水市），秦岭以南地区；南亚次大陆、中南半岛、马来半岛、菲律宾半岛、马来群岛、日本群岛。

【发　　生】4—10 月。

♀正　无尾型　1cm　♀反　无尾型

浙江九龙山　2017-08-27

♀正　有尾型　1cm　♀反　有尾型

浙江凤阳山　2018-04-24

无尾型　1cm　无尾型

浙江白云森林公园　2019-07-02

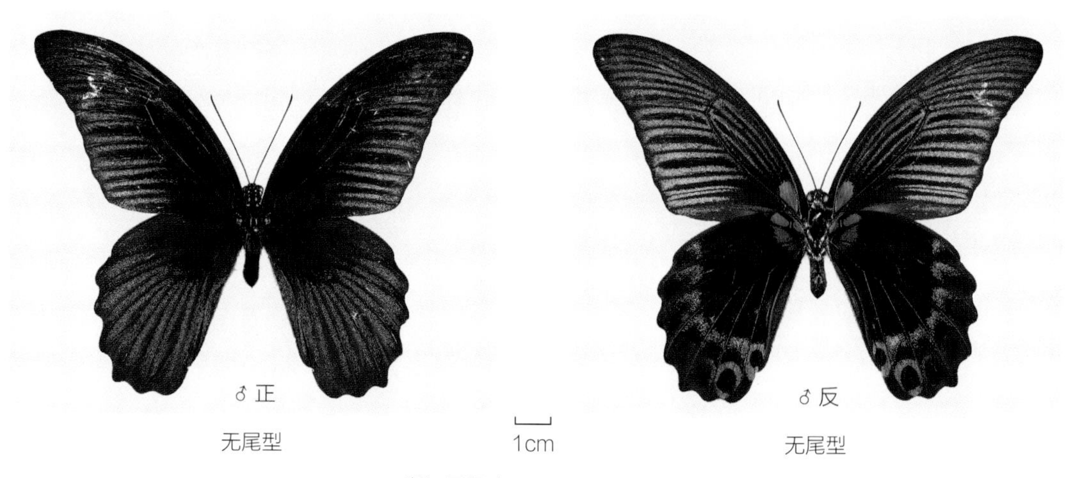

无尾型　1cm　无尾型

浙江凤阳山　2019-08-17

浙江丽水市
2018-10-08

12. 绿带翠凤蝶 *Papilio maackii* Ménétriès, 1859

【鉴别特征】中大型凤蝶。具尾突。雄蝶翅背面黑褐色，散布暗绿色鳞片，前翅翅脉、脉间纹和中室纹不清楚，外中带发达程度多变，后半段具黑色香鳞。后翅散布金属蓝绿色鳞片，中室外侧较集中，或具发达程度不一的白斑，亚外缘具金蓝色和紫红色斑。腹面翅基 2/3 散布灰色鳞片，前翅具黑色翅脉、脉间纹和中室纹；后翅外中区若有白斑则如背面，亚外缘具紫红色新月斑。雌蝶斑纹与雄蝶相同，仅色泽较淡。

【分　　布】中国浙江（百山祖、凤阳山、九龙山、草鱼塘、白云森林公园、烂泥湖、四明山、天目山、望东垟），西南、华南、华中、华东、东北地区；日本、俄罗斯、朝鲜半岛。

【发　　生】3—10 月。

♀正

♀反

1cm

浙江凤阳山　2017-07-02

♂正

♂反

1cm

浙江凤阳山　2017-07-01

♂正

♂反

1cm

浙江九龙山　2017-08-27

♂正

♂反

1cm

浙江四明山　2018-07-23

♂正

♂反

1cm

浙江四明山　2018-07-24

♂正

♂反

1cm

浙江凤阳山　2019-08-17

♂正

♂反

1cm

浙江凤阳山　2019-08-18

♂正

♂反

1cm

浙江青田县烂泥湖　2019-08-23

浙江天目山　2019-04-20

13. 巴黎翠凤蝶 *Papilio paris* Linnaeus, 1758

【鉴别特征】大型凤蝶。具尾突。雄蝶翅背面黑色，散布金绿色鳞片，前翅外中区具不发达的金绿色带；后翅外中区具金属蓝绿色大斑，后端与臀角兼连有金绿色线，臀角具饰有金蓝色鳞的暗红色环纹。腹面褐色，基部散布草黄色鳞片，前翅端部具灰色脉间纹，后翅亚外缘具紫红色的新月形斑。雌蝶翅底色浅，背面金绿色鳞片稀疏，后翅金属斑稍退化。

【分　　布】中国浙江（百山祖、凤阳山、草鱼塘、白云森林公园、天目山、乌岩岭），西南、华南、华中、华东地区，台湾；南亚次大陆、马来群岛。

【发　　生】4—9 月。

♀正

♀反

1cm

浙江凤阳山　2018-09-09

♂正

♂反

1cm

浙江凤阳山　2018-07-07

浙江泰顺县乌岩岭　2019-06-29

14. 碧凤蝶 *Papilio bianor* Cramer, 1777

【鉴别特征】大型凤蝶。具尾突。雄蝶翅背面黑褐色，密布金绿色鳞片，前翅翅脉、脉间纹和中室纹模糊，外中区金绿色带变异大，后半段具黑色香鳞；后翅顶区附近金蓝绿鳞集中，或形成边界不清晰的斑，亚外缘具紫红色斑，臀角斑“C”形。腹面翅基半部黑褐色散布草黄色鳞，前翅端半部灰色，具褐色翅脉、脉间纹和中室纹；后翅亚外缘具紫红色飞鸟形斑。雌蝶翅底色较浅，背面金绿色鳞稀疏，后翅背面红斑发达、清晰。

【分　　布】中国浙江（百山祖、凤阳山、九龙山、草鱼塘、白云森林公园、烂泥湖、四明山、天目山、云和县、峰源），西南、华南、华中、华东、华北地区。

【发　　生】4—10 月。

♂正

♂反

1cm

浙江九龙山　2017-08-28

♂正

♂反

1cm

浙江天目山　2019-04-07

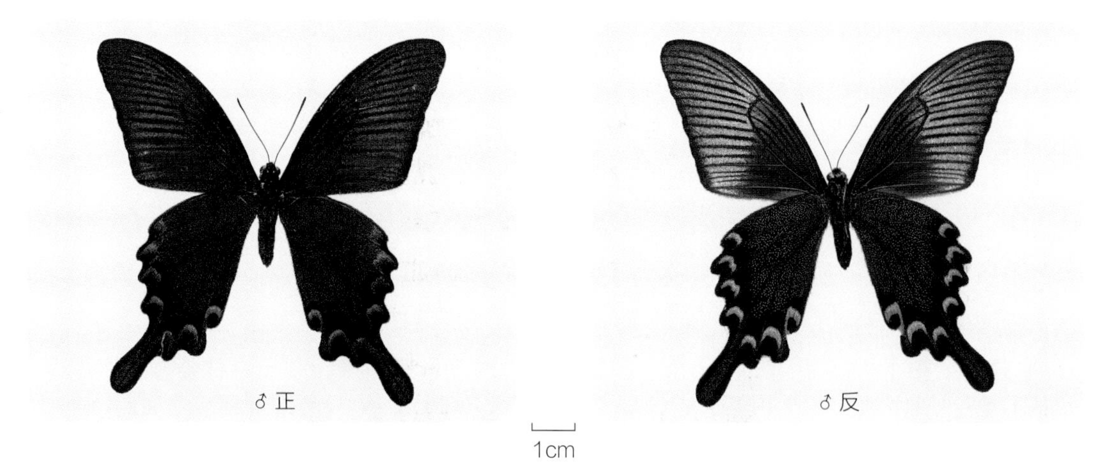

浙江丽水市峰源 2019-04-22

浙江云和县梯田 2019-08-25

浙江凤阳山　2019-08-07

浙江天目山　2019-08-17

15. 穹翠凤蝶 *Papilio dialis* (Leech, 1893)

【鉴别特征】大型凤蝶。尾突长度可变。雄蝶翅背面黑褐色，散布暗绿色鳞片，前翅翅脉、脉间纹和中室纹不清晰，外中区后半段具黑色香鳞。后翅亚外缘具饰有金蓝色鳞的紫红色斑，臀角斑呈闭合环状。腹面翅基半部黑褐色，散布草黄色鳞片，前翅端半部灰色，具黑色翅脉、脉间纹和中室纹；后翅亚外缘具紫红色飞鸟形斑。雌蝶翅底色较浅，背面金绿色鳞片稀疏。

【分　　布】中国浙江（百山祖、凤阳山、九龙山、四明山、天目山、白云森林公园），西南、华南、华中、华东地区，台湾。

【发　　生】4—10月。

♀正

♀反

1cm

浙江天目山　2017-05-26

♂正

♂反

1cm

浙江白云森林公园　2017-08-04

1cm

浙江天目山　2018-07-11

浙江天目山　2019-07-21

16. 达摩凤蝶 *Papilio demoleus* Linnaeus, 1758

【鉴别特征】 中型凤蝶。无尾突。雄蝶翅背面黑色，散布若干淡黄色斑，前翅基部为鳞状纹；后翅前缘中部具饰蓝色的黑色大眼斑，臀角具镶蓝线的椭圆形红斑。腹面与背面大体相似，前翅基及中室内为放射纹，亚顶区赭黄色；后翅近基部具黑色粗斜纹，室端及中区黑色饰有镶蓝色的黄斑，亚外缘贯穿黑色波带。雌蝶斑纹同雄蝶相似，但底色深黄。

【分　　布】 中国浙江（百山祖、凤阳山、天目山），西南、华南地区，台湾；日本、南亚次大陆、马来半岛、菲律宾群岛。

【发　　生】 5—6 月。

注《浙江凤阳山昆虫》与《华东百山祖昆虫》有记载。

♀正

♀反

1cm

云南普洱市　2017-09-21

♂正

♂反

1cm

云南普洱市　2017-09-21

17. 金凤蝶 *Papilio machaon* Linnaeus, 1758

【鉴别特征】中型凤蝶。具尾突。雄蝶翅背面金黄色，具黑脉，前翅基 1/3 黑色，散布黄鳞，室端及外侧具黑带，顶区具黑点，其上密布黄鳞，外中区至外缘具宽黑边，其内侧镶暗黄色带，中部具金黄色斑列；后翅基黑色，外中区至外缘具宽黑带，其内半部具灰蓝色斑，外半部具黄斑，臀角具椭圆形红斑。腹面大体如背面，前翅亚外缘双黑带间散布黑鳞，后翅外中区具夹黄色和灰蓝色黑色双横带，其后段染橙色。雌蝶色泽斑纹同雄蝶但翅形较阔。

【分　　布】中国浙江（百山祖、凤阳山、九龙山、草鱼塘、烂泥湖、四明山、天目山），全国各地；欧亚大陆、中南半岛。

【发　　生】5—9 月。

♀正

♀反

1cm

浙江凤阳山　2018-06-15

♀正

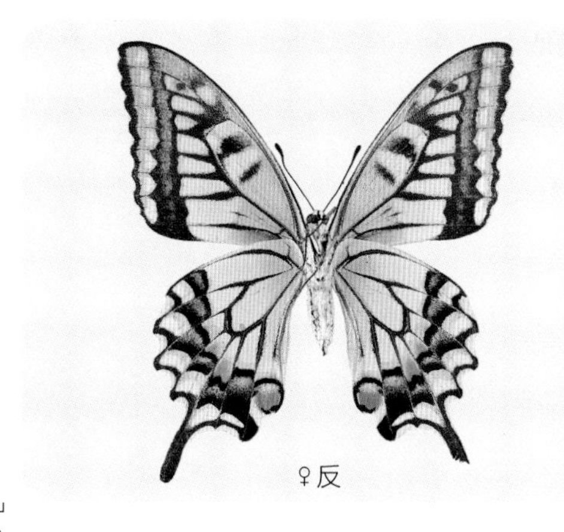
♀反

1cm

浙江青田县烂泥湖　2019-08-23

浙江凤阳山 2018-06-15

浙江凤阳山 2018-06-15

18. 柑橘凤蝶 *Papilio xuthus* Linnaeus,1767

【鉴别特征】中型凤蝶。后翅具尾突。雄蝶翅背面淡黄色，具黑脉，前翅中室具 4 条续断黄线，端部黑色形成大眼斑，亚外缘具淡黄新月斑列；后翅前缘中部具小团黑鳞，外缘宽黑带具蓝色鳞形成的斑，亚外缘具淡黄新月斑列，臀角具黑色橙斑。腹面大体似背面，前翅亚外缘具淡黄色带；外中区贯穿黑色宽横带，镶有蓝色鳞形成的斑，外侧染橙色，外缘黑色。雌蝶斑纹同雄蝶，淡色则略偏黄。

【分　　布】中国浙江（百山祖、凤阳山、白云森林公园、四明山、天目山），除青藏高原以外的全国各地；俄罗斯、日本群岛、朝鲜半岛、中南半岛、菲律宾吕宋岛以及部分南太平洋岛屿。

【发　　生】4—10 月。

♂正　♂反

1cm

浙江白云森林公园　2016-08-14

♂正　♂反

1cm

浙江四明山　2018-06-03

青凤蝶属 *Graphium* Scopoli, 1777

【鉴别特征】中型凤蝶。体背黑色被密毛，腹面白色或污黄色，腹侧具黑色纵纹。头大，复眼裸露，触角端部膨大。翅形窄，前翅顶角明显；后翅外缘齿状，尾突有或无。雄蝶后翅臀褶内具发达的长毛状和绒毛状香鳞。无性二型。

【分　　布】东洋区。

【寄主植物】樟科 Lauraceae、木兰科 Magnoliaceae、番荔枝科 Annonaceae。

19. 宽带青凤蝶 *Graphium cloanthus* (Westwood, 1845)

【鉴别特征】中型凤蝶。具长尾突。雄蝶翅背面黑色，中区具被黑色分割的青绿色宽阔透明斑。后翅亚外缘具青绿色斑列，香鳞灰白色。腹面褐色，前翅亚外缘具模糊的灰褐色带，后翅肩角具不规则暗红色斑，中室端缘附近具暗红色斑列。雌蝶斑纹与雄蝶相似，但色泽较浅。

浙江长潭水库　2018-06-17

【分　　布】中国浙江（百山祖、凤阳山、九龙山、白云森林公园、天目山、长潭水库），秦岭以南地区；印度、不丹、缅甸、老挝、越南、泰国。

【发　　生】4—10月。

♂正

♂反

1cm

浙江凤阳山　2017-07-21

20. 青凤蝶 *Graphium sarpedon* (Linnaeus, 1758)

【鉴别特征】中型凤蝶。无尾突。雄蝶翅背面黑褐色，中区贯穿 1 列蓝绿色半透明斑，后翅前缘斑呈白色，亚外缘具蓝绿色新月斑。腹面褐色，斑纹大体似正面，后翅肩角处具 1 段红色短线，中室端部至臀区具红斑列。雌蝶斑纹同雄蝶，但色泽较浅。

【分　　布】中国浙江（百山祖、凤阳山、草鱼塘、四明山、天目山、九龙山、白云森林公园、云和县、台州市）；日本、巴布亚新几内亚、澳大利亚、南亚次大陆、马来群岛、菲律宾群岛。

【发　　生】3—10 月。

浙江云和县梯田　2019-09-01

♂正

♂反

1cm

浙江凤阳山　2018-10-02

♂正

♂反

1cm

浙江九龙山　2019-06-15

1cm

浙江凤阳山　2019-09-17

1cm

浙江白云森林公园　2019-10-20

浙江台州市　2017-08-30

21. 黎氏青凤蝶 *Graphium leechi* (Rothschild, 1895)

【鉴别特征】中型凤蝶。无尾突。雄蝶翅背面黑褐色，各室具窄长的灰绿色斑，前翅外缘具灰绿色点列；后翅前缘斑白色，香鳞土黄色。腹面褐色，斑纹如正面，呈银白色，肩角处具楔形橙色斑，外中区具橙色点列。雌蝶斑纹同雄蝶，色泽更浅。

【分　　布】中国浙江（百山祖、凤阳山、九龙山、白云森林公园、四明山、天目山）、云南、广西、湖南、福建；越南。

【发　　生】4—9月。

浙江天目山　2019-08-19

♂正

♂反

1cm

浙江天目山　2019-05-24

♂正

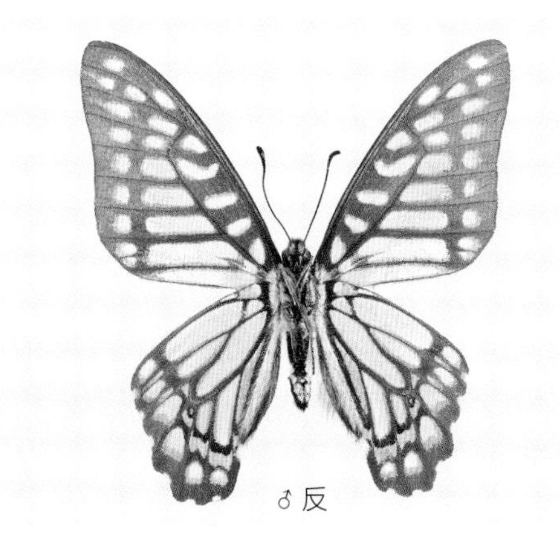

♂反

1cm

浙江九龙山　2019-05-24

浙江白云森林公园　2017-07-16

浙江凤阳山　2019-08-02

22. 碎斑青凤蝶 *Graphium chironides* (Honrath, 1884)

【鉴别特征】中型凤蝶。本种与黎氏青凤蝶相似，但前翅顶角非常突出；翅面斑纹短粗，呈蓝绿色而非灰绿色。

【分　　布】中国浙江（百山祖、凤阳山、四明山、天目山、白云森林公园），长江以南地区；南亚次大陆、马来半岛。

【发　　生】3—10月。

♂正

♂反

1cm

浙江四明山　2018-07-24

浙江白云森林公园　2017-07-16

剑凤蝶属 *Pazala* Moore, 1888

【鉴别特征】中型凤蝶。体背黑色被密毛，腹面白色，腹侧具黑色纵纹。头大，复眼裸露，触角端部膨大。翅形短阔，前翅顶角明显，外缘平直或内凹，翅面布有 10 条长短不一的黑带；后翅外缘齿状，具 1 条飘带状尾突，黑色中带形态因种而异，臀角黑色，内侧有黄斑。雄蝶后翅臀褶窄，内生褐色香鳞。无性二型。除华夏剑凤蝶一年 1~2 代外，其余种类均为一年 1 代。

【分　　布】东洋区、古北区交界处。

【寄主植物】樟科 Lauraceae。

23. 四川剑凤蝶 *Pazala sichuanica* Koiwaya, 1993

【鉴别特征】中型凤蝶。外观与华夏剑凤蝶相似，但整体色泽白净、翅形略窄；前

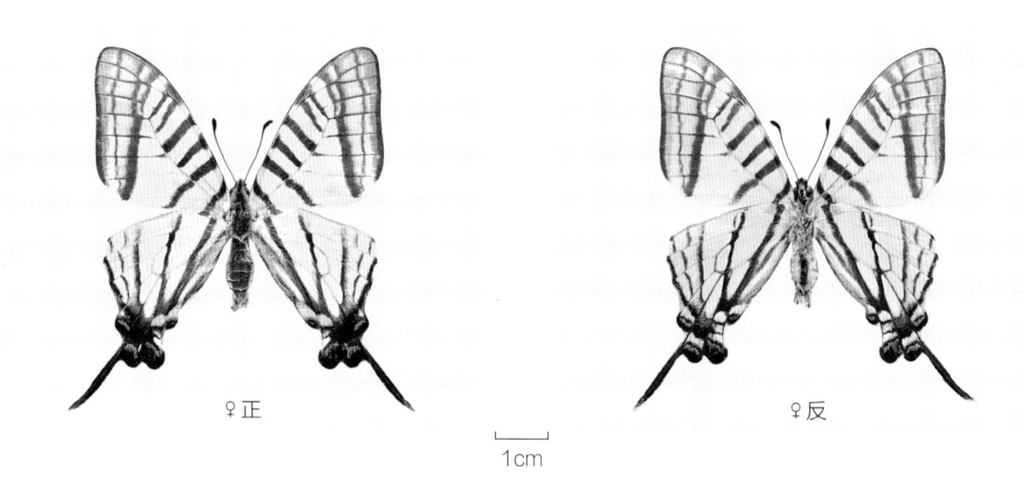

♀正　♀反

1cm

浙江天目山　2019-04-08

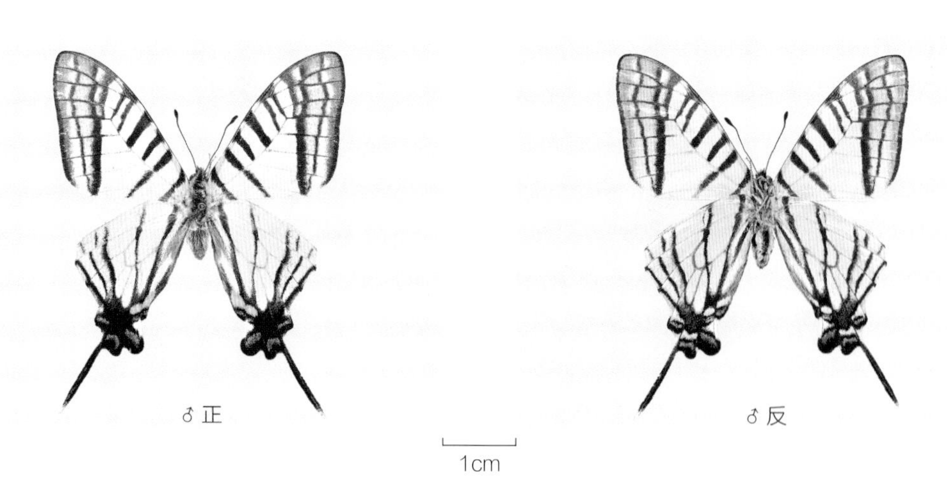

♂正　♂反

1cm

浙江天目山　2019-04-08

翅第 8~9 横带间绝无黑鳞；后翅背面中带完整笔直，腹面“8”字形特征退化，但中带清晰。

【分　　布】中国浙江（凤阳山、白云森林公园、天目山）、四川，华中、华东、华南地区。

【发　　生】4—5 月。

♂正

♂反

1cm

浙江凤阳山　2019-04-27

浙江天目山　2020-04-07

24. 铁木剑凤蝶 *Pazala mullah* (Alphéraky, 1897)

【鉴别特征】中型凤蝶。雄蝶翅蜡白色半透明，前翅亚外缘至外缘灰色，外缘黑色。后翅背面中带完整并在臀角上方分叉，亚外缘具 1 条宽阔的灰黑色带，外缘黑色，臀角各室具灰蓝色斑，黄斑相连。腹面斑纹如背面，中带上端有黄斑。雌蝶翅形较宽，斑纹同雄蝶。

【分　　布】中国浙江（凤阳山、云和县、峰源）、四川、福建、云南、台湾；老挝、越南。

【发　　生】3—4 月。

注 标本后翅尾突已损坏。

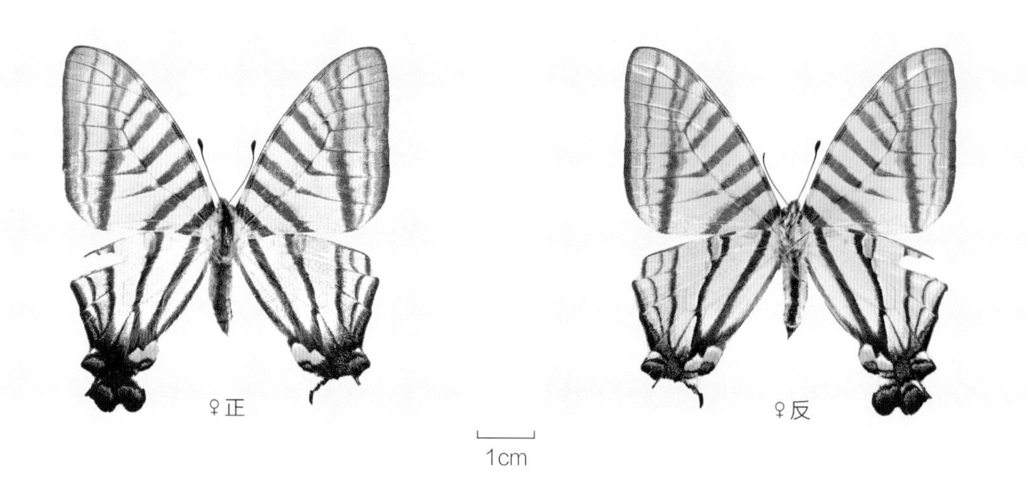

浙江凤阳山　2020-04-15

浙江云和县　2019-03-27

25. 升天剑凤蝶 *Pazala eurous* (Leech, [1893])

【鉴别特征】中型凤蝶。雄蝶翅白色半透明，前翅第 8、9 横带在顶区不错位。后翅背面中带完整或部分缺失，亚外缘至外缘具 3 列并行的黑斑，臀角各室具灰蓝色斑，黄斑相连。腹面斑纹如背面，后翅 2 条中带间夹有黄色。雌蝶翅形较阔，斑纹同雄蝶。

【分　　布】中国浙江（凤阳山、白云森林公园、四明山、天目山、峰源）、台湾，西南、华南、华中、华东地区；印度、尼泊尔、缅甸、泰国、老挝、越南。

【发　　生】4—5 月。

浙江天目山　2017-04-08

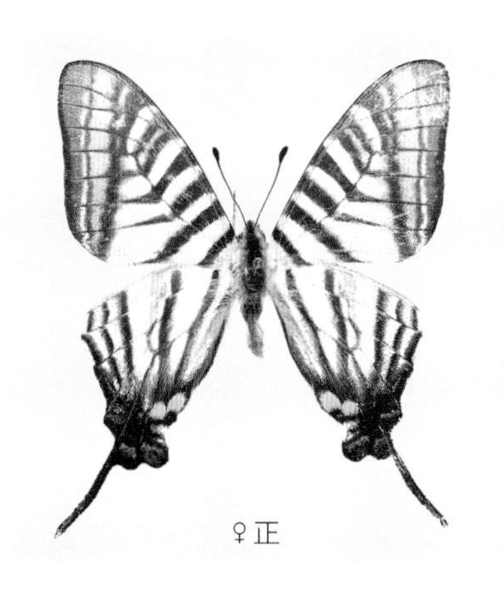

♀正

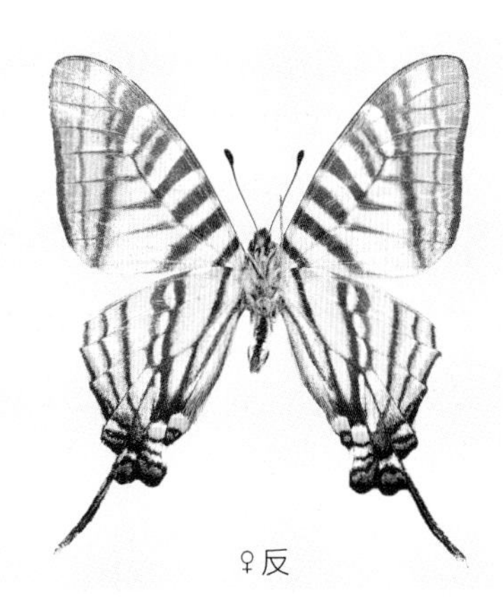

♀反

1cm

浙江凤阳山　2019-04-17

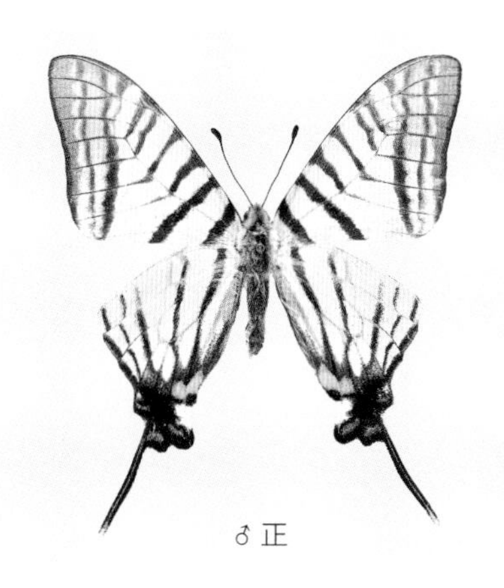

♂正

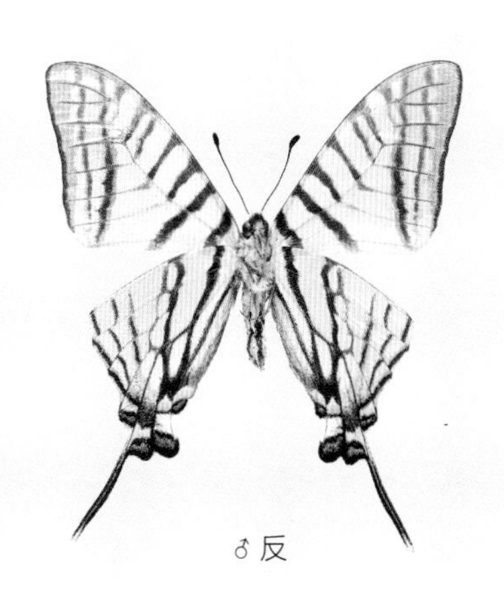

♂反

1cm

浙江天目山　2019-04-07

1cm

浙江丽水市峰源　2019-04-22

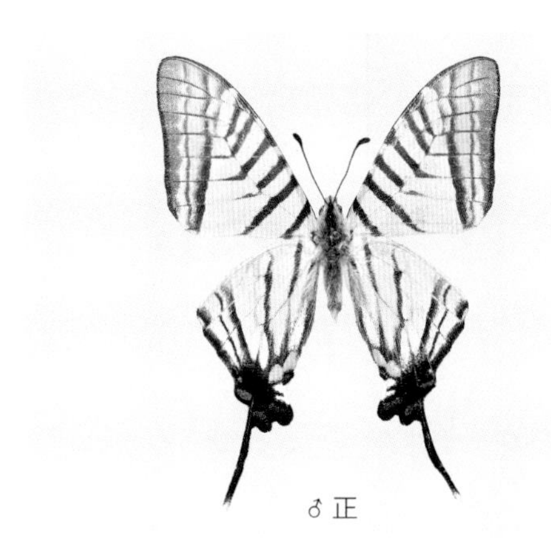

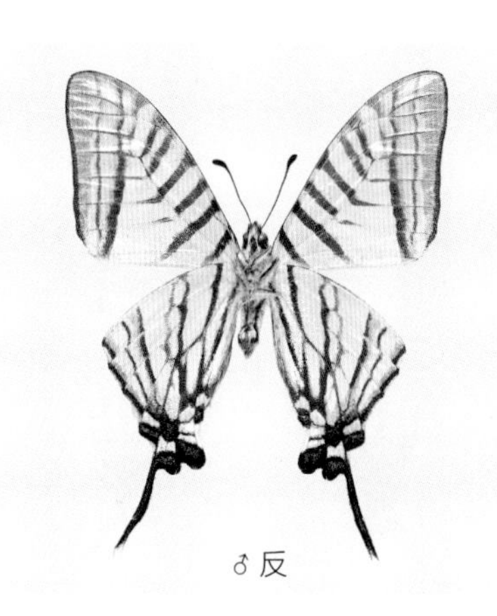

1cm

浙江凤阳山　2018-04-25

浙江天目山　2017-04-08

浙江天目山　2019-04-12

浙江天目山　2020-04-07

丝带凤蝶属 *Sericinus* Westwood, 1851

【鉴别特征】中型凤蝶。该属成虫翅半透明，性二型。雄蝶翅底色淡黄白色，翅面具有黑色斑纹。后翅臀角有黑斑和红斑。雌蝶翅黑色，具许多白色至浅黄色的线状斑纹，后翅具带状红斑，红斑外具有蓝斑。两性尾突极长，是本属的主要特征。一年多代。

【分　　布】古北区。

【寄主植物】马兜铃科 Aristolochiaceae。

26. 丝带凤蝶 *Sericinus montelus* Gray, 1852

【鉴别特征】中型凤蝶。性二型。躯体呈黑白红三色相间。雄蝶翅淡黄白色，翅面具有黑色斑纹。后翅臀角有黑斑和红斑。雌蝶翅黑色，具许多白色至浅黄色的线状斑纹，后

♀正

♀反

1cm

浙江四明山　2018-08-24

♂正

♂反

1cm

浙江四明山　2018-07-24

翅具带状红斑，红斑外具有蓝斑。两性尾突极长。

【分　　布】中国浙江（百山祖、四明山、天目山）、北京、辽宁、河北、甘肃、宁夏、陕西、河南、湖北、湖南；日本、俄罗斯、朝鲜半岛。

【发　　生】3—10月。

浙江四明山　2018-07-24

浙江四明山　2018-07-24

粉蝶科
Pieridae

【鉴别特征】成虫体型通常为中型或小型；颜色较素淡，一般为白色、黄色或橙色，通常具黑色或红色等颜色的斑纹；后翅无尾突；前足发育正常，两爪均为二叉式分开。世界已知约 1 200 种，中国记载 150 余种，百山祖国家公园记载 9 属 17 种。

【寄主植物】山柑科 Capparaceae、十字花科 Cruciferae、豆科 Fabaceae、桑科 Moraceae、鼠李科 Rhamnaceae、蔷薇科 Rosaceae、檀香科 Santalaceae。

方粉蝶属 *Dercas* Doubleday, [1847]

27. 黑角方粉蝶 *Dercas lycorias* (Doubleday, 1842)

28. 橙翅方粉蝶 *Deras nina* Mell, 1913

豆粉蝶属 *Colias* Pieridae, 1807

29. 东亚豆粉蝶 *Colias poliographus* Motschulsky, 1860

黄粉蝶属 *Eurema* Hübner, [1819]

30. 宽边黄粉蝶 *Eurema hecabe* (Linnaeus, 1758)

31. 北黄粉蝶 *Eurema mandarina* (de l'Orza,1869)

32. 尖角黄粉蝶 *Eurema laeta* (Boisduval, 1836)

钩粉蝶属 *Goneperyx* Leach, 1815

33. 圆翅钩粉蝶 *Goneperyx amintha* Blanchard, 1871

34. 淡色钩粉蝶 *Gonepteryx aspasia* Ménétriès, 1859

斑粉蝶属 *Delias* Hübner, 1819

35. 倍林斑粉蝶 *Delias berinda* (Moore, 1872)

36. 艳妇斑粉蝶 *Delias belladonna* (Fabricius, 1793)

绢粉蝶属 *Aporia* Hübner, 1819

37. 大翅绢粉蝶 *Aporia largeteaui* (Oberthür, 1881)

粉蝶属 *Pieris* Schrank, 1801

38. 菜粉蝶 *Pieris rapae* (Linnaeus, 1758)

39. 东方菜粉蝶 *Pieris canidia* (Sparrman, 1768)

40. 黑纹粉蝶 *Pieris melete* Ménétriès, 1857

飞龙粉蝶属 *Talbotia* Bernardi, 1958

41. 飞龙粉蝶 *Talbotia naganum* (Moore, 1884)

襟粉蝶属 *Anthocharis* Boisduval, Rambur & Graslin, [1833]

42. 橙翅襟粉蝶 *Anthocharis bambusarum* Oberthür, 1876

43. 黄尖襟粉蝶 *Anthocharis scolymus* Butler, 1866

方粉蝶属 *Dercas* Doubleday, [1847]

【鉴别特征】中型粉蝶。体背黑色，密被白毛，腹部黄色。头大，触角短粗，端部稍膨大。前翅顶角尖突，后翅或呈方形；整体颜色单调。性二型不明显。一年2代或多代。

【分　　布】东洋区。

【寄主植物】鼠李科 Rhamnaceae。

27. 黑角方粉蝶 *Dercas lycorias* (Doubleday, 1842)

【鉴别特征】中小型粉蝶。后翅无尾突。背面黄色，前翅顶角与邻近前缘、外缘为窄黑边，顶区染橙色，外中区中部具黑点，与顶角间连有赭黄色带。腹面淡黄色具光泽，前

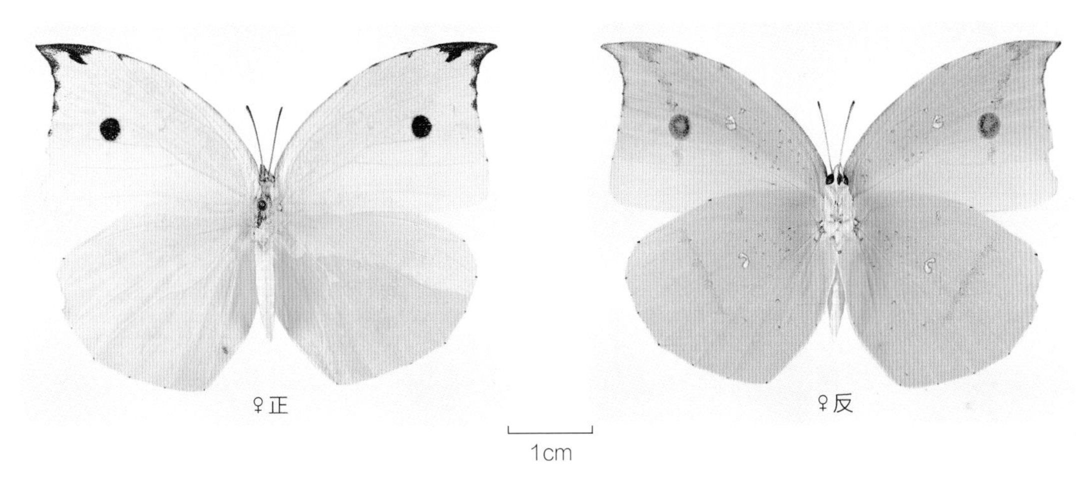

浙江九龙山　2017-08-27

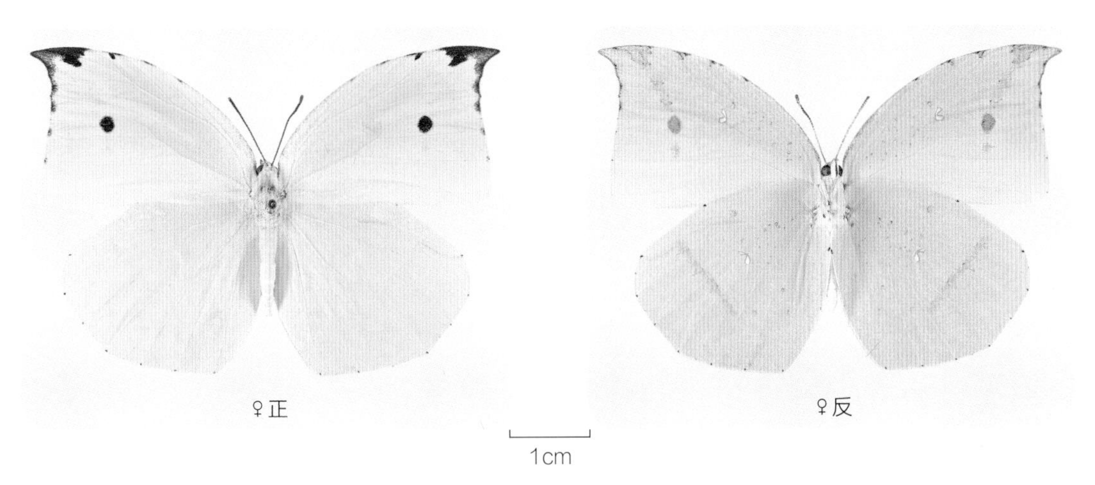

浙江凤阳山　2019-07-16

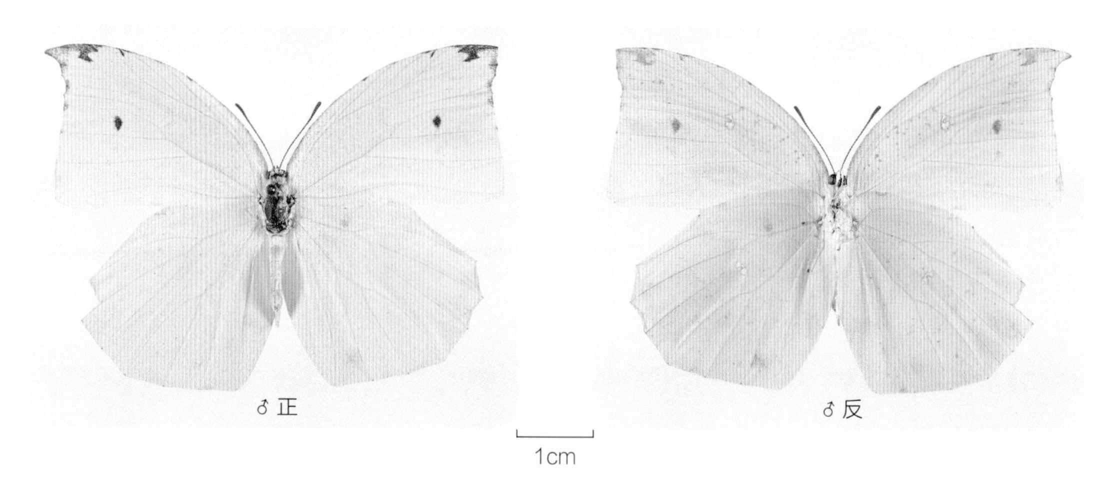

浙江凤阳山　2018-04-25

后翅室端具锈色斑，外中区具淡锈色带，与前翅顶角锈色斑相接。雌蝶斑纹与雄蝶相似，但色较浅。

【分　　布】中国浙江（百山祖、凤阳山、九龙山、括苍山），华南、华东、西南地区；印度、缅甸。

【发　　生】3—11月。

浙江括苍山　2018-06-15

28. 橙翅方粉蝶 *Deras nina* Mell, 1913

【鉴别特征】中小型粉蝶。后翅无尾突。后翅稍呈方形。本种与黑角方粉蝶大体相似，但背面橙黄色，前翅尤为明显，前翅顶角黑斑较大，内缘凹凸齿状；腹面前翅顶角锈色斑内至少镶嵌1枚黄斑。

【分　　布】中国浙江（百山祖、凤阳山、九龙山）、广西、广东；越南。

【发　　生】3—11月。

浙江凤阳山　2018-05-15

♀正

♀反

1cm

浙江凤阳山　2018-05-15

♀正

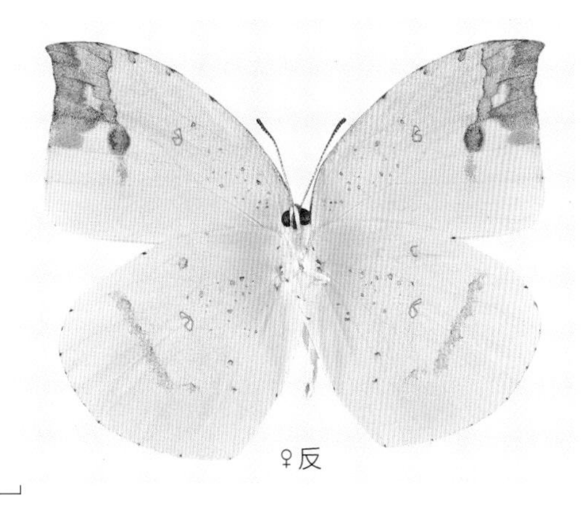

♀反

1cm

浙江九龙山　2019-05-24

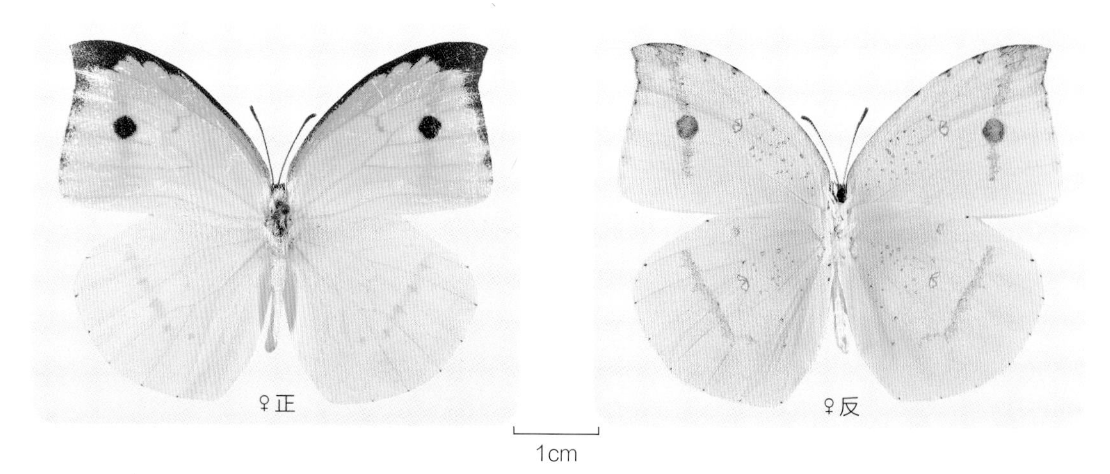

浙江九龙山 2019-05-25

浙江凤阳山 2018-05-15

浙江凤阳山 2018-05-15

豆粉蝶属 *Colias* Pieridae, 1807

【鉴别特征】中型粉蝶。该属成虫体翅颜色：雄蝶由浅绿色至橙黄色、暗红色；雌蝶由近白色至橙黄色到黑色。前翅中室端常具斑，后翅中室端具有白斑、黄斑、红斑；外缘有黑带；一些种后翅基部有长椭圆状性标。通常一年 1 代，少数一年多代。

【分　　布】中国东北地区，新疆，青藏高原；北非、西亚、欧洲、北美洲、南美洲。

【寄主植物】豆科 Fabaceae。

29. 东亚豆粉蝶 *Colias poliographus* Motschulsky, 1860

【鉴别特征】中型粉蝶。翅背面雄蝶黄绿色、雌蝶近白色；斑纹与豆粉蝶相近。

【分　　布】中国浙江（百山祖、凤阳山、四明山、天目山、莲都区）、北京、四川、云南、台湾、香港等全国大部分地区；俄罗斯、日本等。

【发　　生】3—11 月。

浙江天目山　2018-05-11

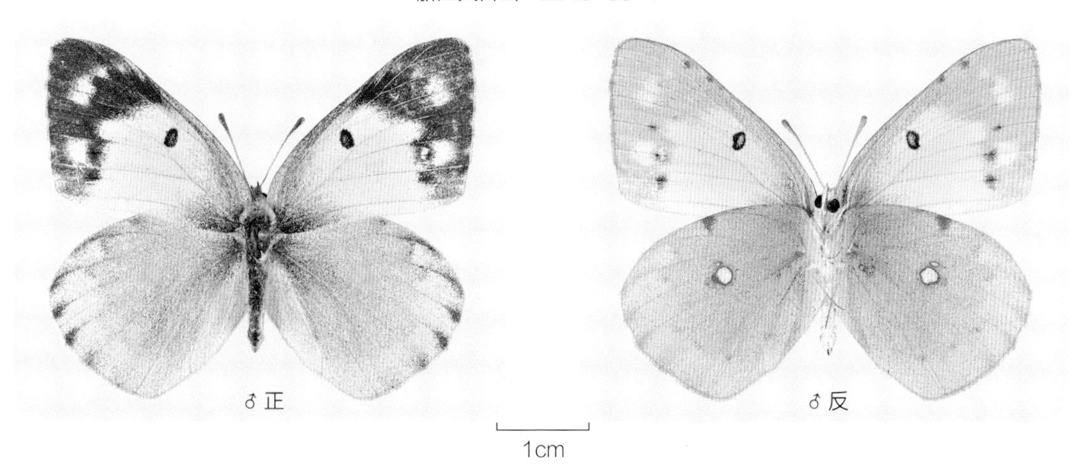

浙江天目山　2018-05-11

浙江天目山　2018-03-29

浙江天目山　2018-05-27

浙江丽水市莲都区　2020-07-16

浙江丽水市莲都区　2020-07-30

黄粉蝶属 *Eurema* Hübner, [1819]

【鉴别特征】小型至中小型粉蝶。大部分种类的翅背面以黄色为主，前翅前缘至外缘区及后翅外缘区带深褐色纹；翅腹面亦呈黄色，带红褐色至黑褐色的斑点或细纹。除少数种类外，雄蝶翅均带性标，其位置及大小因不同物种而异。本属的种间形态接近，加上有不同程度的季节变异，准确的鉴定往往需要依靠检查雄蝶的交尾器结构。雄雌异型不显著，但雌蝶通常颜色较淡。一年多代。

【分　　布】主要分布在中国的南方；全世界的热带和亚热带地区，少部分种类分布至古北区南缘。

【寄主植物】豆科 Fabaceae、鼠李科 Rhamnaceae、大戟科 Euphorbiaceae、藤黄科 Guttiferae。

30. 宽边黄粉蝶 *Eurema hecabe* (Linnaeus, 1758)

【鉴别特征】中小型粉蝶。身体腹面黄色，背面深褐色。后翅后缘中段略带角度。翅背面黄色，前翅顶区至外缘区至后翅外缘区有黑褐色纹，并在前翅外缘区向外形成“M”形凹陷。前翅缘毛黄褐掺杂。翅腹面黄色，散布较多黑褐色鳞片，前翅顶区带一黑褐色斑，中室内有 2 个斑点，前后翅中室末端各有 1 条中空的黑褐色纹。雄蝶前翅腹面中室下缘翅脉上有白色长形性标；雌蝶颜色较淡。旱季个体的前翅背面黑褐色纹内缘呈圆弧形的趋势，翅腹的斑纹更发达并呈褐红色。

【分　　布】中国浙江（百山祖、凤阳山、四明山、天目山）、江苏、上海、福建、海南、云南、广西、江西、西藏、四川、贵州、湖南、湖北、广东、香港、安徽、台湾、北京、河北、河南、陕西、山西、甘肃、山东；亚洲、非洲、澳洲的热带和亚热带地区。

【发　　生】3—11 月。

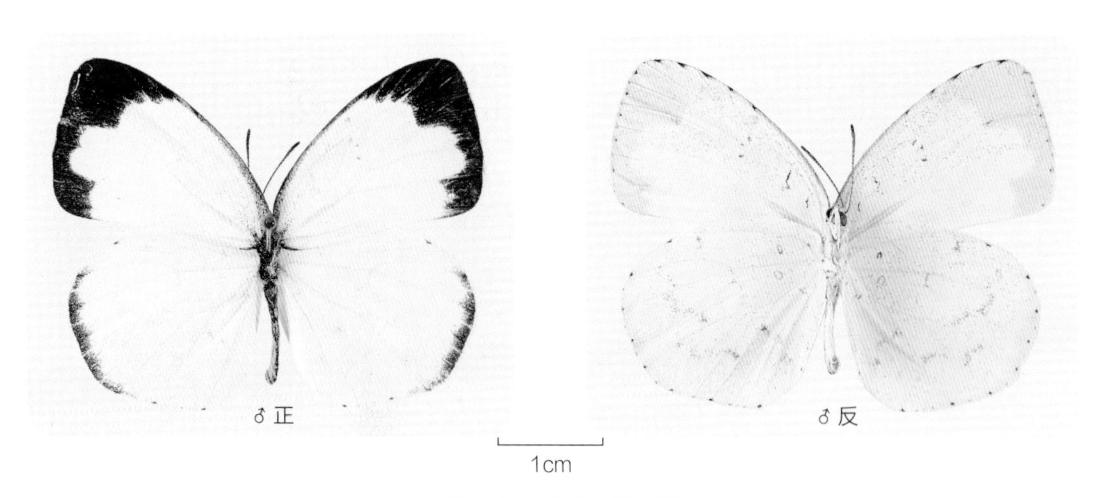

浙江天目山　2017-06-27

浙江天目山　2017-09-13

浙江四明山　2018-07-02

31. 北黄粉蝶 *Eurema mandarina* (de l'Orza,1869)

【鉴别特征】中小型粉蝶。本种近年才从宽边黄粉蝶中提升为独立种，两者外形极为相似，但本种前翅缘毛为纯黄色，旱季个体背面的黑褐色斑纹退减幅度远比宽边黄粉蝶大，常有外缘区斑纹几乎完全减退，仅余顶区斑纹的个体。

【分　　布】中国浙江（凤阳山、九龙山、白云森林公园、烂泥湖、四明山、天目山、九龙湿地）、台湾、福建、广西、海南、香港；日本、朝鲜半岛。

【发　　生】3—11月。

浙江凤阳山　2018-05-15

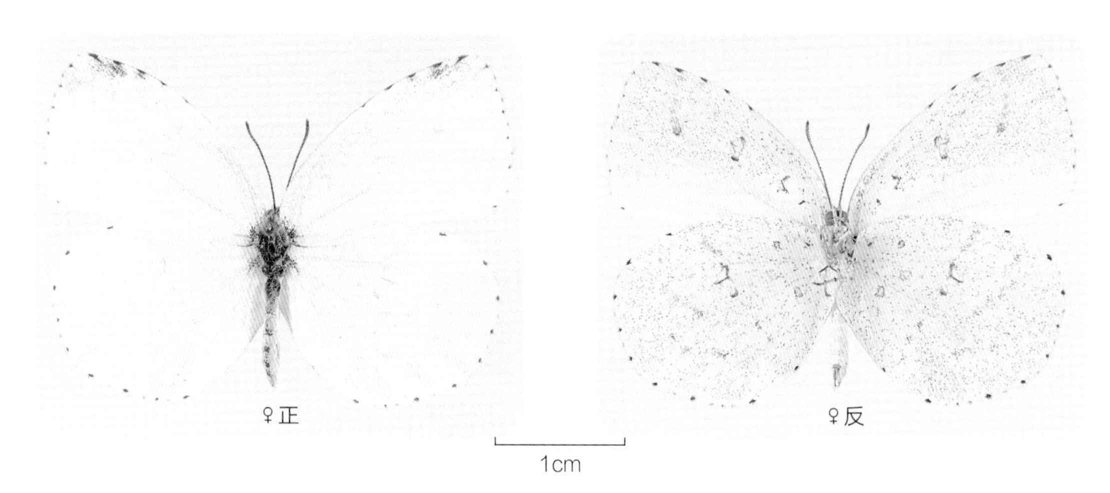

♀正　♀反

1cm

浙江丽水市九龙湿地　2018-03-04

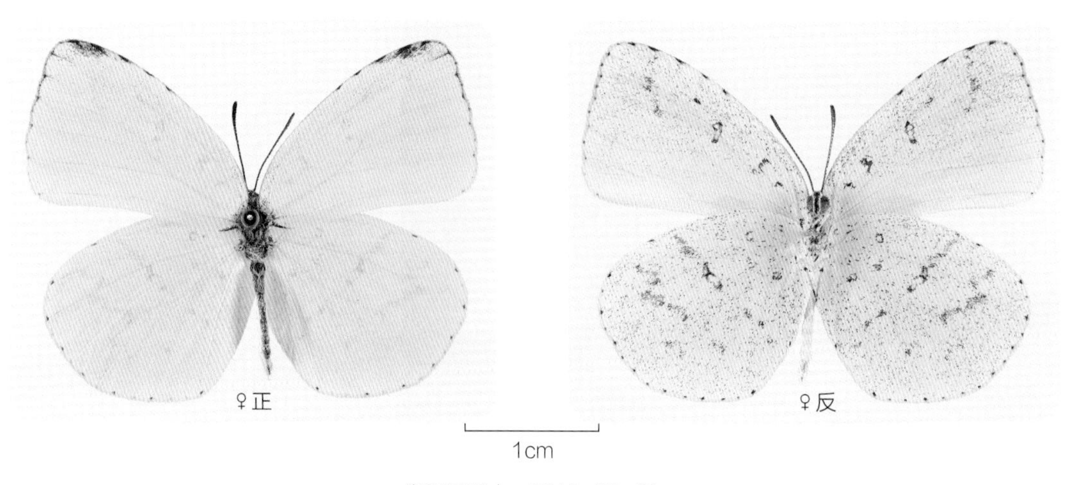

♀正　♀反

1cm

浙江凤阳山　2018-09-09

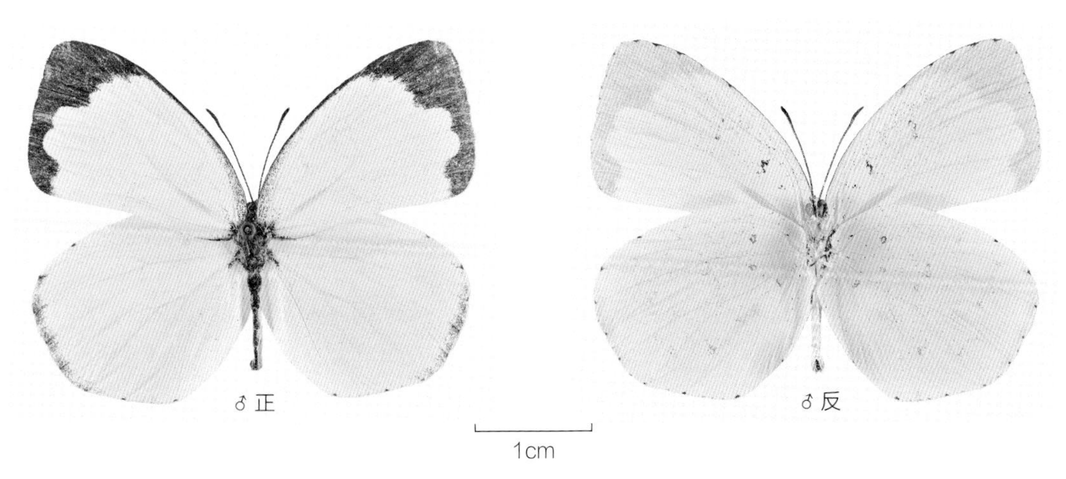

浙江凤阳山　2018-10-02

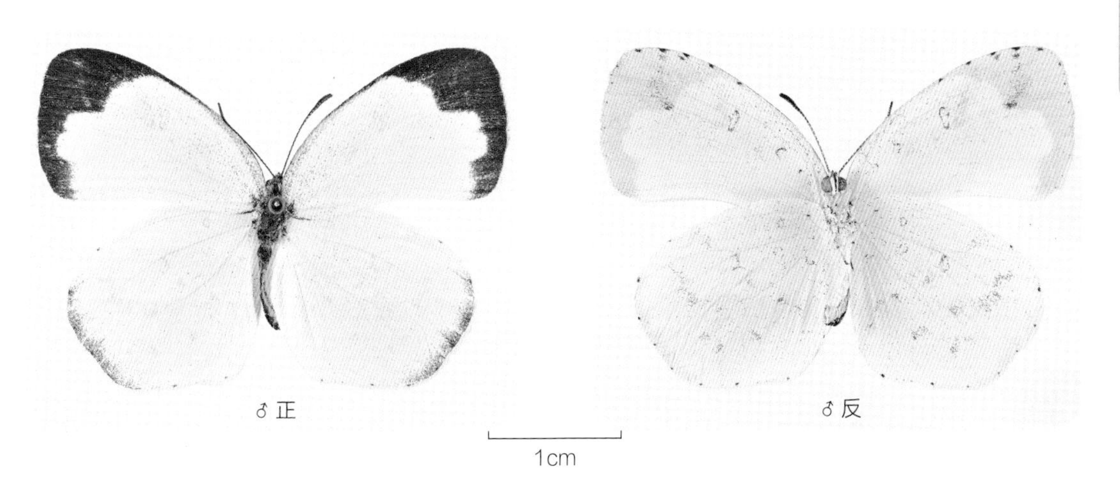

浙江九龙山　2019-06-15

浙江凤阳山　2019-06-24

浙江凤阳山　2019-08-01

浙江凤阳山　2018-07-07

浙江凤阳山　2020-07-07

32. 尖角黄粉蝶 *Eurema laeta* (Boisduval, 1836)

【鉴别特征】小型粉蝶。体型较小，外形与无标黄粉蝶相似，但前翅外缘几乎平直，顶角呈方形，后翅后缘中段略带角度。前翅外缘区黑褐色纹并连续至后缘，腹面翅室端仅有 1 个斑。后翅腹面的黑褐色线纹更明显。雄蝶前后翅在相叠的区域各具一桃红色性标；雌蝶颜色较淡，翅两面散布较多黑褐色鳞片，尤以基部最为明显。旱季个体的顶角更尖锐，翅腹的斑纹呈褐红色。

【分　　布】中国浙江（百山祖、九龙山）、山东、上海、江西、福建、广东、广西、湖北、四川、贵州、云南、陕西、海南、台湾、香港；亚洲大陆的热带和亚热带地区，北至朝鲜半岛南部和日本本州岛，南至澳大利亚北部、新几内亚岛至爪哇岛。

【发　　生】3—11 月。

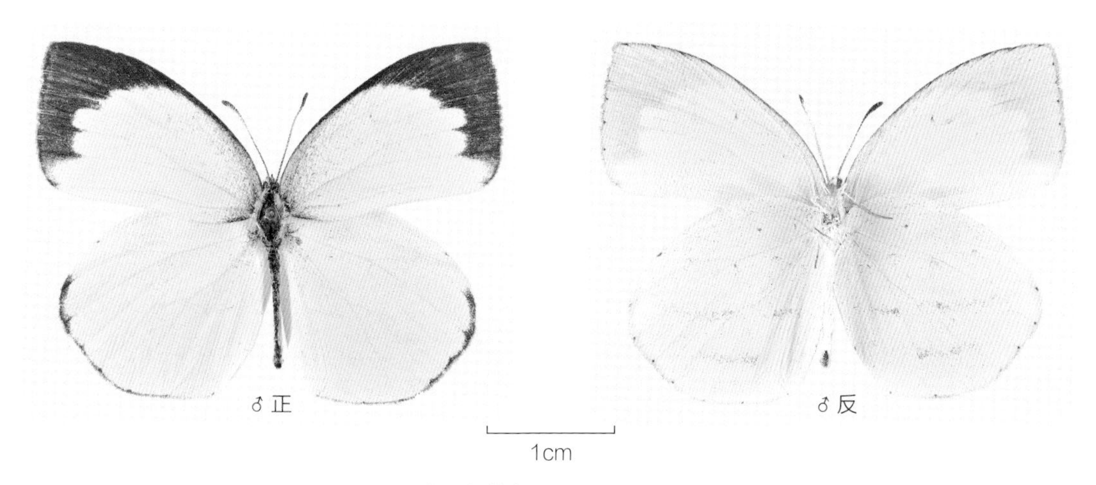

浙江九龙山　2019-06-15

钩粉蝶属 *Gonepteryx* Leach, 1815

【鉴别特征】中型粉蝶。前翅顶角明显向外突出，呈钩状，后翅下半部具 1 个尖突，部分种类有多个尖突，呈锯齿状。雄蝶背面淡黄色或黄色，部分种类翅面具鲜明的橘红色斑纹，雌蝶具白色、淡黄白色或淡绿色斑纹。前后翅中室端具红色小斑点。一年多代。

【分　　布】古北区。

【寄主植物】鼠李科 Rhamnaceae。

33. 圆翅钩粉蝶 *Gonepteryx amintha* Blanchard, 1871

【鉴别特征】中大型粉蝶。在本属内，本种前翅顶角钩状突出最不明显，体型相对较大，后翅较圆阔。雄蝶翅背面均匀橙黄色斑纹，前后翅中室端部斑为橙红色，且明显大于本属内近似种，后翅中下部外缘具红色脉端点。翅腹面淡黄色，后翅中上部的膨大脉纹粗壮，非常显著，中下部也具数条较为细小的膨大脉纹。雌蝶与雄蝶相似，但背面及腹面底色为淡黄色或淡绿色。

【分　　布】中国浙江（百山祖、凤阳山、九龙山、白云森林公园、烂泥湖、天目山）、福建、河南、四川、甘肃、云南、西藏、陕西；俄罗斯、朝鲜半岛。

【发　　生】3—11 月。

浙江九龙山　2019-05-24

♀正

♀反

1cm

浙江凤阳山　2019-03-19

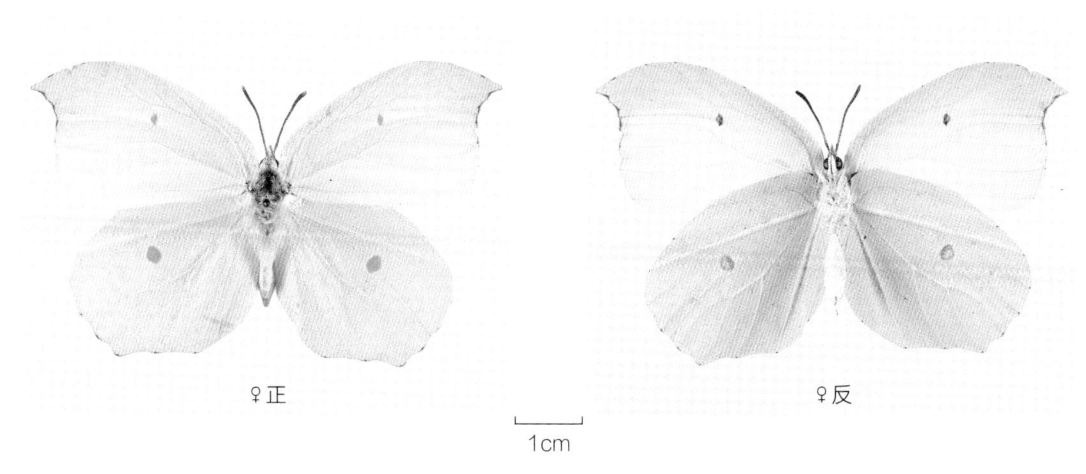

浙江天目山　2019-04-05

浙江凤阳山　2017-07-21

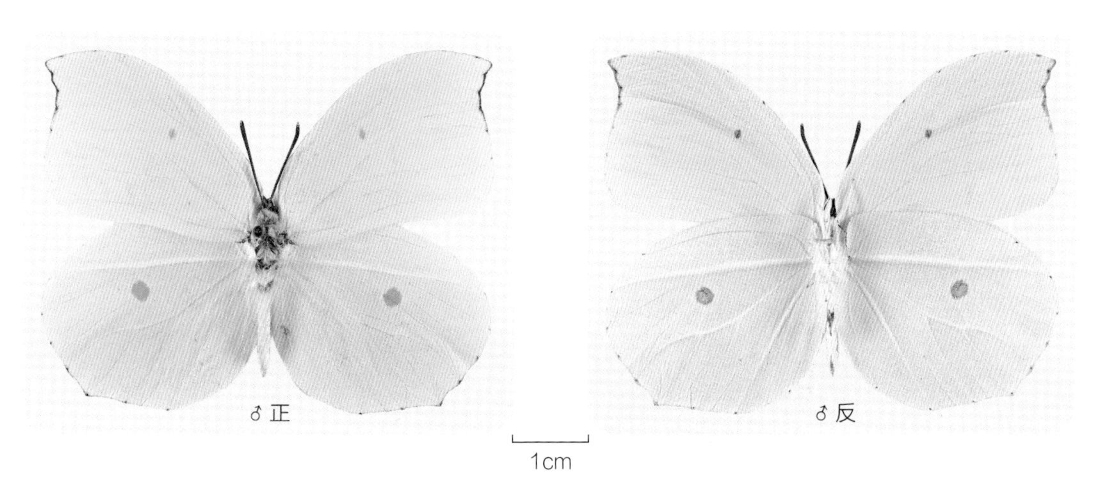

浙江九龙山　2019-05-25

34. 淡色钩粉蝶 *Gonepteryx aspasia* Ménétriès, 1859

【鉴别特征】中型粉蝶。与尖钩粉蝶较相似，但本种后翅外缘锯齿状非常不明显，另外，分布也远比尖钩粉蝶广泛。

【分　　布】中国浙江（凤阳山、九龙山、白云森林公园、四明山、天目山）、北京、河北、黑龙江、吉林、辽宁、江苏、福建、四川、云南、西藏、陕西、甘肃、青海；日本、俄罗斯。

【发　　生】3—11 月。

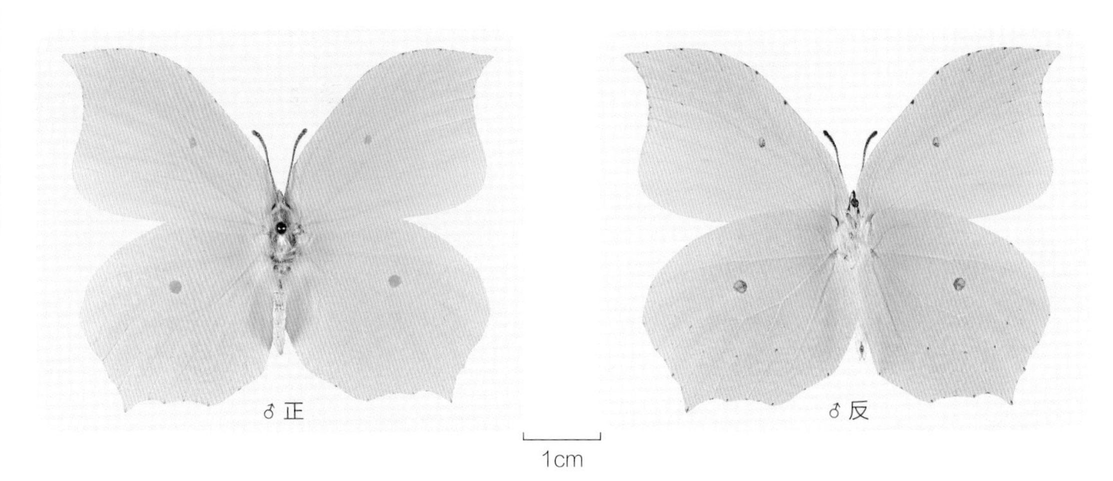

浙江四明山　2018-09-15

浙江天目山　2018-05-16

斑粉蝶属 *Delias* Hübner, 1819

【鉴别特征】中大型粉蝶。触角约为前翅 1/2 长，锤节突然膨大。下唇须短，第 3 节细长，长于第 2 节或等长。前翅前缘几乎平直，呈极轻微的弧形，顶角阔圆，外缘斜，臀角钝圆，内缘直，中室占翅面一半。通常一年多代。

【分　　布】东洋区、澳洲区。

【寄主植物】桑科 Moraceae、檀香科 Santalaceae。

35. 倍林斑粉蝶 *Delias berinda* (Moore, 1872)

【鉴别特征】中大型粉蝶。雄蝶翅背面红褐色至黑色，前翅斑纹灰白色，模糊，亚外缘斑 7 个，线状，臀角处的亚外缘斑 2 个，中域斑不明显。后翅中域斑纹比前翅的稍宽，

♀正

♀反

1cm

浙江凤阳山　2017-07-21

♂正

♂反

1cm

浙江凤阳山　2019-06-29

亚外缘斑卵形或圆形。腹面黑褐色，前翅前半部的亚外缘斑为黄色，其余的为白色。中室内有白色条斑，有时不明显。后翅腹面斑纹大部分为黄色。雌蝶翅背面灰褐色，前翅斑纹与雄蝶相似，只是较为明显。后翅亚外缘斑和中域斑白色，略带黄色鳞粉，中室斑大而明显，纯白色，臀角斑橙黄色或白色稍带黄色鳞粉。后翅腹面斑纹大而明显。

【分　　布】中国浙江（凤阳山）、福建、江西、湖北、广西、贵州、云南、西藏、陕西；印度、不丹、越南、老挝、泰国。

【发　　生】6—8月。

浙江凤阳山　2019-06-16

36. 艳妇斑粉蝶 *Delias belladonna* (Fabricius, 1793)

【鉴别特征】中大型粉蝶。雄蝶翅背面黑褐色至黑色，前翅亚外缘斑 7 个，斑基部尖，端部放射状，较模糊；中域斑和中室斑都不明显，仅仅散布一些白色鳞粉。后翅前缘基部具 1 个橙黄色斑，卵圆形；中域斑较大，白色；中室端部斑小而模糊。前翅腹面前半部的亚外缘斑为黄色，其余为白色，中室内有 1 个清晰的条斑，与端部的方形斑分离。后翅腹面斑纹比背面大而明显，中室内条斑方形，黄色。雌蝶翅背面灰黑色，斑纹很不明显，后翅前缘基部斑比雄蝶大，但端部为淡黄色至白色，靠前缘的中域斑白色，比雄蝶大而明显。

【分　　布】中国浙江（凤阳山、望东垟）、福建、江西、湖北、湖南、广东、香港、广西、四川、西藏、陕西；斯里兰卡、印度、不丹、尼泊尔、缅甸、越南、泰国、老挝、

♂正

♂反

1cm

浙江凤阳山　2017-05-19

♂正

♂反

1cm

浙江凤阳山　2017-07-21

印度尼西亚、马来西亚。

【发　　生】5—10 月。

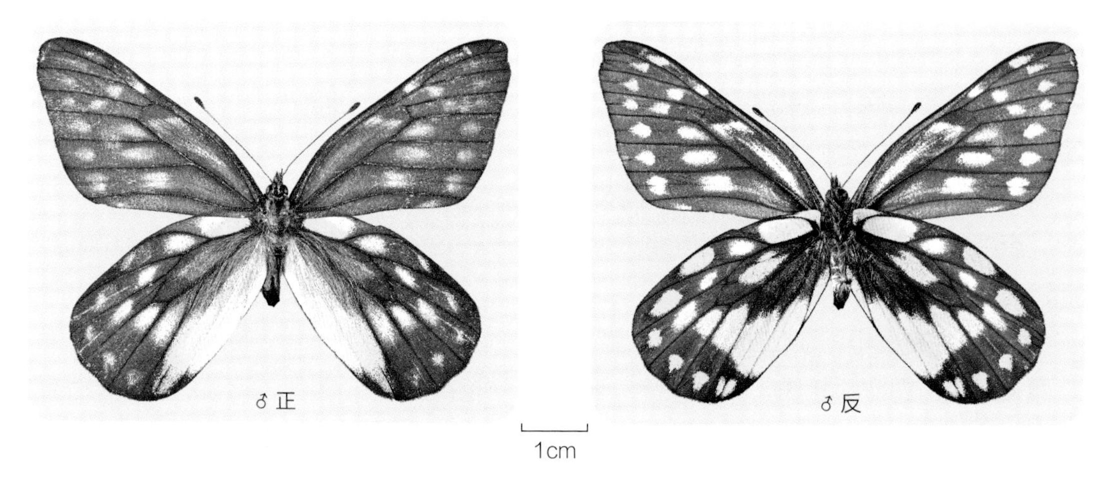

浙江望东垟　2019-07-07

浙江凤阳山　2019-07-30

绢粉蝶属 *Aporia* Hübner, 1819

【鉴别特征】小型、中型或大型粉蝶。成虫触角约为前翅 1/2 长，锤状部明显。前翅中室长，超过翅长 1/2。翅面以白色为主，个别种类为黄色、灰色或灰褐色。翅背面缀黑色或白色点状、箭状、带状或棒状斑纹，翅脉黑色或灰褐色。腹面斑纹与背面相似，后翅底色多有不同。一年 1 代。

【分　　布】古北区、东洋区。

【寄主植物】蔷薇科 Rosaceae、小檗科 Berberidaceae。

37. 大翅绢粉蝶 *Aporia largeteaui* (Oberthür, 1881)

【鉴别特征】大型粉蝶。雄蝶翅色为白色，前翅背面翅脉较粗，亚外缘具暗色横带，两侧边缘模糊，在中部或后部常中断。中室端黑纹窄，中室内隐约具黑色细线。后翅背面

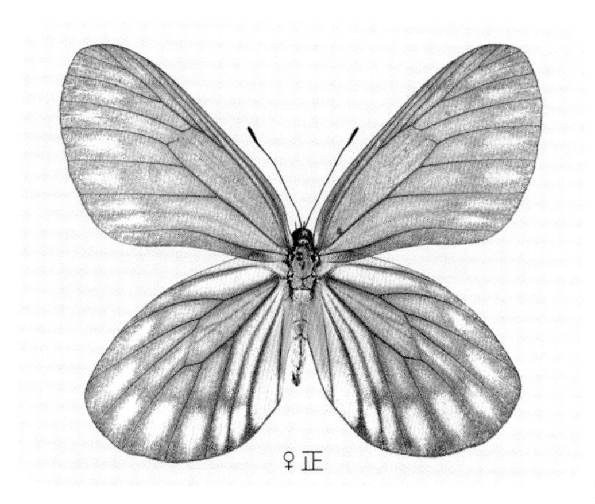

♀正

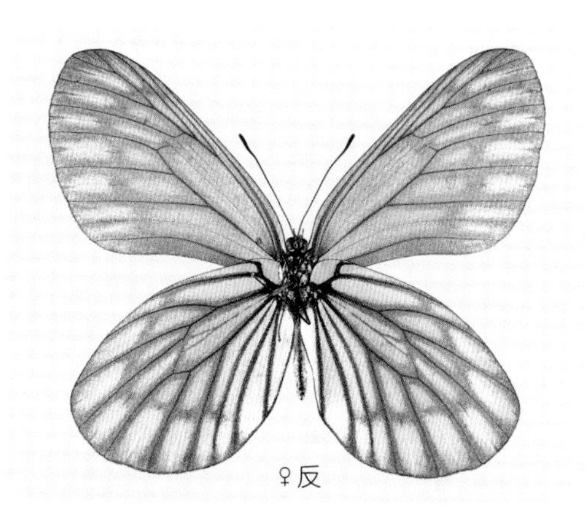

♀反

1cm

浙江凤阳山　2018-07-08

♂正

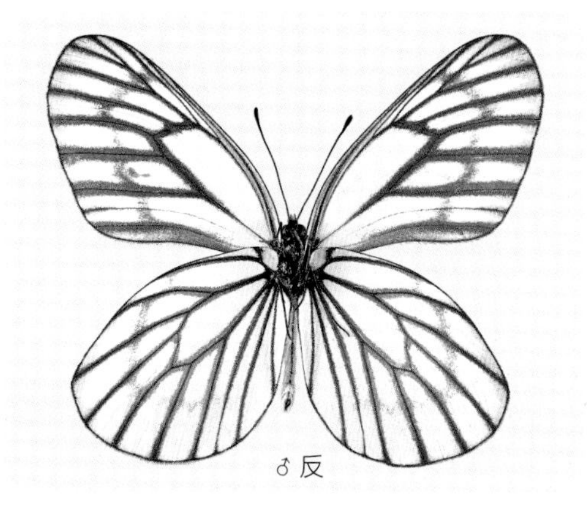

♂反

1cm

浙江凤阳山　2018-06-15

翅脉颜色较浅，外缘具较小的三角形斑。腹面斑纹与背面相似，但前翅外缘为黑色细边，后缘后有黑色长斑，亚外缘横带较翅面明显。雌蝶翅色为乳黄色，前后翅斑纹及横带比雄蝶明显。

【分　　布】 中国浙江（百山祖、凤阳山）、福建、湖北、广东、四川。

【发　　生】 6—7 月。

浙江凤阳山　2018-06-15

浙江凤阳山　2018-07-08

浙江凤阳山　2019-06-15

粉蝶属 *Pieris* Schrank, 1801

【鉴别特征】中型粉蝶。翅背面白色，有时稍带黄色。前翅翅顶与外缘黑色，亚端常有 1~2 枚黑斑。雌蝶颜色比雄蝶深，黑斑比雄蝶发达。下唇须第 3 节细长，前伸。后翅各翅脉独立，中室长超过后翅长度的一半。一年多代。

【分　　布】全国各地。

【寄主植物】十字花科 Cruciferae。

38. 菜粉蝶 *Pieris rapae* (Linnaeus, 1758)

【鉴别特征】中型粉蝶。雄蝶前翅背面粉白色，近基部散布黑色鳞片；顶角区有 1 枚三角形的大黑斑；外缘白色；亚端有 2 枚黑斑，其中下方 1 枚常退化或消失。后翅略呈卵圆形，白色，基部散布黑色鳞，顶角附近饰有 1 枚黑斑。前翅腹面大部白色，顶角区

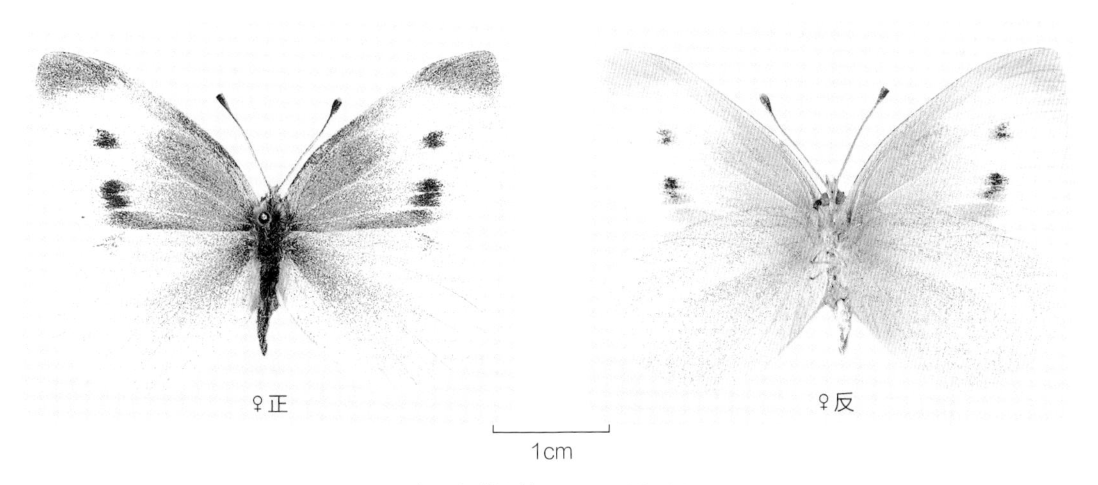

浙江九龙湿地　2018-03-04

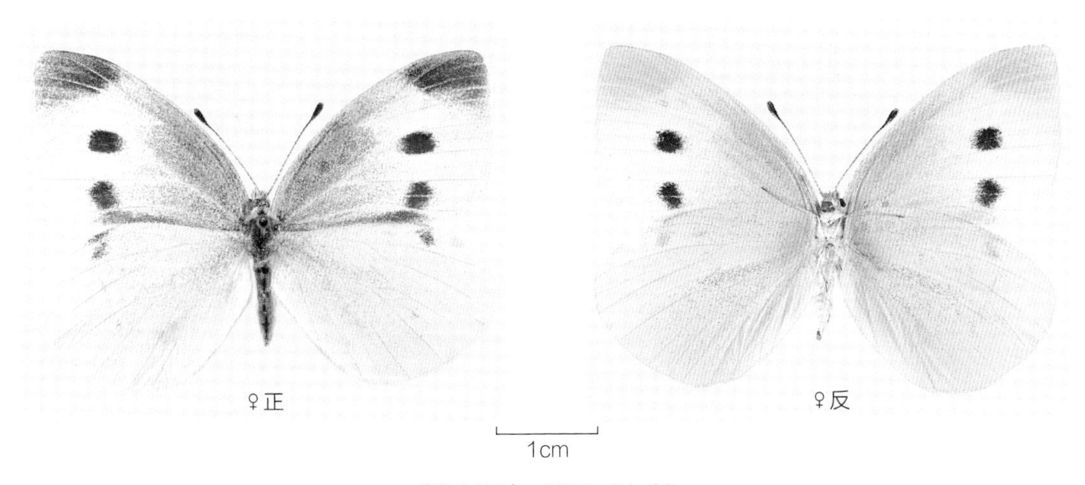

浙江凤阳山　2019-04-26

密被淡黄色鳞片；亚端的黑斑色较翅背面为深。后翅腹面布满淡黄色鳞片，其间疏布灰黑色鳞，在中室下半部最为密集醒目。雌蝶体型较雄蝶略大，翅面淡灰黄白色，斑纹排列同雄蝶，但色深浓，特别是臀角附近的黑斑显著发达，并在其下方另有 1 条黑褐色带状纹，沿着后缘伸向翅基。翅腹面斑纹也与雄蝶相同，但黄鳞色更深浓，极易与雄蝶区别。

【分　　布】中国浙江（百山祖、凤阳山、九龙山、白云森林公园、望东垟、烂泥湖、四明山、天目山、九龙湿地）；西方亚种（指名亚种）分布在欧亚大陆西部和北非，东方亚种分布在中国（浙江、全国各地），日本及朝鲜半岛、俄罗斯东部。

【发　　生】2—11 月。

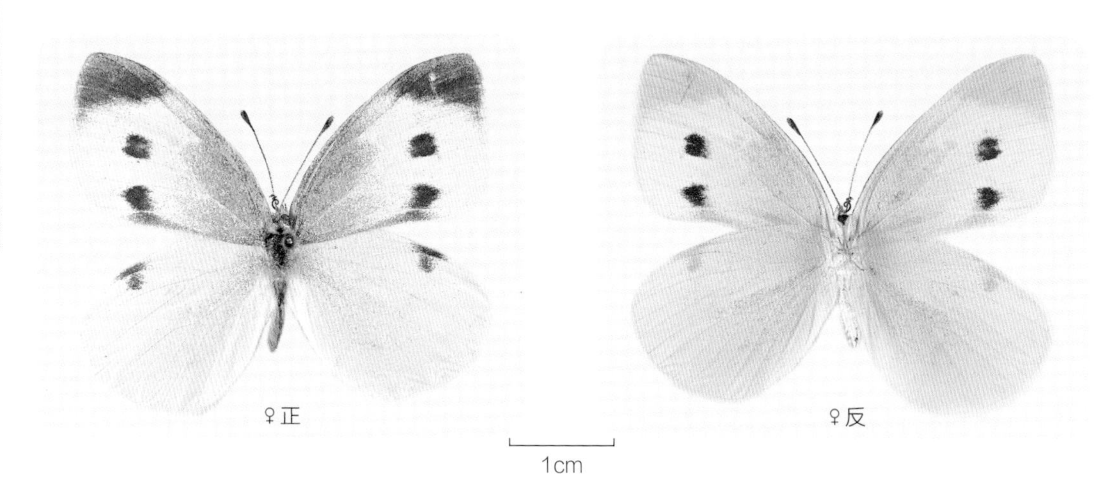

浙江九龙山　2019-05-24

浙江天目山　2019-06-07

浙江天目山　2018-06-03

浙江天目山　2018-06-08

39. 东方菜粉蝶 *Pieris canidia* (Sparrman, 1768)

【鉴别特征】中型粉蝶。雄蝶翅背面白色；顶角有三角形黑斑，并与外缘的黑斑相连而延伸到近臀角处，黑斑的内缘呈锯齿状；亚端有 2 个黑斑，后翅前缘中部有 1 个黑斑，这 3 个黑斑均较菜粉蝶大而圆；后翅外缘各脉端均有三角形的黑斑。翅腹面白色或乳白色，除前翅 2 枚黑斑尚存外，其余斑均模糊。雌蝶斑纹较明显，腹面基部的黑鳞区较雄蝶宽。

【分　　布】中国浙江（百山祖、凤阳山、九龙山、白云森林公园、望东垟、烂泥湖、四明山、天目山、九龙湿地、峰源），全国各地；土耳其、印度、越南、老挝、缅甸、柬埔寨、泰国、马来半岛、朝鲜半岛。

【发　　生】2—11 月。

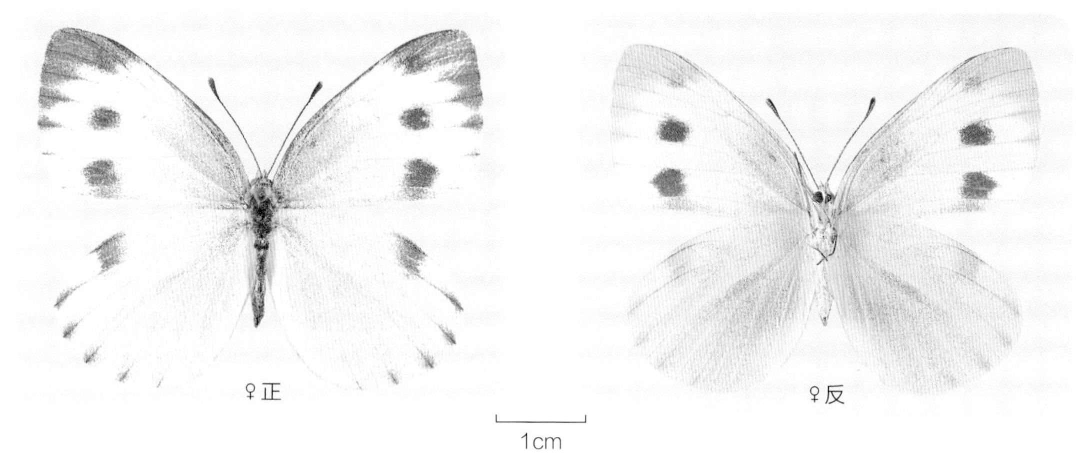

浙江丽水市峰源　2019-04-22

浙江九龙山　2019-05-25

浙江凤阳山　2018-04-24

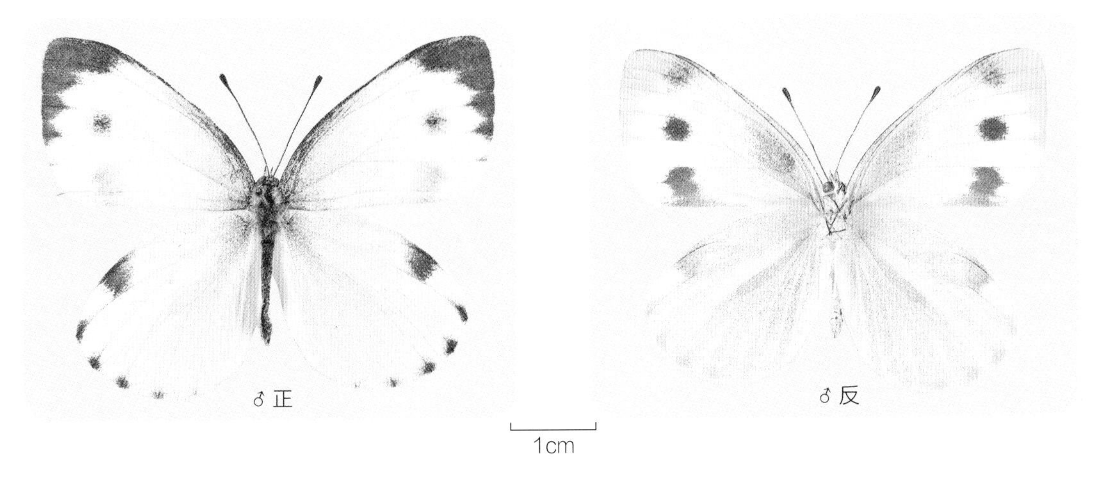

浙江白云森林公园　2019-04-23

浙江凤阳山　2018-05-17

浙江凤阳山　2019-07-30

40. 黑纹粉蝶 *Pieris melete* Ménétriès, 1857

【鉴别特征】中型粉蝶。雄蝶翅背面白色，脉纹黑色。前翅前缘及顶角黑色，外缘 M 脉各支的末端有黑斑点；亚外缘有 1 个明显的大黑斑及 1 个模糊的黑斑。后翅前缘外方有 1 个黑色牛角状斑，有些个体后缘脉端的黑色加粗。前翅腹面的顶角淡黄色，亚外缘下方的黑斑更明显。后翅腹面具黄色鳞粉，基角处有 1 个橙色斑点，脉纹褐色明显。雌蝶翅基部淡黑褐色，黑色斑及后缘末端的条状扩大，脉纹明显较雄蝶粗，后翅外缘有黑色斑列或横带，其余同雄蝶。本种有春、夏两型：春型较小，翅形稍细长，黑色部分较深；夏型较大，体色较春型淡而明显。

【分　　布】中国浙江（凤阳山、四明山、天目山、白云森林公园）、河北、上海、安徽、福建、江西、河南、湖南、广西、四川、贵州、云南、西藏、陕西、甘肃；日本、朝鲜半岛、西伯利亚。

【发　　生】3—10 月。

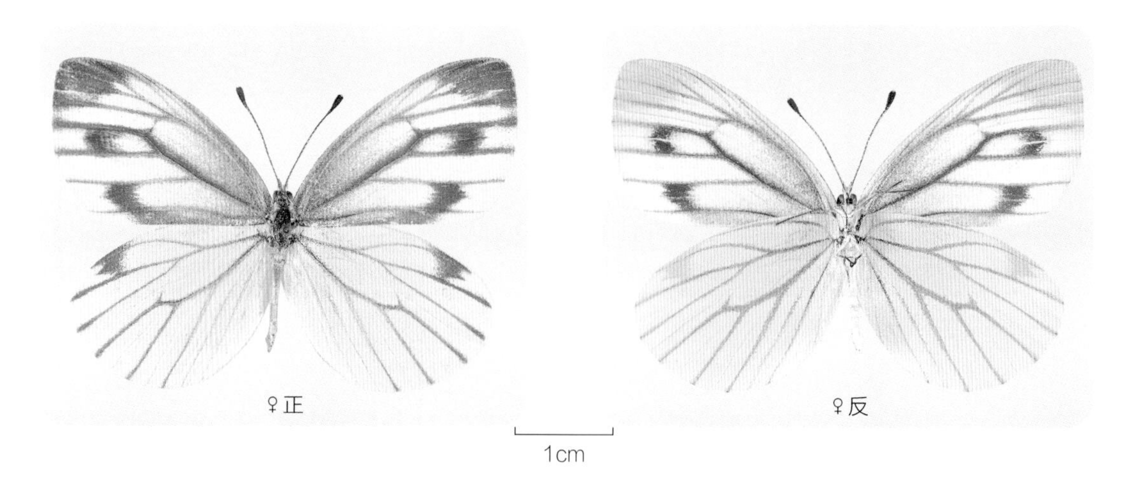

浙江天目山　2019-05-23

浙江白云森林公园　2016-07-28

浙江天目山　2017-05-26

浙江天目山　2018-06-11

浙江天目山　2019-06-23

飞龙粉蝶属 *Talbotia* Bernardi, 1958

【鉴别特征】中小型粉蝶。体背黑色被白毛。头大，触角细长，端部膨大。形似菜粉蝶。

【分　　布】东洋区、古北区南缘。

【寄主植物】伯乐树科 Bretschneideraceae。

41. 飞龙粉蝶 *Talbotia naganum* (Moore, 1884)

【鉴别特征】中小型粉蝶。背面白色，前翅顶角及相邻外缘为不规则黑色，室端部具小黑斑，中域具 2 枚黑斑。腹面黑色，前翅前缘、顶角及相邻外缘乳黄色，黑斑与背面一致；后翅腹面乳黄色。雌蝶前翅中室下方至外发出 2 条褐色带，后翅背面基部散布灰鳞，外缘各脉端具褐色大斑。

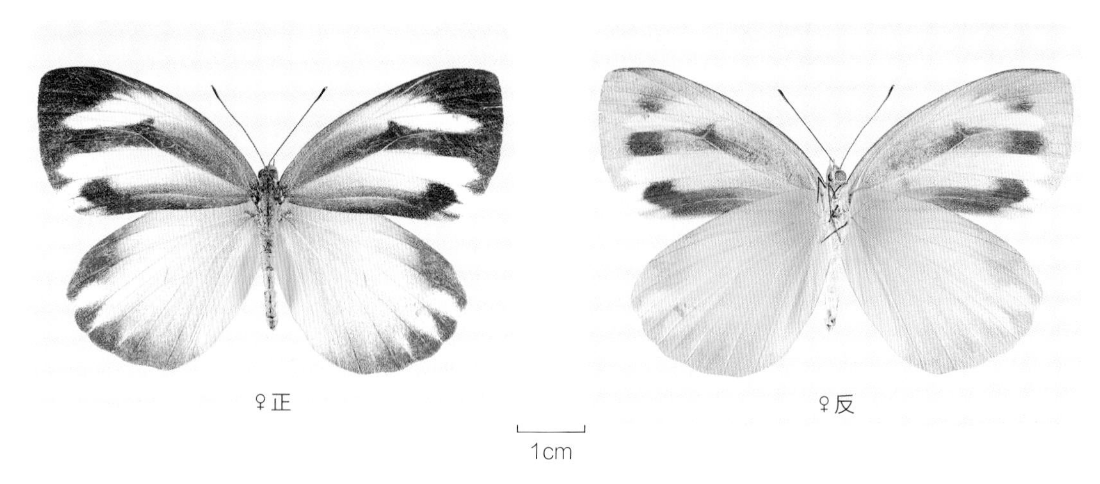

♀正　♀反

1cm

浙江仙霞岭　2017-08-30

♀正　♀反

1cm

浙江九龙山　2019-06-15

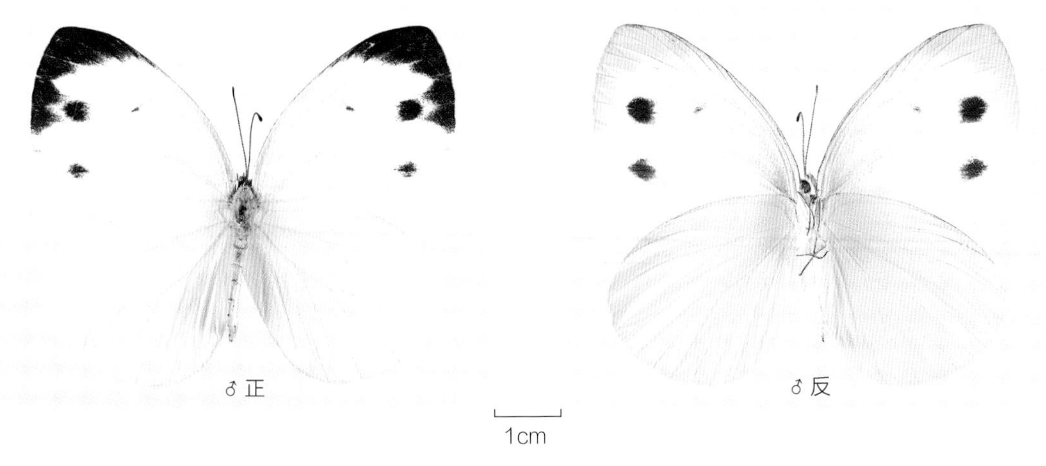

浙江凤阳山　2017-07-01

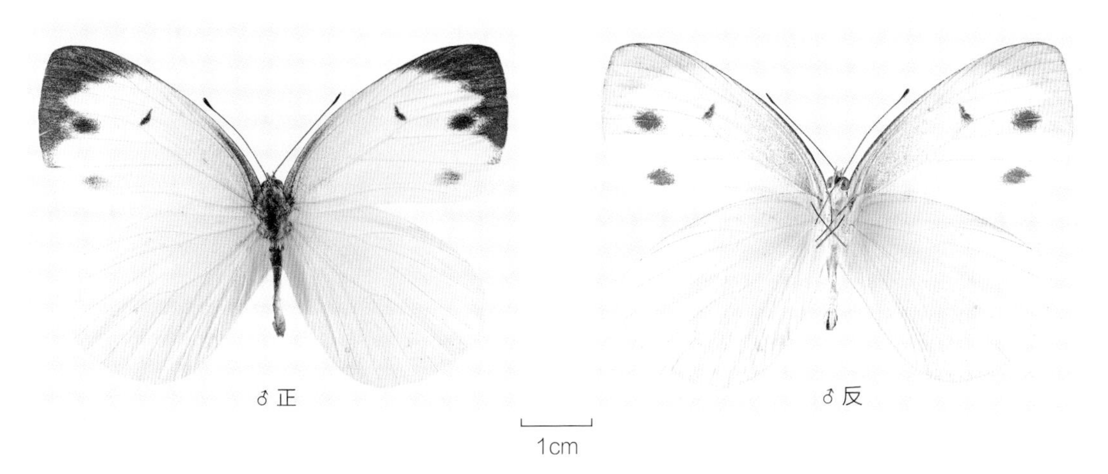

浙江仙霞岭　2018-08-31

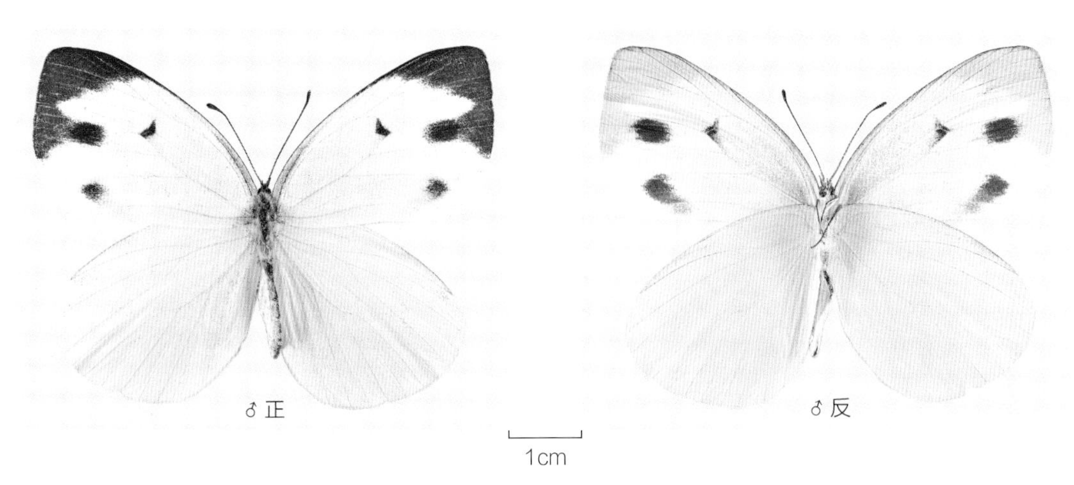

浙江九龙山　2019-05-25

【分　　布】中国浙江（百山祖、凤阳山、草鱼塘、九龙山、烂泥湖、仙霞岭），西南、华中、华南、华东地区，台湾；老挝、越南、印度。

【发　　生】3—9月。

【寄　　主】伯乐树 *Bretschneidera sinensis* Hemsl.。

浙江凤阳山　2019-08-03

浙江凤阳山　2020-03-25

襟粉蝶属 *Anthocharis* Boisduval, Rambur & Graslin, [1833]

【鉴别特征】小型粉蝶。二型性特征发达。雄蝶翅白色，前翅顶角多具有橙色或黄色斑纹，后翅背面白色，腹面密布不规则的橙色、棕黄色的云状斑。雌蝶与雄蝶相似，前翅正面顶角区域的橙黄色部分为白色。

【分　　布】古北区。

【寄主植物】十字花科 Cruciferae。

42. 橙翅襟粉蝶 *Anthocharis bambusarum* Oberthür, 1876

【鉴别特征】小型粉蝶。雌雄异型。雄蝶翅白色，前翅顶角圆润，黑色，基部有黑色鳞粉，中室斑黑色，前翅其余部分全为橙红色，反面淡黄色。后翅正面白色，外缘具有棕褐色云状斑，反面密布淡绿色云状斑。雌蝶与雄蝶相似，仅前翅的橘黄色部分为白色。

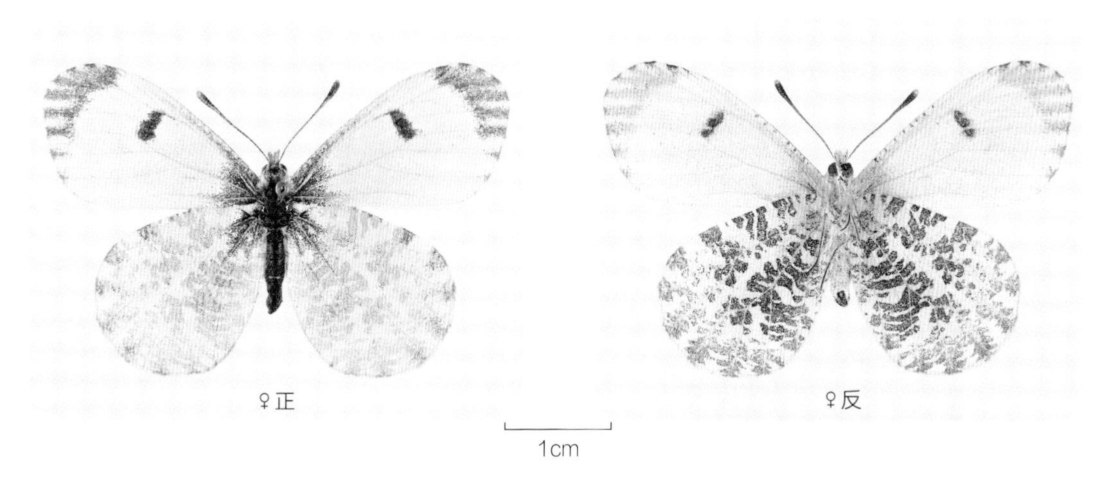

浙江天目山　2019-04-05

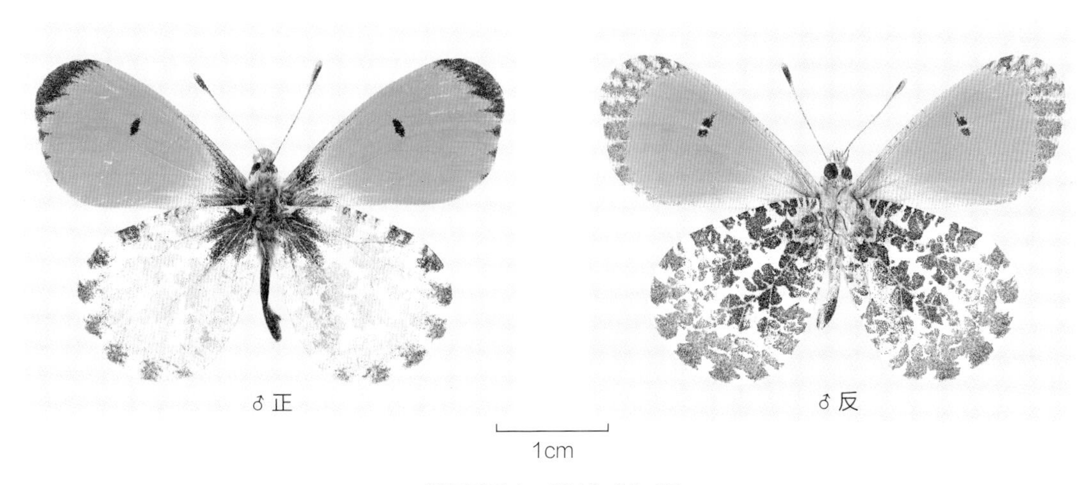

浙江天目山　2019-04-05

【分　　布】中国浙江（凤阳山、白云森林公园、天目山）、江苏、河南、四川、陕西、青海。

【发　　生】3—5月。

浙江天目山　2019-03-23

浙江天目山　2018-04-03

浙江天目山　2018-03-30

浙江天目山　2018-03-30

43. 黄尖襟粉蝶 *Anthocharis scolymus* Butler, 1866

【鉴别特征】小型粉蝶。翅白色，雄蝶前翅中室端具黑斑，顶角突出，略成钩状，具3个呈三角形分布的黑斑，其中有1个橙黄色斑，后翅正面白色，反面密布云状斑，基部绿褐色，端部棕黄色，正面可以透视反面花纹。雌蝶与雄蝶相似，只是前翅正面顶角区域的橙黄色斑为白色。

【分　　布】中国浙江（凤阳山、白云森林公园、四明山、天目山）、黑龙江、吉林、北京、青海、陕西、河北、河南、湖北、上海、安徽、福建；俄罗斯、日本、朝鲜半岛。

【发　　生】3—5月。

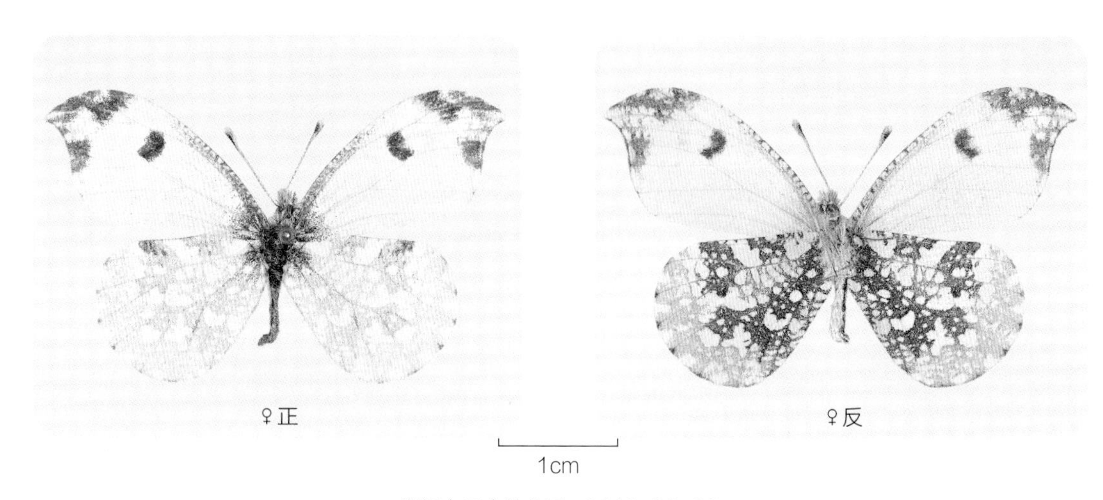

浙江白云森林公园　2019-03-26

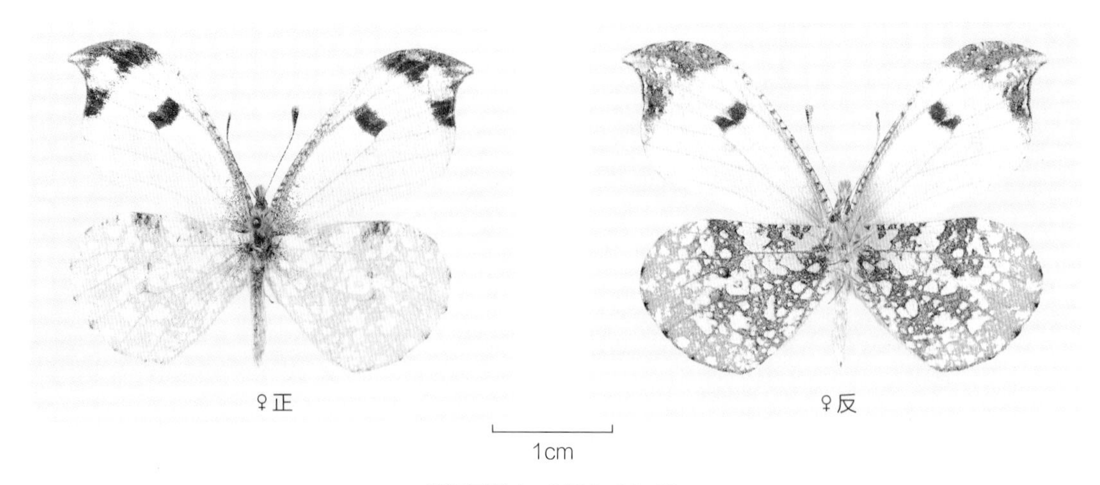

浙江凤阳山　2020-04-08

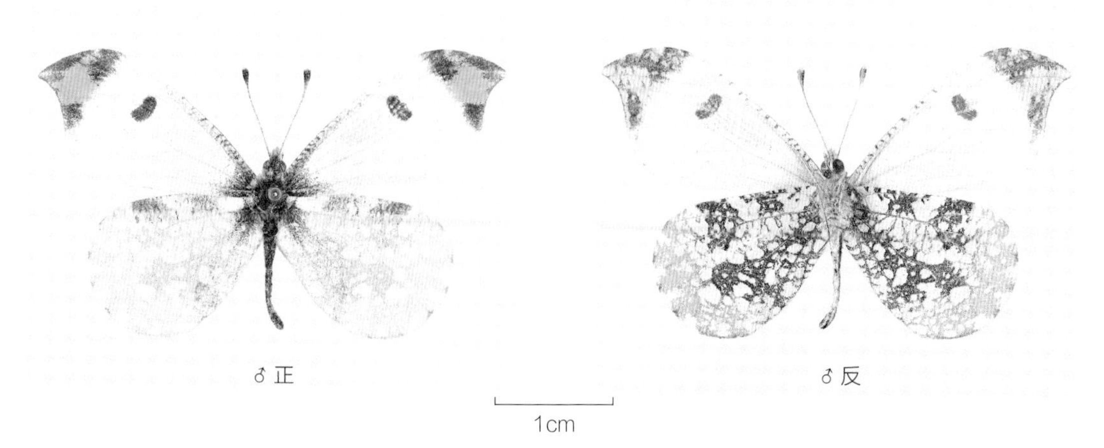

浙江白云森林公园　2019-03-26

浙江天目山　2019-05-02

浙江天目山　2018-04-19

浙江天目山　2018-04-07

蛱蝶科

Nymphalidae

【鉴别特征】成虫体型多为中型或大型，少数为小型；色彩鲜艳，花纹变化相当复杂；少数种类具性二型现象，部分种类成季节型；前足相当退化，短小无爪。幼虫头上通常有突起，有时大，呈角状；体节具棘刺；腹足趾钩中列式，1~3 序。世界已知 6 100 余种，中国记载 770 余种，百山祖国家公园记载 54 属 134 种。

【寄主植物】爵床科 Acanthaceae、忍冬科 Caprifoliaceae、桑科 Moraceae、杨柳科 Salicaceae、榆科 Ulmaceae、堇菜科 Violaceae 等。

暮眼蝶属 *Melanitis* Fabricius, 1807

44. 睇暮眼蝶 *Melanitis phedima* (Cramer, [1780])

黛眼蝶属 *Lethe* Hübner, [1819]

45. 黛眼蝶 *Lethe dura* (Marshall, 1882)
46. 连纹黛眼蝶 *Lethe syrcis* Hewitson, 1863
47. 直带黛眼蝶 *Lethe lanaris* Butler, 1877
48. 棕褐黛眼蝶 *Lethe christophi* Leech, 1891
49. 苔娜黛眼蝶 *Lethe diana* (Butler, 1866)
50. 深山黛眼蝶 *Lethe hyrania* (Kollar, 1844)
51. 白带黛眼蝶 *Lethe confusa* Aurivillius, 1897
52. 长纹黛眼蝶 *Lethe europa* (Fabricius, 1755)
53. 圆翅黛眼蝶 *Lethe butleri* Leech, 1889
54. 蛇神黛眼蝶 *Lethe satyrina* Butler, 1871

55. 曲纹黛眼蝶 *Lethe chandica* Moore, [1858]

56. 紫线黛眼蝶 *Lethe violaceopicta* (Poujade, 1884)

57. 宽带黛眼蝶 *Lethe helena* Leech, 1891

58. 尖尾黛眼蝶 *Lethe sinorix* (Hewitson, [1863])

59. 边纹黛眼蝶 *Lethe marginalis* Moschulsky, 1860

荫眼蝶属 *Neope* Moore, 1866

60. 布莱荫眼蝶 *Neope bremeri* (C. & R. Felder, 1862)

61. 黑斑荫眼蝶 *Neope pulahoides* (Moore, [1892])

62. 蒙链荫眼蝶 *Neope muirheadii* (C. & R. Felder, 1862)

63. 黄荫眼蝶 *Neope contrasta* Mell, 1923

64. 黑翅荫眼蝶 *Neope serica* Leech, 1892

65. 阿芒荫眼蝶 *Neope armandii* (Oberthür, 1876)

蛇眼蝶属 *Minois* Hübner, 1819

66. 蛇眼蝶 *Minois dryas* (Scopoli, 1763)

宁眼蝶属 *Ninguta* Moore, 1892

67. 宁眼蝶 *Ninguta schrenkii* (Ménétriès, 1859)

丽眼蝶属 *Mandarinia* Leech, [1892]

68. 蓝斑丽眼蝶 *Mandarinia regalis* (Leech, 1889)

眉眼蝶属 *Mycalesis* Hübner, 1818

69. 小眉眼蝶 *Mycalesis mineus* (Linnaeus, 1758)

70. 上海眉眼蝶 *Mycalesis sangaica* Butler, 1877

71. 稻眉眼蝶 *Mycalesis gotama* Moore, 1857

72. 拟稻眉眼蝶 *Mycalesis francisca* (Stoll [1780])

73. 褐眉眼蝶 *Mycalesis unica* Leech, [1892]

74. 密纱眉眼蝶 *Mycalesis misenus* de Nicéville, 1889

斑眼蝶属 *Penthema* Doubleday, 1848

75. 白斑眼蝶 *Penthema adelma* (C. & R. Felder, 1862)

白眼蝶属 *Melanargia* Meigen, [1828]

76. 黑纱白眼蝶 *Melanargia lugens* (Honrather, 1888)

矍眼蝶属 *Ypthima* Hübner, 1818

77. 矍眼蝶 *Ypthima baldus* (Fabricius, 1775)

78. 卓矍眼蝶 *Ypthima zodia* Butler, 1871

79. 前雾矍眼蝶 *Ypthima praenubila* Leech, 1891

80. 幽矍眼蝶 *Ypthima conjuncta* Leech, 1891

81. 普氏矍眼蝶 *Ypthima pratti* Elwes, 1893

82. 密纹矍眼蝶 *Ypthima multistriata* Butler, 1883

83. 中华矍眼蝶 *Ypthima chinensis* Leech, 1892

84. 华夏矍眼蝶 *Ypthima sinica* Uémura & Koiwaya, 2000

85. 大波矍眼蝶 *Ypthima tappana* Matsumura, 1909

古眼蝶属 *Palaeonympha* Burler, 1871

86. 古眼蝶 *Palaeonympha opalina* Butler, 1871

喙蝶属 *Libythea* Fabricius, 1807

87. 朴喙蝶 *Libythea lepita* Moore, [1858]

斑蝶属 *Danaus* Kluk, 1780

88. 虎斑蝶 *Danaus genutia* (Cramer, [1779])

89. 金斑蝶 *Danaus chrysippus* (Linnaeus,1758)

绢斑蝶属 *Parantica* Moore, [1880]

90. 大绢斑蝶 *Parantica sita* Kollar, [1844]

绢蛱蝶属 *Calinaga* Moore, 1857

91. 大卫绢蛱蝶 *Calinaga davidis* Oberthür, 1879

箭环蝶属 *Stichophthalma* C. & R. Felder, 1862

92. 箭环蝶 *Stichophthalma howqua* (Westwood, 1851)

93. 华西箭环蝶 *Stichophthalma suffusa* Leech, 1892

94. 双星箭环蝶 *Stichophthalma neumogeni* Leech, 1892

纹环蝶属 *Aemona* Hewitson, 1868

95. 纹环蝶 *Aemona amathusia* (Hewitson, 1867)

串珠环蝶属 *Faunis* Hübner, 1819

96. 灰翅串珠环蝶 *Faunis aerope* (Leech, 1890)

珍蝶属 *Acraea* Fabricius, 1807

97. 苎麻珍蝶 *Acraea issoria* (Hübner, [1819])

豹蛱蝶属 *Argynnis* Fabricius, 1807

98. 绿豹蛱蝶 *Argynnis paphia* (Linnaeus, 1758)

斐豹蛱蝶属 *Argyreus* Scopoli, 1777

99. 斐豹蛱蝶 *Argyreus hyperbius* (Linnaeus, 1763)

老豹蛱蝶属 *Argyronome* Hübner, 1819

100. 老豹蛱蝶 *Argyronome laodice* Pallas, 1771

云豹蛱蝶属 *Nephargynnis* Shirozu & Saigusa, 1973

101. 云豹蛱蝶 *Nephargynnis anadyomene* (C. & R. Felder, 1862)

青豹蛱蝶属 *Damora* Nordmann, 1851

102. 青豹蛱蝶 *Damora sagana* Doubleday, [1847]

银豹蛱蝶属 *Childrena* Hemming, 1943

103. 银豹蛱蝶 *Childrena children* (Gray, 1831)

枯叶蛱蝶属 *Kallima* Doubleday, [1849]

104. 枯叶蛱蝶 *Kallima inachus* (Doyère, 1840)

琉璃蛱蝶属 *Kaniska* Kluk, 1780

105. 琉璃蛱蝶 *Kaniska canace* (Linnaeus, 1763)

钩蛱蝶属 *Polygonia* Hübner, [1819]

106. 黄钩蛱蝶 *Polygonia c-aureum* (Linnaeus, 1758)

红蛱蝶属 *Vanessa* Fabricus, 1807

107. 大红蛱蝶 *Vanessa indica* (Herbst, 1794)

108. 小红蛱蝶 *Vanessa cardui* (Linnaeus, 1758)

眼蛱蝶属 *Junonia* Hübner, [1819]

109. 美眼蛱蝶 *Junonia almana* (Linnaeus, 1758)

110. 翠蓝眼蛱蝶 *Junonia orithya* (Linnaeus, 1758)

盛蛱蝶属 *Symbrenthia* Hübner, [1819]

111. 黄豹盛蛱蝶 *Symbrenthia brabira* Moore, 1872

112. 散纹盛蛱蝶 *Symbrenthia lilaea* Hewitson, 1864

蜘蛱蝶属 *Araschnia* Hübner, 1819

113. 曲纹蜘蛱蝶 *Araschnia doris* Leech, [1892]

尾蛱蝶属 *Polyura* Billberg, 1820

114. 二尾蛱蝶 *Polyura narcaea* (Hewitson, 1854)

115. 大二尾蛱蝶 *Polyura eudamippus* (Doubleday, 1843)

116. 忘忧尾蛱蝶 *Polywura nepenthes* (Grose-Smith, 1883)

螯蛱蝶属 *Charaxes* Ochsenheimer, 1816

117. 白带螯蛱蝶 *Charaxes bernardus* (Fabricius, 1793)

闪蛱蝶属 *Apatura* Fabricius, 1807

118. 柳紫闪蛱蝶 *Apatura ilia* (Denis & Schiffermuller, 1775)

铠蛱蝶属 *Chitoria* Moore, [1896]

119. 栗铠蛱蝶 *Chitoria subcaerulea* (Leech, 1891)

迷蛱蝶属 *Mimathyma* Moore, [1896]

120. 迷蛱蝶 *Mimathyma chevana* (Moore, [1866])

121. 白斑迷蛱蝶 *Mimathyma schrenckii* (Ménétriés, 1859)

白蛱蝶属 *Helcyra* Felder, 1860

122. 傲白蛱蝶 *Helcyra superba* Leech, 1890

123. 银白蛱蝶 *Helcyra subalba* (Poujade,1885)

帅蛱蝶属 *Sephisa* Moore, 1882

124. 黄帅蛱蝶 *Sephisa princeps* (Fixsen, 1887)

紫蛱蝶属 *Sasakia* Moore, [1896]

125. 大紫蛱蝶 *Sasakia charonda* (Hewitson, 1863)

126. 黑紫蛱蝶 *Sasakia funebris* (Hewitson, 1863)

脉蛱蝶属 *Hestina* Westwood, [1850]

127. 黑脉蛱蝶 *Hestina assimilis* (Linnaeus, 1758)

猫蛱蝶属 *Timelaea* Lucas, 1883

128. 白裳猫蛱蝶 *Timelaea albescens* (Oberthür, 1886)

饰蛱蝶属 *Stibochiona* Butler, [1869]

129. 素饰蛱蝶 *Stibochiona nicea* (Gray, 1846)

电蛱蝶属 *Dichorragia* Butler, [1869]

130. 电蛱蝶 *Dichorragia nesimachus* (Doyère, [1840])

丝蛱蝶属 *Cyrestis* Boisduval, 1832

131. 网丝蛱蝶 *Cyrestis thyodamas* Boisduval, 1846

姹蛱蝶属 *Chalinga* Fabricius, 1807

132. 锦瑟蛱蝶 *Chalinga pratti* (Leech, 1890)

翠蛱蝶属 *Euthalia* Hübner, [1819]

133. 矛翠蛱蝶 *Euthalia aconthea* (Gramer, 1777)
134. 黄翅翠蛱蝶 *Euthalia kosempona* Fruhstorfer, 1908
135. 太平翠蛱蝶 *Euthalia pacifica* Mell, 1935
136. 珀翠蛱蝶 *Euthalia pratti* Leech, 1891
137. 华东翠蛱蝶 *Euthalia rickettsi* Hall, 1930
138. 明带翠蛱蝶 *Euthalia yasuyukii* Yoshino, 1998
139. 拟鹰翠蛱蝶 *Euthalia uao* Yoshino, 1997
140. 广东翠蛱蝶 *Euthalia guangdongensis* Wu, 1994
141. 捻带翠蛱蝶 *Euthalia strephon* Grose-Smith, 1893

裙蛱蝶属 *Cynitia* Snellen, 1895

142. 绿裙蛱蝶 *Cynitia whiteheadi* (Crowley, 1900)

婀蛱蝶属 *Abrota* Moore, 1857

143. 婀蛱蝶 *Abrota ganga* Moore, 1857

线蛱蝶属 *Limenitis* Fbricius, 1807

144. 折线蛱蝶 *Limenitis sydyi* Lederer, 1853
145. 拟戟眉线蛱蝶 *Limenitis misuji* Sugiyama, 1994
146. 断眉线蛱蝶 *Limenitis doerriesi* Staudinger, 1892
147. 扬眉线蛱蝶 *Limenitis helmanni* Lederer, 1853
148. 残锷线蛱蝶 *Limenitis sulpitia* (Cramer, 1779)

带蛱蝶属 *Athyma* Westwood, [1850]

149. 虬眉带蛱蝶 *Athyma opalina* (Kollar, [1844])
150. 东方带蛱蝶 *Athyma orientalis* Elwes, 1888
151. 双色带蛱蝶 *Athyma cama* Moore, [1858]
152. 孤斑带蛱蝶 *Athyma zeroca* Moore,1872
153. 离斑带蛱蝶 *Athyma ranga* Moore, [1858]
154. 玉杵带蛱蝶 *Athyma jina* Moore, [1858]
155. 幸福带蛱蝶 *Athyma fortuna* Leech,1889
156. 珠履带蛱蝶 *Athyma asura* Moore, [1858]
157. 六点带蛱蝶 *Athyma punctata* Leech, 1890

158. 新月带蛱蝶 *Athyma selenophora* (Kollar, [1844])

环蛱蝶属 *Neptis* Fabricius, 1807

159. 小环蛱蝶 *Neptis Sappho* (Pallas, 1771)

160. 中环蛱蝶 *Neptis hylas* (Linnaeus, 1758)

161. 珂环蛱蝶 *Neptis clinia* Moore, 1872

162. 娑环蛱蝶 *Neptis soma* Moore, 1857

163. 耶环蛱蝶 *Neptis yerburii* Butler, 1886

164. 断环蛱蝶 *Neptis sankara* Kollar, 1844

165. 卡环蛱蝶 *Neptis cartica* Moore, 1872

166. 阿环蛱蝶 *Neptis ananta* Moore, 1857

167. 羚环蛱蝶 *Neptis antilope* Leech, 1890

168. 莲花环蛱蝶 *Neptis hesione* Leech, 1890

169. 矛环蛱蝶 *Neptis armandia* (Oberthür, 1876)

170. 蛛环蛱蝶 *Neptis arachne* Leech, 1890

171. 玛环蛱蝶 *Neptis manasa* Moore, 1857

172. 链环蛱蝶 *Neptis pryeri* Butler, 1871

173. 重环蛱蝶 *Neptis alwina* (Bremer & Grey, 1852)

174. 司环蛱蝶 *Neptis speyeri* Staudinger, 1887

175. 折环蛱蝶 *Neptis beroe* Leech, 1890

菲蛱蝶属 *Phaedyma* Felder, 1861

176. 霭菲蛱蝶 *Phaedyma aspasia* (Leech, 1890)

蟠蛱蝶属 *Pantoporia* Felder, 1861

177. 苾蟠蛱蝶 *Pantoporia bieti* (Oberthür, 1894)

暮眼蝶属 *Melanitis* Fabricius, 1807

【鉴别特征】中大型眼蝶。前翅外缘近顶角具有角状突出，后翅外缘带小尾突。翅背面呈褐色或深褐色，前翅顶角附近多带明显眼斑，腹面亦以褐色为主，斑纹多变。部分种类有明显的季节型变异。

【分　　布】东洋区、非洲区、澳洲区；日本东南部。

【寄主植物】禾本科 Gramineae。

44. 睇暮眼蝶 *Melanitis phedima* (Cramer, [1780])

【鉴别特征】中大型眼蝶。外形与暮眼蝶十分相似，主要区别在于本种翅形相较略为宽阔；雄蝶背面呈深褐色；湿季型前翅眼纹不明显，旱季型个体前翅的橙色纹常扩散至

♂正

♂反

1cm

浙江九龙山　2019-06-15

♂正

♂反

1cm

浙江凤阳山　2019-07-16

眼纹四周；本种翅腹面底色较暮眼蝶色深，湿季型个体尤其明显。

【分　　布】中国浙江（凤阳山、九龙山），黄河以南地区；东洋区、日本。

【发　　生】全年。

浙江凤阳山　2019-08-07

黛眼蝶属 *Lethe* Hübner, [1819]

【鉴别特征】中大型至中小型眼蝶。雌雄斑纹相似或相异，部分雄蝶有性标。前翅顶角多少向外突出，很多种类后翅具尾突。翅背面以黑褐色和灰褐色为主，缺少斑纹，腹面斑纹则变化多端，后翅亚外缘有明显的眼斑。

【分　　布】东洋区、古北区、新北区。

【寄主植物】禾本科 Gramineae、莎草科 Cyperaceae。

45. 黛眼蝶 *Lethe dura* (Marshall, 1882)

【鉴别特征】中型眼蝶。雄蝶前翅近三角形，后翅外缘呈波状，具尾突。翅背面黑褐色，前翅无斑纹，后翅外侧具 1 片淡灰褐色带，其内有数个黑色斑点呈弧状排列；翅腹

♂正

♂反

1cm

浙江凤阳山　2018-04-24

♂正

♂反

1cm

浙江天目山　2017-09-14

面褐色，前后翅沿外缘有橙色细带，其内有白边，前翅中室有 1 条淡色短条，前翅前缘中部至后角有 1 条淡色斜带，亚顶角有 2 个不明显的小圆斑，后翅有 1 条深色中带贯穿，其内有紫白色镂空纹及云状纹，其外有 1 列弧形的眼斑，瞳心为白，并有紫白色外圈。雌蝶斑纹与雄蝶类似，但翅形更阔，翅面淡色区较大。

【分　　布】中国浙江（百山祖、凤阳山、天目山、白云森林公园）、陕西、四川、云南、湖北、福建、广东、台湾；印度、不丹、泰国、老挝、越南。

【发　　生】5—9 月。

浙江白云森林公园　2016-05-27

浙江天目山　2017-09-14

浙江天目山　2018-05-28

浙江天目山　2019-05-11

46. 连纹黛眼蝶 *Lethe syrcis* Hewitson, 1863

【鉴别特征】中型眼蝶。翅背面灰褐色，后翅外缘有 4 个硕大的黑色眼斑，外围包裹黄边；翅腹面淡黄灰色，前后翅外缘为黄色，边缘为黑色细线，内侧还伴有白纹，前翅有 2 条深色线，后翅亚外缘有 5 个眼斑，眼斑外围伴有白纹，外中区及内中区的颜色带在靠臀角处汇合，外中区的深色带在中部尖突。

【分　　布】中国浙江（百山祖、凤阳山、四明山、九龙山、天目山、西溪湿地、峰源）、黑龙江、陕西、江西、河南、福建、四川、广西、广东、重庆；越南、老挝。

【发　　生】5—7 月。

浙江凤阳山　2018-06-15

♂正

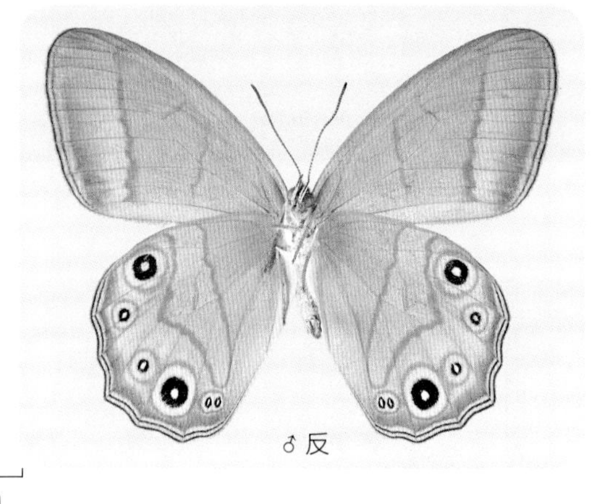

♂反

1cm

浙江凤阳山　2018-05-17

♂正

♂反

1cm

浙江九龙山　2019-05-25

浙江凤阳山　2018-06-15

浙江丽水市峰源　2019-07-07

47. 直带黛眼蝶 *Lethe lanaris* Butler, 1877

【鉴别特征】中大型眼蝶。雄蝶前翅较尖，翅背面黑褐色，后翅亚外缘有数个眼斑，翅腹面色泽淡，前翅内外区底色不同，内侧深外侧浅，亚外缘有竖直排列、大小相等的 5 个眼斑，后翅亚外缘有 6 个清晰的眼斑。雌蝶翅形更阔，色泽较雄蝶淡，前翅背面有 1 道外斜的白线。

【分　　布】中国浙江（凤阳山、天目山）、四川、甘肃、陕西、河南、重庆、湖北、江西、福建、海南；缅甸、泰国、越南、老挝。

【发　　生】6—8 月。

浙江天目山　2020-08-01

♀正

♀反

1cm

浙江凤阳山　2019-07-29

♂正

♂反

1cm

浙江天目山　2017-07-27

浙江天目山　2019-07-16

浙江天目山　2018-07-12

48. 棕褐黛眼蝶 *Lethe christophi* Leech, 1891

浙江凤阳山　2019-08-01

【鉴别特征】中大型眼蝶。雄蝶翅背面灰褐色，后翅有大块的黑色性标，亚外缘隐约可见黑色眼斑，翅腹面棕褐色带紫色光泽，前后翅的外中区各有1道深棕色的中带，前翅中室内有1条深色线，后翅亚外缘有6个眼斑，眼斑较小，外侧为红棕褐色。雌蝶斑纹与雄蝶相似，但后翅背面无性标。

【分　　布】中国浙江（百山祖、凤阳山、九龙山、天目山）、湖北、福建、江西、广东、台湾。

【发　　生】5—9月。

♂正

♂反

1cm

浙江凤阳山　2019-05-12

♂正

♂反

1cm

浙江天目山　2018-08-10

浙江凤阳山　2019-08-04

浙江凤阳山　2019-08-07

49. 苔娜黛眼蝶 *Lethe diana* (Butler, 1866)

【鉴别特征】中型眼蝶。本种与罗丹黛眼蝶较为近似，但后翅更圆，外缘呈波纹状，不具明显尾突，雄蝶后翅背面前缘的中部有一大块浅色斑，亚外缘的眼斑极不明显，前翅腹面后缘中部具黑色长毛，外中区的中带将前翅分成深浅 2 个色区，前后翅亚外缘眼斑被清晰的紫白环包围，后翅外缘线内侧有 1 道清晰的紫白色边纹。

【分　　布】中国浙江（百山祖、凤阳山、天目山）、河南、陕西、江西、辽宁、吉林；日本、朝鲜半岛。

【发　　生】4—9 月。

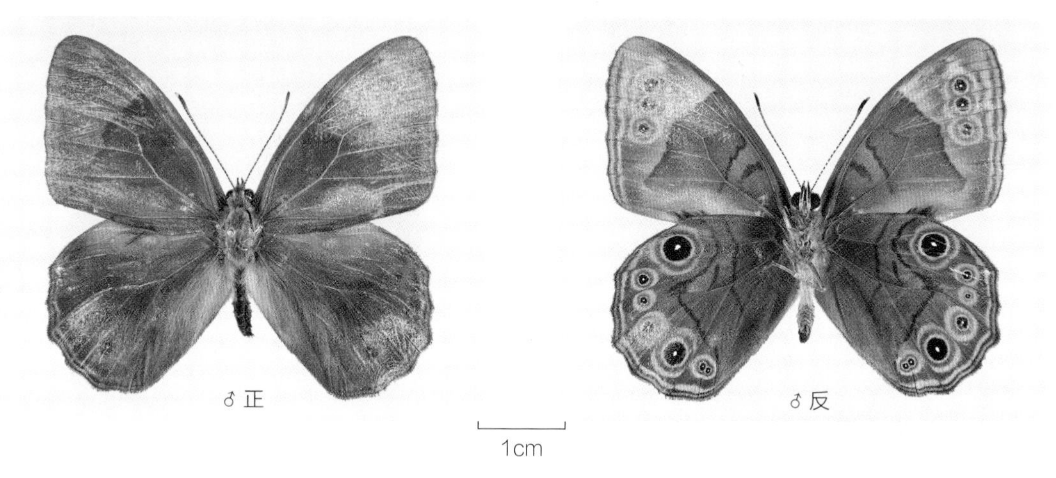

浙江天目山　2018-05-11

浙江天目山　2017-04-22

浙江天目山　2017 05-21

浙江天目山　2017-05-22

浙江天目山　2018-07-08

50. 深山黛眼蝶 *Lethe hyrania* (Kollar, 1844)

【鉴别特征】中小型眼蝶。雄蝶翅背面棕褐色，前翅中央有模糊的浅色斜线，后翅亚外缘有黑色眼斑，翅腹面褐色并有部分泛红褐色，前后翅外缘有浅色细带纹，前翅中室中央有 2 条红褐色细线，中部有浅色斜线，亚顶角处有 3 个眼斑，后翅中央有 2 道红褐色纹线贯穿翅面，内侧线直，外侧线弯折，外缘有弧状排列的眼斑，眼斑外镶黄白色环纹，近臀角及后缘的眼斑外常有红褐色纹。雌蝶前翅背面近顶角处有清晰的小斑，中央有宽阔倾斜的白带。

【分　　布】中国浙江（百山祖、凤阳山、天目山）、福建、广东、广西、云南、台湾、海南、四川；印度、缅甸、泰国、越南、老挝。

【发　　生】4—9 月。

♀正

♀反

1cm

浙江凤阳山　2018-05-16

♂正

♂反

1cm

浙江凤阳山　2019-04-17

浙江凤阳山　2018-05-16

浙江凤阳山　2019-08-02

51. 白带黛眼蝶 *Lethe confusa* Aurivillius, 1897

【鉴别特征】中小型眼蝶。雌雄斑纹相似，翅背面黑褐色，前翅顶角处有 2 个小白斑，中央有 1 条宽阔的白色斜带，由前缘中部倾斜至后角，翅腹面棕褐色，前翅顶角处有 3 个眼斑，后翅外中区及内中区各有 1 条紫白色中带，外侧中带曲折，亚外缘有 6 个眼斑，瞳心为白，外围包裹黄纹，其中最上方眼斑硕大，最下方眼斑小，双瞳。

【分　　布】中国浙江（百山祖、凤阳山、天目山、划岩山）、福建、广西、广东、香港、云南、四川、贵州；南亚、东南亚。

【发　　生】5—10 月。

浙江凤阳山　2019-04-26

浙江台州市划岩山　2019-10-05

52. 长纹黛眼蝶 *Lethe europa* (Fabricius, 1755)

【鉴别特征】中型眼蝶。雄蝶翅背面灰褐色，前翅顶角有 2~3 个小白斑，中部隐约可见淡色横带，前后翅外缘有细小的黄白色边纹，翅腹面黑褐色，前翅中部具黄白色斜带，斜带外有 1 列弯曲的眼斑，1 条白色中带贯穿前后翅中室至后翅内缘，后翅亚外缘有 6 个大型眼状纹，最上方的眼斑为圆形实心的黑斑，下方的眼斑呈长条或椭圆状，前后翅外缘有橙色细带，内侧伴有白色细边。雌蝶前翅有 1 条宽阔的白色斜带，其余斑纹类似于雄蝶。

【分　　布】中国浙江（百山祖、凤阳山、白云森林公园、中央山）、江西、福建、广东、广西、云南、台湾、西藏、香港；南亚、东南亚。

【发　　生】5—9 月。

♂正

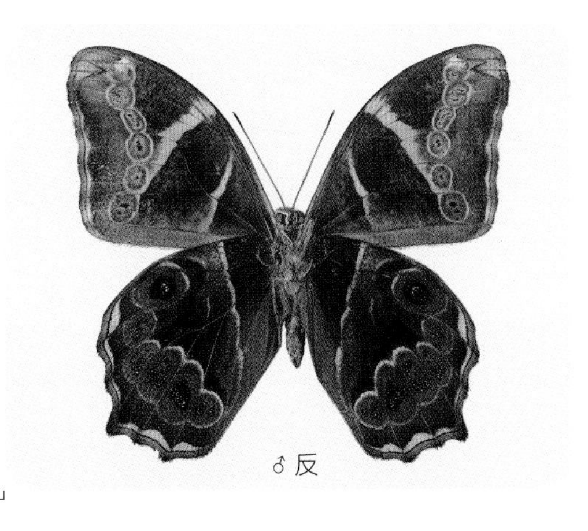

♂反

1cm

浙江白云森林公园　2017-08-04

♂正

♂反

1cm

浙江凤阳山　2018-06-14

浙江台州市中央山　2018-06-17

浙江凤阳山　2019-07-28

53. 圆翅黛眼蝶 *Lethe butleri* Leech, 1889

【鉴别特征】中型眼蝶。雌雄斑纹相似，翅背面灰褐色，前后翅外缘有淡黄色细线，前翅顶角有 1 个眼斑，中部有淡色斜纹，后翅近前缘有 1 个隐约的大眼斑，其下方有数个清晰的小眼斑，翅腹面黄灰褐色，前后翅外缘有波状暗褐色线，前翅外缘有 2 个眼斑，内侧有 1 条不规则斜带，后翅中部有 2 条深色中带，其中外中带中部向外突出明显，呈鸟喙状，亚外缘有 6 个清晰眼斑，眼斑外围包裹黄纹。

【分　　布】中国浙江（百山祖、凤阳山、九龙山、天目山）、河南、台湾、福建、江西、陕西、重庆、湖北、甘肃、四川。

【发　　生】6—7 月。

浙江凤阳山　2017-07-01

浙江九龙山　2019-06-15

浙江凤阳山　2019-07-28

浙江凤阳山　2020-07-04

54. 蛇神黛眼蝶 *Lethe satyrina* Butler, 1871

【鉴别特征】中型眼蝶。雌雄斑纹相似，翅形圆阔，翅背面灰褐色，前翅顶角有模糊的眼斑，中部有弧形淡色斜纹，后翅亚外缘有数个眼斑，翅腹面色泽较背面淡，前后翅外缘有黄白色细线，前翅前缘中部有清晰白纹，外缘有 2 个眼斑，后翅中部有 2 条深色中带，中带内侧伴有紫白色边线，外中带中部向外突出，亚外缘有 6 个清晰眼斑，瞳心为白，外围包裹黄纹。

【分　　布】中国浙江（百山祖、凤阳山、天目山）、陕西、河南、福建、江西、上海、湖北、贵州、四川。

【发　　生】5—10 月。

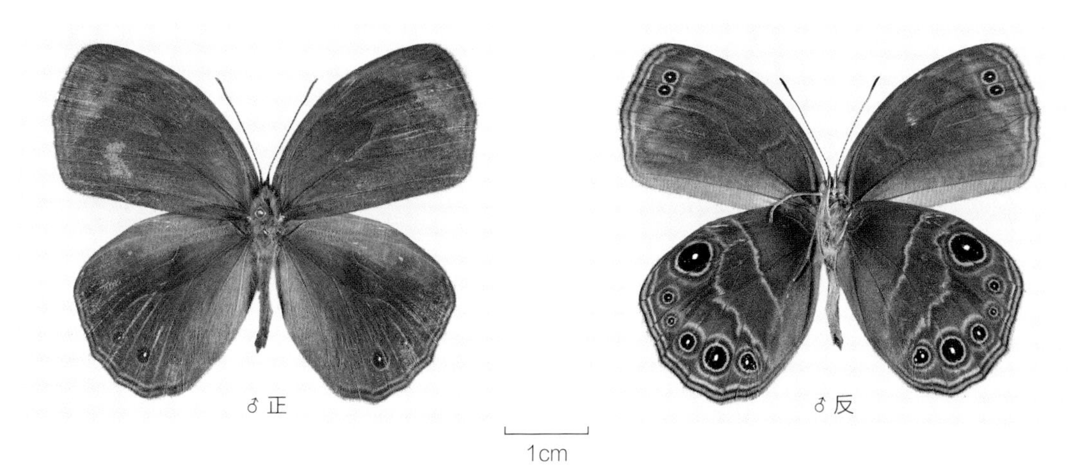

♂正　♂反

1cm

浙江凤阳山　2018-10-02

浙江凤阳山　2017-08-11

浙江凤阳山　2019-07-28

浙江凤阳山　2019-08-01

浙江凤阳山　2019-08-01

55. 曲纹黛眼蝶 *Lethe chandica* Moore, [1858]

【鉴别特征】中大型眼蝶。雄蝶前翅呈三角形，后翅具尾突，翅背面黑褐色，其中基半部色深，端半部色浅，翅腹面棕褐色，前后翅中部有 2 条红棕色中带贯穿全翅，其中后翅外横带的中部强烈向外突出，前后翅亚外缘分别有 5 个和 6 个眼斑，其中后翅眼斑内黑纹形状不规则。雌蝶背面呈红褐色，前翅中央有鲜明的倾斜白带，后翅亚外缘有明显的黑斑。

【分　　布】中国浙江（百山祖、凤阳山、天目山）、福建、广东、广西、云南、台湾、西藏；印度、缅甸、泰国、越南、老挝、菲律宾。

【发　　生】4—10 月。

♀正

♀反

1cm

浙江凤阳山　2019-09-17

♂正

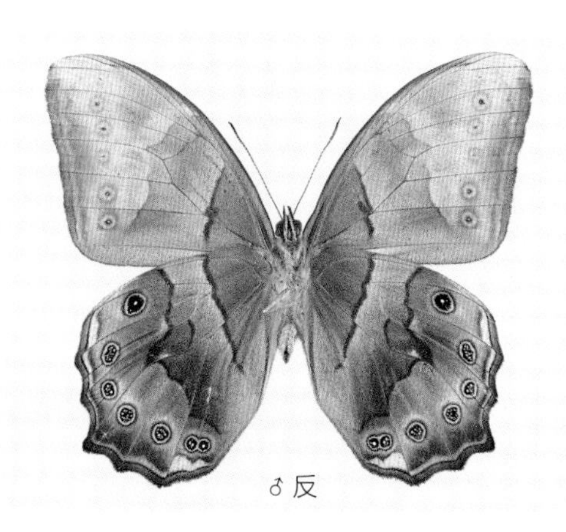
♂反

1cm

浙江凤阳山　2019-09-17

浙江凤阳山　2017-07-22

浙江凤阳山　2018-05-17

浙江凤阳山　2019-08-01

56. 紫线黛眼蝶 *Lethe violaceopicta* (Poujade, 1884)

【鉴别特征】中小型眼蝶。雄蝶前翅顶角突出，呈三角形，翅背面黑褐色，无斑纹，翅腹面色深，前后翅外缘有黄色细带，内侧有银白色边纹，前翅中部有黄白色横带，横带在中部位置折弯，亚外缘有 3 个小眼斑，外围伴有银色斑纹，后翅中部有 1 条深褐色中带，中带内有许多复杂的紫白色边纹，亚外缘有 6 个眼斑，眼斑外伴紫白色纹。雌蝶翅形更圆阔，前翅背面中部横带明显，横带外侧还有数个小黄点。

【分　　布】中国浙江（百山祖、凤阳山）、福建、江西、广东、广西、四川、陕西；印度、缅甸、越南。

【发　　生】6—7 月。

♀正　　♀反

1cm

浙江凤阳山　2018-06-15

♂正　　♂反

1cm

浙江凤阳山　2018-07-08

浙江凤阳山　2018-06-15

浙江凤阳山　2018-06-15

57. 宽带黛眼蝶 *Lethe helena* Leech, 1891

【鉴别特征】中型眼蝶。雄蝶与直带黛眼蝶非常相似，但体型明显更小，前翅顶角不似直带黛眼蝶那么尖锐，前翅腹面外侧中线明显更加倾斜，中线靠近中室脉端，亚外缘的清晰眼斑只有 4 个，最后 1 个眼斑模糊。雌蝶前翅具有宽阔的白带。

【分　　布】中国浙江（九龙山、天目山）、四川、福建。

【发　　生】5—10 月。

♂正

♂反

1cm

浙江九龙山　2019-05-24

浙江天目山　2018-06-10

58. 尖尾黛眼蝶 *Lethe sinorix* (Hewitson, [1863])

【鉴别特征】中型眼蝶。与甘萨黛眼蝶非常相似，但后翅的尾突明显更长更尖，雌蝶前翅背面亚外缘均有 3 个小黄点，后翅有黑色眼斑，其中产于华东地区的亚种眼斑外围有较微弱的黄纹，而产于藏东南地区的亚种眼斑外围有浓郁的黄色和红褐色斑纹。

【分　　布】中国浙江（百山祖、凤阳山）、福建、广东、广西、西藏；印度、缅甸、泰国、老挝、越南、马来西亚。

【发　　生】4—9 月。

♂正

♂反

1cm

浙江凤阳山　2019-07-28

浙江凤阳山　2020-07-06

59. 边纹黛眼蝶 *Lethe marginalis* Moschulsky, 1860

【鉴别特征】中型眼蝶。与苔娜黛眼蝶较相似，但前后翅背面眼斑更明显，翅腹面色泽偏黄褐，不如苔娜黛眼蝶深暗，雄蝶前翅无黑色毛束，后翅无浅色斑，中室内深色线只有 1 条，而苔娜黛眼蝶为 2 条，前后翅眼斑外围为黄白色环纹，而苔娜黛眼蝶则为紫白色。

【分　　布】中国浙江（百山祖、凤阳山、天目山）、陕西、甘肃、河南、江西、湖北、黑龙江、吉林；日本、俄罗斯、朝鲜半岛。

【发　　生】6—8 月。

浙江天目山　2017-06-28

荫眼蝶属 *Neope* Moore, 1866

【鉴别特征】中大型眼蝶。翅底色为褐色至深褐色，翅背面具黄白色斑纹和眼斑，雄蝶前翅中域常具暗色性标；翅腹面具复杂的斑纹，中域外侧通常具 1 列眼斑。

【分　　布】东洋区、古北区东南部。

【寄主植物】禾本科 Gramineae、莎草科 Cyperaceae。

60. 布莱荫眼蝶 *Neope bremeri* (C. & R. Felder, 1862)

【鉴别特征】中大型眼蝶。高温型个体较大，翅背面深褐色，基部至中域颜色较淡，前翅中域外侧具许多大小不等的黄斑，雄蝶前翅中域具暗色性标；后翅中域外侧具 1 列黄色斑，内具黑褐色圆斑；后翅腹面呈灰褐色，具深褐色和褐色斑纹，前翅中域外侧具 4 个眼斑，后翅中域外侧具 7 个或 8 个眼斑。低温型个体稍小，翅背面黄褐色，翅中域外侧的黄斑发达，前翅基部翅脉呈黄色；翅腹面黄褐色，眼斑较小，其中前翅通常仅有 3

个眼斑，后翅具 8 个眼斑。

【分　　布】中国浙江（百山祖、凤阳山、天目山、松阳县、四明山）、安徽、福建、江西、广东、广西、海南、四川、云南、陕西、台湾。

【发　　生】3—8 月。

浙江凤阳山　2019-08-07

61. 黑斑荫眼蝶 *Neope pulahoides* (Moore, [1892])

【鉴别特征】中大型眼蝶。翅背面深褐色，前翅中域翅脉呈黄色，雄蝶前翅中域无暗色性标；后翅腹面呈棕褐色，具许多深褐色和黄褐色斑纹，后翅中域外侧的眼斑较小。

【分　　布】中国浙江（百山祖、凤阳山）、四川、云南；印度、尼泊尔。

【发　　生】3—8月。

浙江凤阳山　2017-07-20

浙江凤阳山　2019-08-04

浙江凤阳山　2019-03-19

浙江凤阳山　2020-03-25

浙江凤阳山　2020-03-25

62. 蒙链荫眼蝶 *Neope muirheadii* (C. & R. Felder, 1862)

浙江凤阳山　2017-08-11

【鉴别特征】中大型眼蝶。翅背面褐色，中域外侧通常具 1 列黑斑；后翅腹面具灰褐色和深褐色细纹，中域通常具 1 条白色或黄白色的纵带，前翅中域外侧具 4 个黑色眼斑，后翅中域外侧具 8 个黑色眼斑。

【分　　布】中国浙江（百山祖、凤阳山、九龙山、白云森林公园、草鱼塘、烂泥湖、四明山、天目山、望东垟）、河南、江苏、上海、福建、江西、湖北、湖南、广西、广东、四川、云南、陕西、香港；印度、缅甸、老挝、越南。

【发　　生】4—9 月。

♀正

♀反

1cm

浙江凤阳山　2018-07-07

♂正

♂反

1cm

浙江凤阳山　2018-04-24

浙江凤阳山　2019-07-16

浙江凤阳山　2019-07-30

浙江凤阳山　2019-08-01

浙江凤阳山　2019-08-03

浙江凤阳山　2019-08-03

浙江凤阳山　2019-08-07

63. 黄荫眼蝶 *Neope contrasta* Mell, 1923

【鉴别特征】中大型眼蝶。近似于蒙链荫眼蝶，但本种翅色偏黄，前翅前缘上侧具 1 个黄色小斑，前翅背面中域外侧通常具 4 个眼斑，其中第 2 个眼斑呈黄白色，后翅中域外侧具 1 列深褐色的眼斑。翅腹面斑纹模糊，眼斑极小。

【分　　布】中国浙江（凤阳山、白云森林公园、四明山、天目山、峰源）、安徽、福建、湖南、四川。

【发　　生】4—5 月。

浙江凤阳山　2018-04-24

♀正

♀反

1cm

浙江凤阳山　2018-04-24

♀正

♀反

1cm

浙江丽水市峰源　2019-04-22

浙江凤阳山　2019-04-08

浙江凤阳山　2018-04-24

64. 黑翅荫眼蝶 *Neope serica* Leech, 1892

【鉴别特征】中大型眼蝶。本种与丝链荫眼蝶近似，但本种翅背面几乎全为黑褐色，仅前翅背面中域外侧隐约可见数个黑色圆斑；前翅腹面的眼斑更显著。

【分　　布】中国浙江（凤阳山、天目山）、河南、安徽、福建、江西、广东、广西、四川、云南。

【发　　生】6—7月。

♀正

♀反

1cm

浙江凤阳山　2017-07-20

浙江天目山　2019-07-20

浙江凤阳山　2020-07-01

浙江凤阳山　2020-07-04

65. 阿芒荫眼蝶 *Neope armandii* (Oberthür, 1876)

【鉴别特征】中大型眼蝶。翅背面深褐色，雄蝶前翅基部至中域密布褐色细毛，中域外侧具许多大小不等的黄白色斑，后翅中域外侧区域呈淡黄褐色或乳白色，具 1 列深褐色眼斑；后翅腹面呈淡褐色，前翅中域外侧具 2 个眼斑，后翅中域外侧具 7 个眼斑。

【分　　布】中国浙江（凤阳山）、福建、江西、广东、广西、四川、云南；印度、缅甸、泰国、越南。

【发　　生】3—7 月。

♀正

♀反

1cm

浙江凤阳山　2019-05-12

♂正

♂反

1cm

浙江凤阳山　2019-04-15

♂正

♂反

1cm

浙江凤阳山　2019-04-27

蛇眼蝶属 *Minois* Hübner, 1819

【鉴别特征】中大型眼蝶。翅面黄褐色至黑褐色，前后翅均具眼斑，眼斑内具瞳点。

【分　　布】古北区、东洋区。

【寄主植物】禾本科 Gramineae。

66. 蛇眼蝶 *Minois dryas* (Scopoli, 1763)

【鉴别特征】中大型眼蝶。雌雄异色，雄蝶翅背面深棕色，前翅亚外缘 2 枚大型眼斑，内具瞳点，瞳点白色至蓝色，后翅翅缘波浪状，亚外缘具 1~2 枚小型眼斑，内具瞳点；翅腹面深棕色，前翅与背面近似，后翅中部具白色斑带。雌蝶棕黄色，斑纹与雄蝶近似。

【分　　布】中国浙江（凤阳山、白马山、四明山），包括北京、辽宁、河南、陕西、江西等在内的东北、华北、华中、华南、华东、西北地区；朝鲜半岛、日本、俄罗斯。

【发　　生】7—8 月。

♂正

♂反

1cm

浙江遂昌县白马山　2017-07-13

♂正

♂反

1cm

浙江四明山　2018-07-02

蛱蝶科 Nymphalidae

宁眼蝶属 *Ninguta* Moore, 1892

【鉴别特征】大型眼蝶。翅形圆，翅背面黑褐色。前翅顶端部有 1~2 个小黑点，后翅有 5 个黑斑，中间 1 个最小。翅腹面紫褐色，中横线波曲，中室端脉黑色，中室内有 1 条细纹，中横线和内横线构成“凸”字形；前后翅亚外缘各有 2 条棕色横线。

【分　　布】古北区。

【寄主植物】禾本科 Gramineae。

67. 宁眼蝶 *Ninguta schrenkii* (Ménétriès, 1859)

【鉴别特征】大型眼蝶。翅形圆，翅背面黑褐色。前翅顶端部有 1~2 个小黑点，后翅有 5 个黑斑，中间 1 个最小。翅腹面紫褐色，中横线波曲，中室端脉黑色，中室内有 1 条细纹，中横线和内横线构成“凸”字形；前后翅亚外缘各有 2 条棕色横线。

【分　　布】中国浙江（凤阳山、敕木山）、黑龙江、辽宁、陕西、四川、福建；日本、俄罗斯、朝鲜半岛。

【发　　生】6—8 月。

浙江凤阳山　2019-07-29

♂ 正

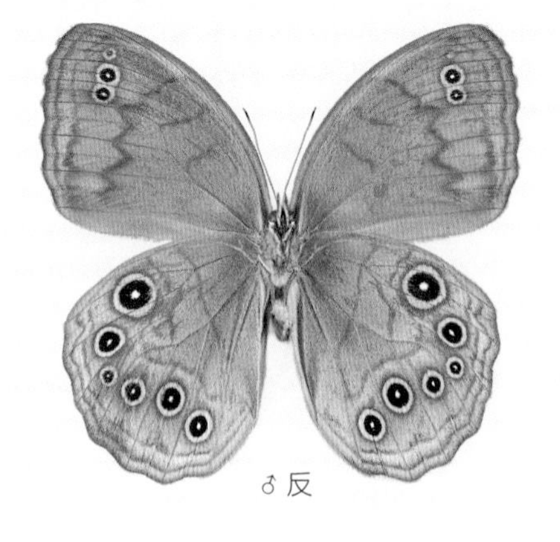

♂ 反

1cm

浙江敕木山　2019-06-28

蛱蝶科 Nymphalidae

浙江凤阳山　2019-08-03

丽眼蝶属 *Mandarinia* Leech, [1892]

【鉴别特征】小型眼蝶。翅背面黑褐色，带蓝色光泽，前翅有蓝色斜带，雄蝶后翅中室有毛束。

【分　　布】东洋区。

【寄主植物】天南星科 Araceae。

68. 蓝斑丽眼蝶 *Mandarinia regalis* (Leech, 1889)

【鉴别特征】小型眼蝶。雄蝶翅背面黑褐色，闪金属蓝色光泽，前翅略尖，有 1 条宽阔的蓝色斜带，较直，后翅较圆阔，中室有黑褐色毛束，翅腹面灰褐色，前翅中下部有半椭圆状淡色区，前后翅外缘有 2 道银白色波状纹，波纹内为 1 串眼斑。雌蝶翅形明显较

♀正　♀反

1cm

浙江凤阳山　2017-08-12

♂正　♂反

1cm

浙江凤阳山　2018-09-09

圆，前翅背面的蓝色斜斑明显较细且弯曲。

【分　　布】中国浙江（百山祖、凤阳山、天目山）、河南、陕西、四川、湖北、江西、福建、安徽、广东、海南；缅甸、泰国、老挝、越南。

【发　　生】5—9月。

浙江天目山　2018-06-12

浙江天目山　2018-06-12

浙江凤阳山　2020-07-06

眉眼蝶属 *Mycalesis* Hübner, 1818

【鉴别特征】小型至中型眼蝶。翅底色多为褐色至深褐色，背面外侧有眼纹或完全无斑，多数成员的前后翅腹面中央各有 1 道浅色直纹，其外侧有 1 列眼纹。雄蝶翅上有性标，其位置及形态往往是物种鉴定的重要依据。

【分　　布】东洋区、澳洲区北部、古北区东部。

【寄主植物】禾本科 Gramineae、莎草科 Cyperaceae。

69. 小眉眼蝶 *Mycalesis mineus* (Linnaeus, 1758)

【鉴别特征】中小型眼蝶。躯体背面褐色，腹面颜色较浅。翅背面底色褐色，两翅中央或隐约有浅色直纹，前翅外侧有 1 个明显的眼纹，沿前后翅外缘有 2 道平行的浅色窄

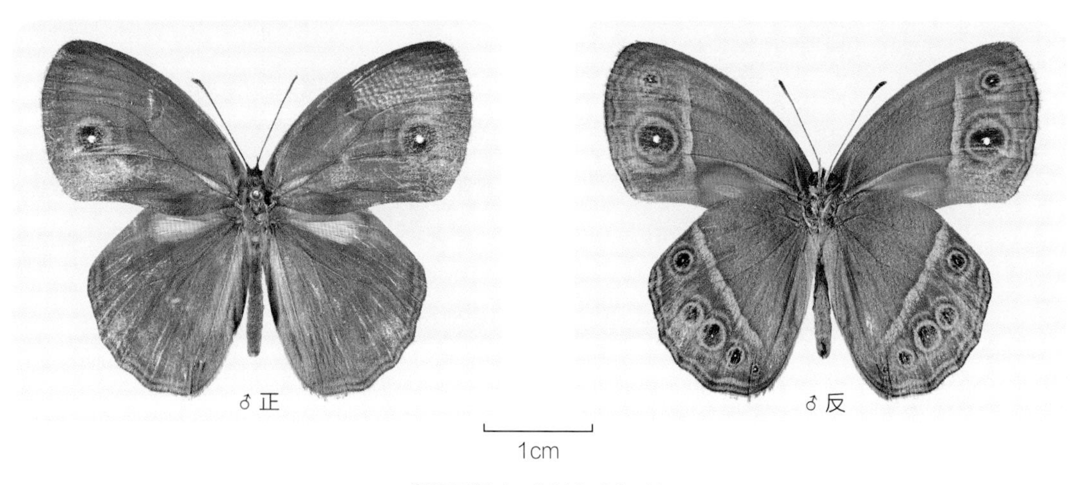

浙江凤阳山　2018-06-14

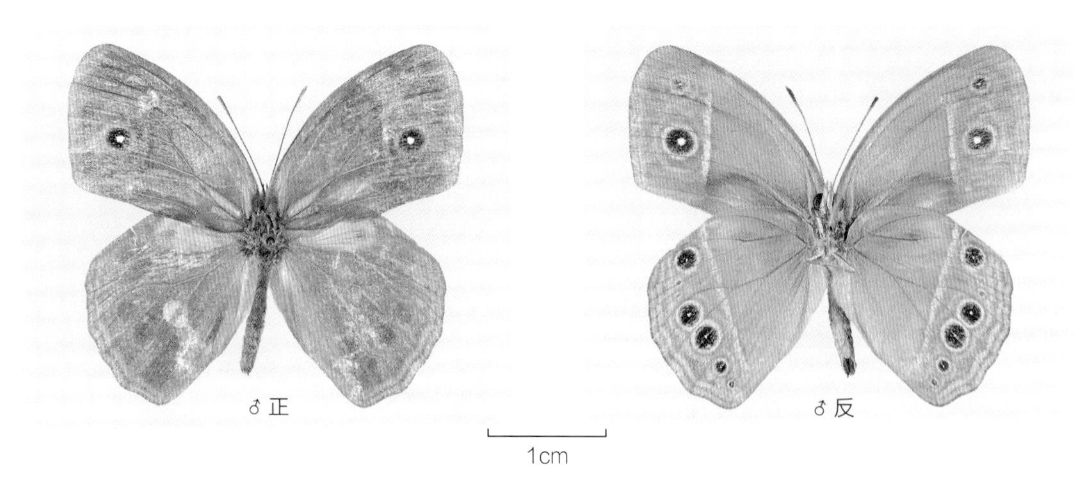

浙江凤阳山　2018-09-09

纹。翅腹面底色较淡，两翅中央各有 1 道米黄色直纹，前翅外侧有 2~4 个眼纹，后翅外侧有 7 个眼纹，但第 2~3 个眼纹或消失，两翅沿外缘有 2 道平行的米色窄纹。旱季型翅腹面斑纹全面消退，两翅中央的直纹仅余模糊暗线，外侧眼纹几乎消失，雄蝶前翅腹面后缘基部有灰褐色性标，后翅背面近前缘有米色毛束，其基部有带金属光泽的灰褐色鳞片。

【分　　布】中国浙江（百山祖、凤阳山、四明山、天目山、台州市），长江以南地区；东洋区。

【发　　生】5—10 月。

浙江台州市　2019-10-05

70. 上海眉眼蝶 *Mycalesis sangaica* Butler, 1877

【鉴别特征】中小型眼蝶。本种外形与小眉眼蝶近似，主要区别为翅形较圆；翅腹面中央的直纹带淡紫色调，其内侧带细碎波纹；后翅外侧的 7 个眼纹完整；雄蝶后翅背面近前缘的毛束呈黄色和黑色，后翅靠内缘另有 1 条黑色毛束性标延伸至毛束外，并呈黄色。

【分　　布】中国浙江（凤阳山、天目山、烂泥湖、白云森林公园）、上海、江西、福建、广东、广西、云南、台湾；缅甸、泰国、老挝、越南。

【发　　生】5—9 月。

浙江天目山　2019-05-21

♀正

♀反

1cm

浙江天目山　2018-05-12

♀正

♀反

1cm

浙江凤阳山　2018-09-09

浙江白云森林公园　2017-07-16

浙江凤阳山　2019-08-02

71. 稻眉眼蝶 *Mycalesis gotama* Moore, 1857

【鉴别特征】中小型眼蝶。与其他眉眼蝶比较，本种底色明显较浅，其他分别为前翅背面有一小一大明显眼纹；翅腹面中央的直纹黄褐色；后翅外侧的眼纹列中，以第 5 个眼纹最大；雄蝶后翅背面近前缘性标黄色，毛束褐色。旱季型两翅腹面外侧密布灰白色鳞片。

【分　　布】中国浙江（百山祖、凤阳山、四明山、天目山、灵山），东北、华东、华南、西南地区；缅甸、泰国、印度、中南半岛、古北区。

【发　　生】4—10 月。

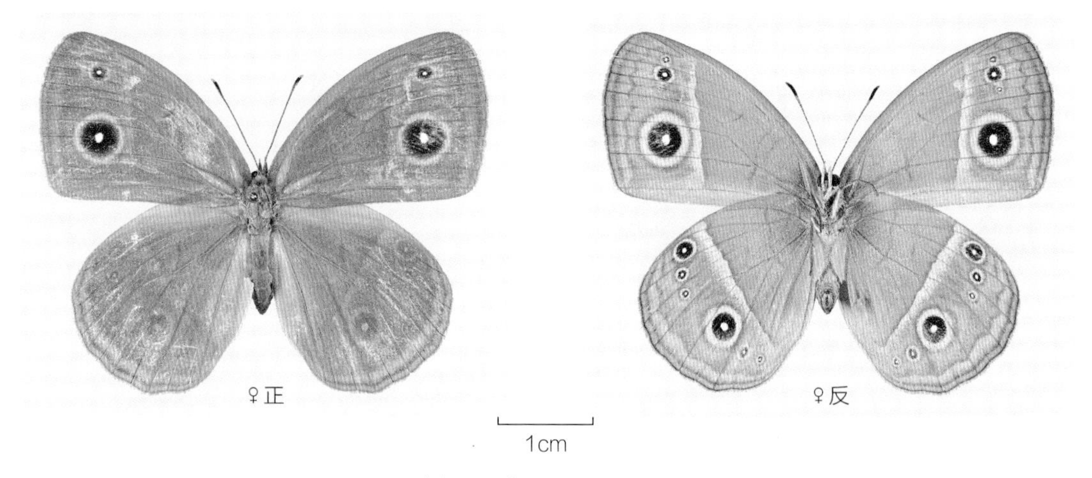

浙江凤阳山　2018-09-09

浙江凤阳山　2017-08-11

浙江凤阳山　2019-07-30

72. 拟稻眉眼蝶 *Mycalesis francisca* (Stoll [1780])

【鉴别特征】中小型眼蝶。斑纹排列与稻眉眼蝶十分相似，但本种底色呈深褐色，翅腹面中央的直纹与外缘区的窄纹呈淡紫色；雄蝶后翅背面近前缘性标毛束淡黄色，前翅背面后缘另有带黑色毛束的性标。旱季型两翅腹面外侧密布灰白色鳞片。

【分　　布】中国浙江（百山祖、凤阳山、四明山、天目山），东北、华东、华南、西南地区；缅甸、泰国、印度、中南半岛、古北区。

【发　　生】4—10月。

浙江凤阳山　2018-04-24

浙江凤阳山　2018-10-02

浙江凤阳山　2018-07-07

浙江凤阳山　2019-08-04

浙江凤阳山　2019-08-03

73. 褐眉眼蝶 *Mycalesis unica* Leech, [1892]

【鉴别特征】中小型眼蝶。本种体型近似于稻眉眼蝶，但前翅背面眼纹位置在顶区附近，前翅腹面也以靠顶区的第 1 个眼纹最大，后翅外侧第 3~4 眼纹常扭曲或消退。本种眼纹相对独特，不易与其他眉眼蝶混淆。

【分　　布】中国浙江（凤阳山）、湖南、广东、福建、四川；越南。

【发　　生】5—8 月。

♀正

♀反

1cm

浙江凤阳山　2018-08-14

74. 密纱眉眼蝶 *Mycalesis misenus* de Nicéville, 1889

【鉴别特征】中型眼蝶。体型较大，翅形较圆。翅背面底色褐色，前翅外侧有一小一大眼纹，后翅下半部外侧有 1 个眼纹；翅腹面底色较淡，中央直纹黄白色，内侧密布细碎波纹，前翅外侧最多有 5 个眼纹，第 5 个眼纹明显突出，前 4 个眼纹细小或消退，后翅外侧最多有 7 个眼纹，第 5 个眼纹最大，第 2~4 个眼纹常有消失倾向。雄蝶前翅腹面近后缘基部和后翅背面近前缘有银灰色性标，后翅性标带褐色毛束。

【分　　布】中国浙江（凤阳山）、云南、四川、广西、福建；缅甸、泰国、印度东、中南半岛。

【发　　生】5 月、8 月。

♀正

♀反

1cm

浙江凤阳山　2017-08-11

斑眼蝶属 *Penthema* Doubleday, 1848

【鉴别特征】大型眼蝶。翅形阔，翅背面底色为暗褐色，有些种类有蓝色光泽，多数种类有黄白色斑条，在外观上拟态斑蝶。

【分　　布】东洋区。

【寄主植物】禾本科 Gramineae。

75. 白斑眼蝶 *Penthema adelma* (C. & R. Felder, 1862)

【鉴别特征】大型眼蝶。雌雄斑纹相似，翅背面为黑褐色，前翅背面有倾斜的宽阔白斑，外缘与亚外缘各有 1 列白色斑点，后翅上半部的外缘有白色边纹，部分个体有数量不等的白色斑点。腹面斑纹与背面相似，底色偏棕褐色。

♀正

♀反

1cm

浙江凤阳山　2019-05-12

♂正

♂反

1cm

浙江天目山　2017-07-12

【分　　布】中国浙江（百山祖、凤阳山、九龙山、白云森林公园、草鱼塘、四明山、天目山）、福建、广东、江西、湖北、广西、台湾、四川、陕西。

【发　　生】5—9月。

浙江天目山　2018-06-02

浙江凤阳山　2019-08-02

浙江凤阳山　2019-06-16

白眼蝶属 *Melanargia* Meigen, [1828]

【鉴别特征】中小型眼蝶。翅面底色多为白色，翅脉大都突显黑色，翅正面具有不同程度的黑色斑块，前翅外缘较为圆润，后翅外缘呈轻微波状。雌雄同型，腹面具多个眼状斑纹，雌蝶腹面较雄蝶偏黄。

【分　　布】古北区。

【寄主植物】禾本科 Gramineae、莎草科 Cyperaceae。

76. 黑纱白眼蝶 *Melanargia lugens* (Honrather, 1888)

【鉴别特征】中型眼蝶。翅背面黑褐色区面积很大，中室内侧下方为长条形白斑，后翅亚外缘区几乎全为黑褐色。后翅腹面前缘有 2 个黑色眼斑清晰可见，可以与白眼蝶近似种区分。

浙江草鱼塘　2019-06-27

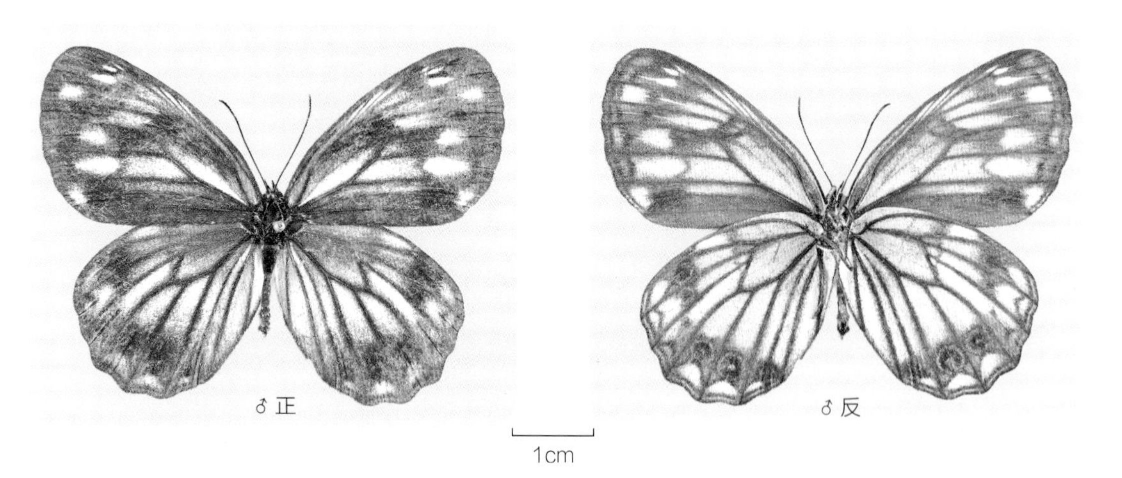

浙江草鱼塘　2019-06-27

【分　　布】中国浙江（百山祖、凤阳山、草鱼塘、四明山、天目山）、江西、湖南、安徽。

【发　　生】6—7月。

浙江天目山　2017-07-27

浙江天目山　2018-07-12

浙江天目山　2019-06-22

矍眼蝶属 *Ypthima* Hübner, 1818

【鉴别特征】中小型眼蝶。翅形圆润，翅背面黑褐色，翅腹面通常密布细波纹，具有较发达的眼斑，雄蝶翅背面具有暗色性标以及发香鳞。

【分　　布】东洋区、澳洲区、非洲区以及古北区东南部。

【寄主植物】禾本科 Gramineae。

77. 矍眼蝶 *Ypthima baldus* (Fabricius, 1775)

【鉴别特征】中小型眼蝶。翅形略长，翅背面深褐色，雄蝶前翅近顶角具 1 个眼斑，后翅近臀角处具 2 个紧靠着的眼斑；翅腹面淡褐色，密布褐色细纹，后翅外侧具 6 个小眼斑，中域常具 2 条暗色细带。

【分　　布】中国浙江（百山祖、凤阳山、四明山、天目山）、福建、广东、广西、海南、云南、西藏、香港、台湾；南亚、东南亚。

【发　　生】4—9 月。

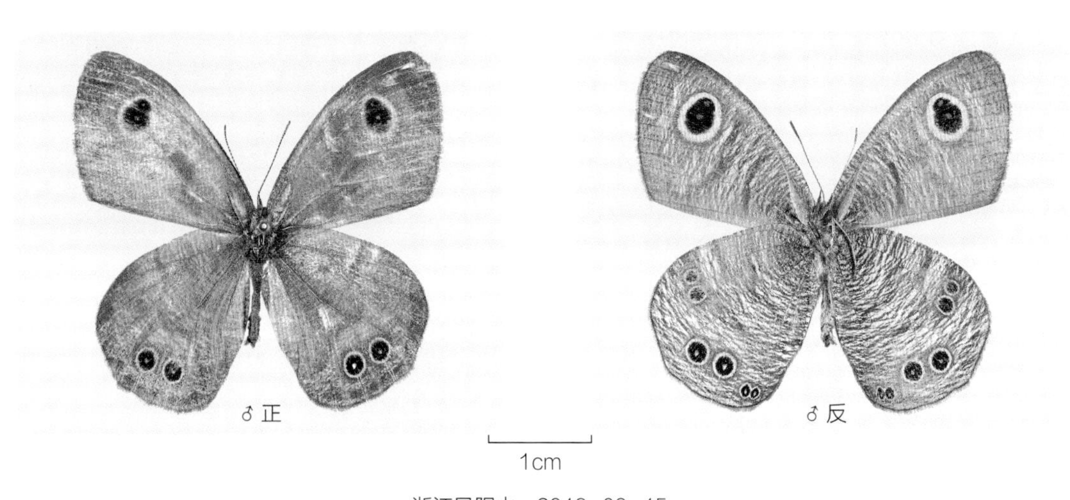

浙江凤阳山　2018-08-15

浙江天目山
2018-08-10

蛱蝶科 Nymphalidae

78. 卓矍眼蝶 *Ypthima zodia* Butler, 1871

【鉴别特征】中小型眼蝶。具有明显的季节型。翅背面为深褐色，雄蝶前翅近顶角具1个眼斑，后翅近臀角处具2个紧靠着的眼斑；低温型翅腹面淡褐色，密布褐色细波纹，后翅中域具深色宽带，外缘具6个很小的眼斑；高温型个体翅腹面灰褐色，布有褐色波纹，中域隐约有2条褐色的细带，外缘具6个小眼斑。

【分　　布】中国浙江（百山祖、凤阳山、四明山、天目山）、河南、江苏、福建、江西、四川、贵州、云南、陕西、甘肃。

【发　　生】4—9月。

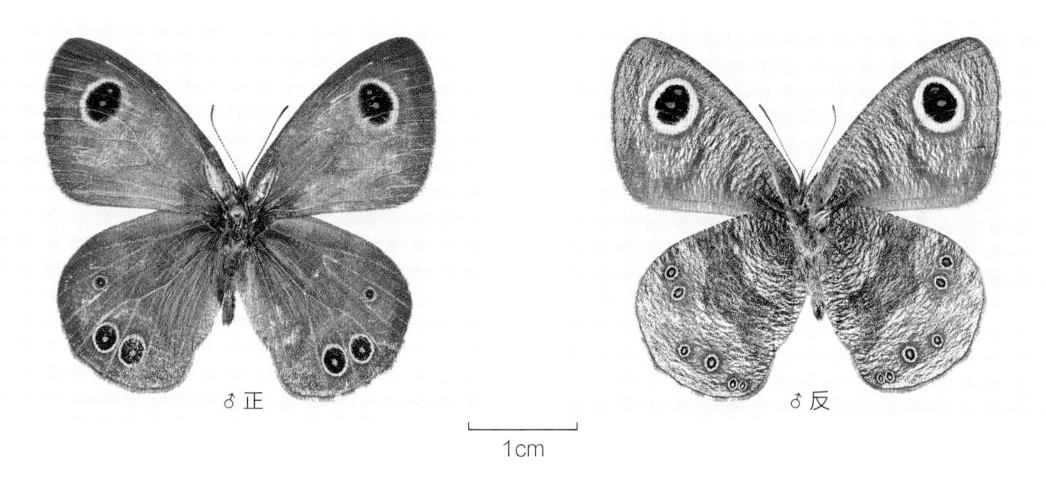

浙江凤阳山　2018-04-25

浙江凤阳山　2018-04-24

浙江凤阳山　2019-08-01

浙江凤阳山　2019-08-07

79. 前雾矍眼蝶 *Ypthima praenubila* Leech, 1891

【鉴别特征】中型眼蝶。翅形较圆，翅背面黑褐色，前翅近顶角具 1 个较暗的眼斑，后翅近臀角通常具 1 个较明显的眼斑；翅腹面灰褐色，密布褐色波状细纹，后翅中域外侧常具白色斑带，近顶角处具 1 个较大的眼斑，近臀角处常具 2 个或 3 个眼斑。

【分　　布】中国浙江（百山祖、凤阳山、四明山、天目山）、安徽、福建、江西、广东、广西、香港、台湾。

【发　　生】6—8 月。

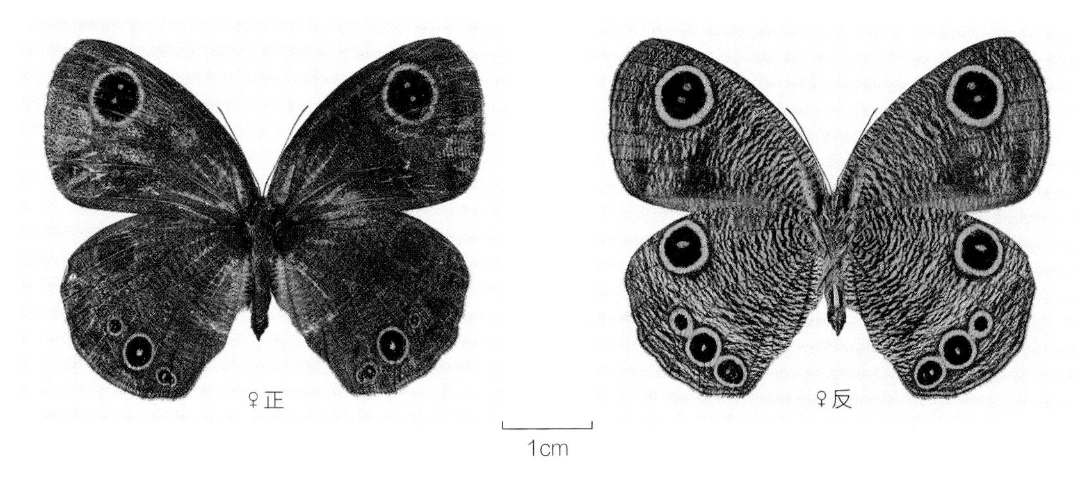

浙江凤阳山　2017-07-22

浙江凤阳山　2019-08-07

80. 幽矍眼蝶 *Ypthima conjuncta* Leech, 1891

【鉴别特征】中型眼蝶。翅背面褐色，外缘呈深褐色，雄蝶前翅近顶角具 1 个眼斑，后翅近臀角处具 2~3 个眼斑；翅腹面灰褐色，密布褐色细波纹，中域常具 2 条褐色暗带，眼斑较背面发达，其外围具有明显的黄环，后翅近顶角处具 2 个紧靠的眼斑，后翅近臀角处具 3 个眼斑。雌蝶翅较雄蝶宽大，眼斑更发达。

【分　　布】中国浙江（百山祖、凤阳山、草鱼塘、四明山、天目山、敕木山）、河南、安徽、福建、江西、湖南、广东、广西、贵州、四川、陕西、台湾。

【发　　生】6—8 月。

浙江凤阳山　2017-07-21

♀正

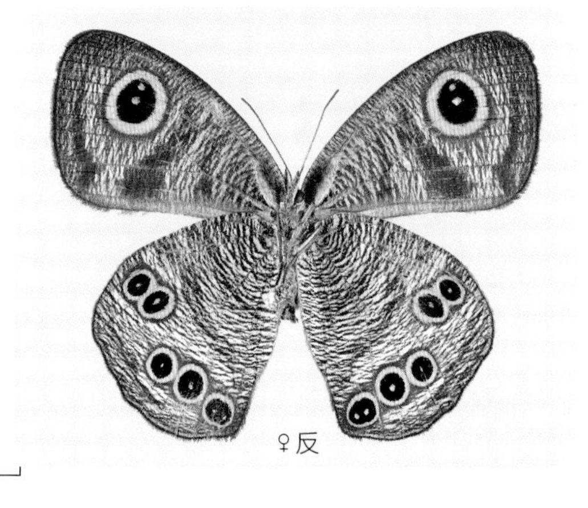

♀反

1cm

浙江凤阳山　2018-06-14

♀正

♀反

1cm

浙江凤阳山　2018-07-08

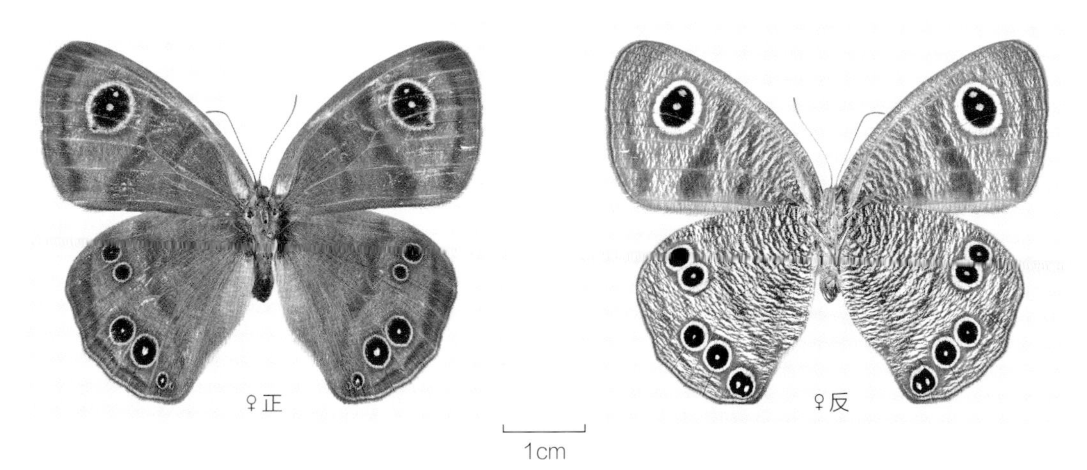

浙江敕木山　2019-06-28

浙江凤阳山　2017-08-12

浙江凤阳山　2019-07-28

浙江凤阳山　2019-07-29

浙江凤阳山　2019-07-30

81. 普氏矍眼蝶 *Ypthima pratti* Elwes, 1893

【鉴别特征】中型眼蝶。翅背面为深褐色，前翅顶角以及后翅臀角处各具 1 个较大的眼斑；翅腹面中域外侧区域呈灰白色，后翅顶角以及臀角处通常各具 2 个紧靠着的眼斑，部分个体在 2 个臀角眼斑的上部还具 1 个很小的斑点。

【分　　布】中国浙江（凤阳山、九龙山）、福建、江西、湖北、贵州。

【发　　生】5—9 月。

浙江凤阳山　2018-08-14

♂ 正

♂ 反

1cm

浙江凤阳山　2018-05-17

♂ 正

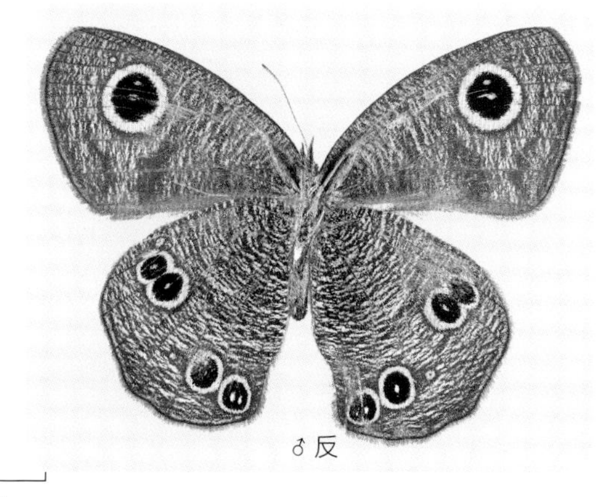

♂ 反

1cm

浙江九龙山　2019-05-25

82. 密纹矍眼蝶 *Ypthima multistriata* Butler, 1883

【鉴别特征】中小型眼蝶。翅深褐色，翅形稍窄，前翅和后翅背面各具 1 个小眼斑，其中雄蝶的眼斑外无鲜明的黄色环纹；翅腹面灰白色，密布褐色波纹，后翅外侧具 3 个眼斑。

【分　　布】中国浙江（凤阳山、九龙山、草鱼塘、烂泥湖、四明山、天目山）、辽宁、北京、河北、河南、江苏、上海、福建、江西、贵州、四川、云南、台湾；日本、朝鲜半岛。

【发　　生】5—9 月。

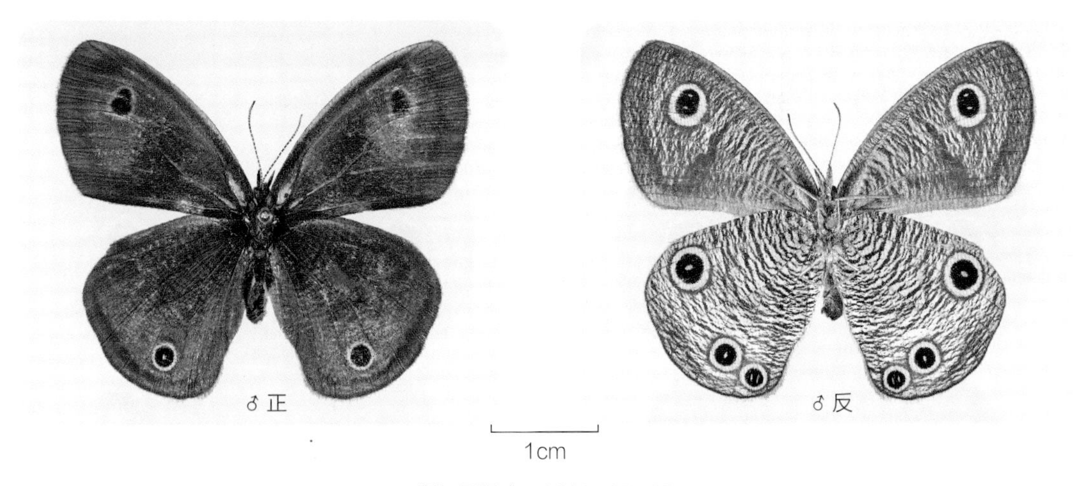

浙江凤阳山　2018-05-15

浙江凤阳山　2017-08-12

浙江凤阳山　2018-08-14

浙江凤阳山　2019-07-28

83. 中华矍眼蝶 *Ypthima chinensis* Leech, 1892

【鉴别特征】中小型眼蝶。翅背面黑褐色，前翅近顶角和后翅近臀角处各具 1 个眼斑，有些个体后翅近顶角以及臀角处也具很小的眼斑；翅腹面的波状细纹分布均匀，后翅具 3 个眼斑，其中近臀角处的 2 个眼斑互相紧靠。

【分　　布】中国浙江（百山祖、凤阳山、四明山、天目山）、安徽、福建、江西、湖南。

【发　　生】4—6 月。

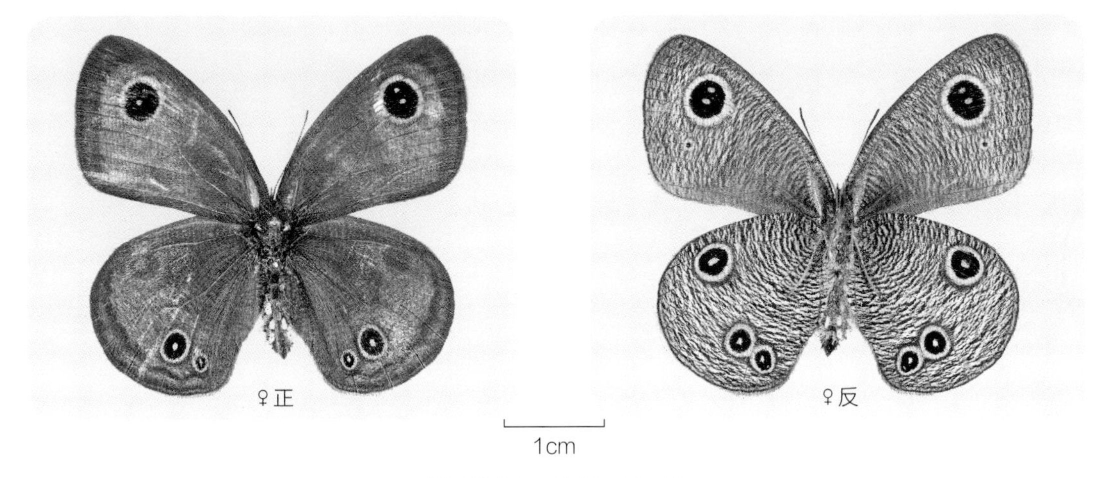

浙江天目山　2018-05-15

浙江天目山　2019-05-21

84. 华夏矍眼蝶 *Ypthima sinica* Uémura & Koiwaya, 2000

【鉴别特征】中小型眼蝶。近似于密纹矍眼蝶，但本种个体稍小；雌蝶和雄蝶翅背面的眼斑均发达，且眼斑外围均具明显的黄环；翅腹面波纹较密且颜色较深；雄蝶翅背面没有显著的黑色性标。

【分　　布】中国浙江（凤阳山、四明山、天目山）、安徽、福建、江西、湖南、广西、四川、贵州。

【发　　生】5—9月。

浙江凤阳山　2018-07-07

85. 大波矍眼蝶 *Ypthima tappana* Matsumura, 1909

【鉴别特征】中型眼蝶。翅背面为深褐色，翅背面的眼斑外均具黄色细环，前翅顶角处具 1 个较大的眼斑，后翅臀角外侧具 2 个紧靠、等大的眼斑，臀角处具 1 个或 2 个极小的眼斑；翅腹面灰白色，密布褐色波纹，前翅近顶角处具 1 个大眼斑；后翅顶角处具 1 个眼斑，臀角处具 3 个紧靠、等大的眼斑。

【分　　布】中国浙江（凤阳山、四明山、天目山）、河南、安徽、福建、江西、海南、台湾；越南。

【发　　生】6—9 月。

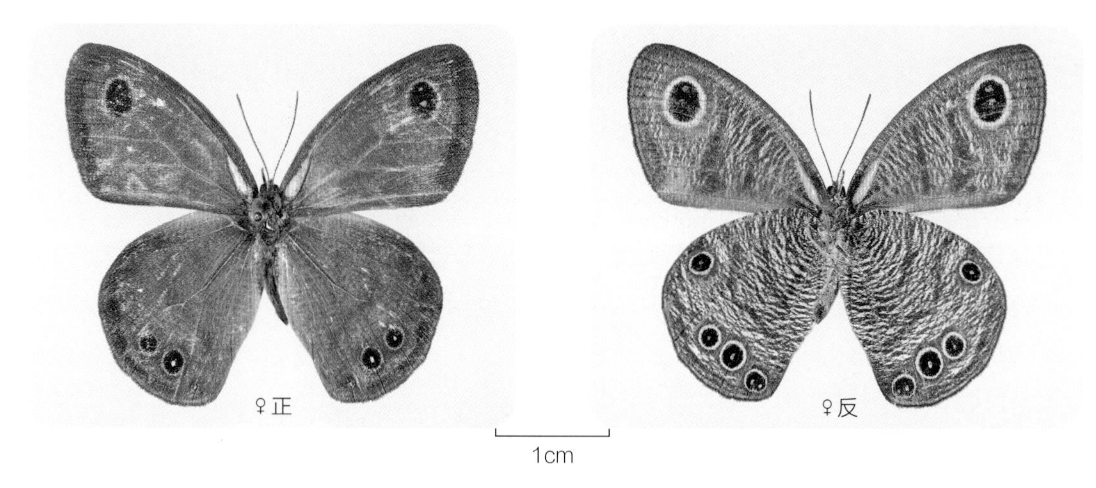

浙江凤阳山　2018-09-09

浙江天目山　2018-06-11

古眼蝶属 *Palaeonympha* Burler, 1871

【鉴别特征】中型眼蝶。复眼疏被短毛。下唇须第 2 节有长毛，第 3 节细而光滑。雄蝶前足退化、萎缩。前翅前侧翅脉基部明显膨大。前后翅中室封闭。翅背面底色褐色；腹面浅褐色，外侧有成列银色小斑点及眼纹。雄蝶前翅背面具分枝状性标。

【分　　布】古北区、东洋区。

【寄主植物】莎草科 Cyperaceae。

86. 古眼蝶 *Palaeonympha opalina* Butler, 1871

【鉴别特征】中型眼蝶。雌雄斑纹相似。躯体背侧暗褐色，腹侧浅褐色。翅背面底色呈褐色，被细毛，亚外缘有波状暗色曲线。前翅翅顶附近有 1 个眼纹。后翅臀角前方有 1 个眼纹，与前缘、外缘交汇处附近有 1 个模糊的黑色圆斑。翅腹面底色为浅黄褐色，泛灰白色。翅面有 2 道暗色细线贯穿，外侧线以外翅面呈灰白色。前后翅亚外缘均有 2 条深褐色细线，外侧线为圆弧线，内侧线为波纹线。前翅翅顶附近有 1 条明显眼纹，其后方各翅室有橄榄形纹，部分具银色小点。后翅有 3 枚明显眼纹及数枚圈纹。眼纹与圈纹内均有银色小点。雄蝶前翅背面暗色性标明显，缘毛浅褐色。

【分　　布】中国浙江（百山祖、凤阳山、草鱼塘、天目山、九龙山）、陕西、河南、湖北、江西、四川、台湾。

【发　　生】5—6 月。

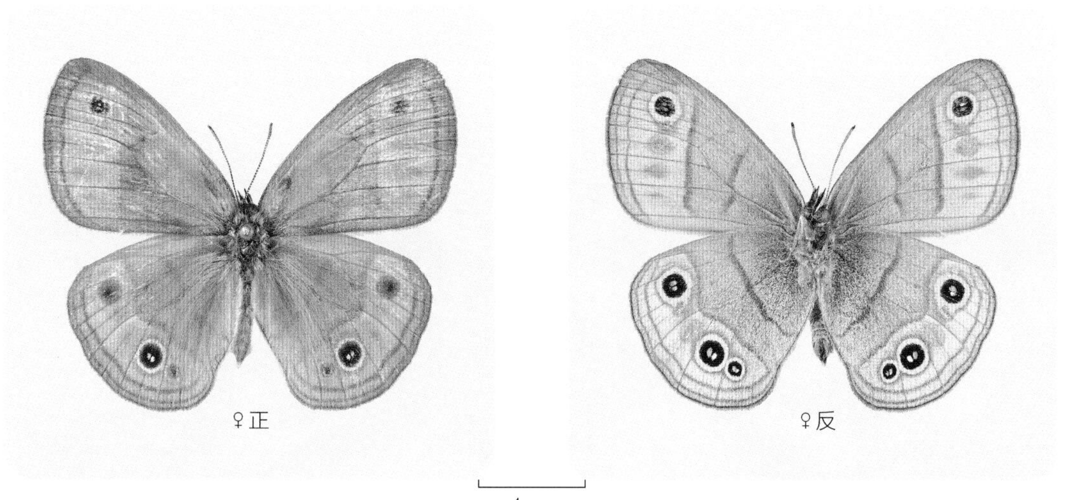

浙江凤阳山　2018-05-17

浙江草鱼塘　2019-05-21

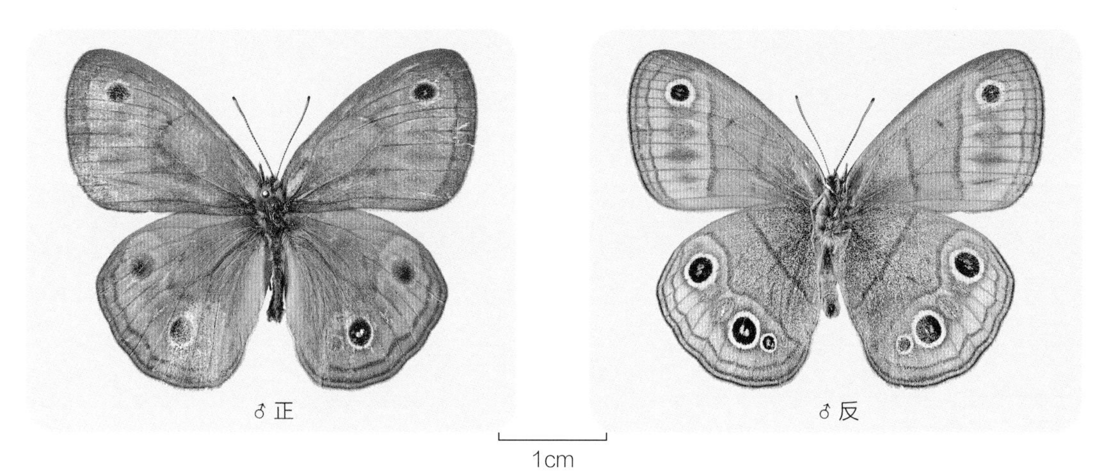

浙江草鱼塘　2019-05-21

浙江凤阳山　2018-05-17

喙蝶属 *Libythea* Fabricius, 1807

【鉴别特征】中型喙蝶。翅背面有黄色条纹或者紫色暗斑。下唇须发达，尖长延伸，像鸟的喙部因而得此属名，触角较短，雄蝶前足退化，跗节 1 节，雌蝶前足正常。前翅顶角突出呈钩状，后翅外缘锯齿状。

【分　　布】东洋区。

【寄主植物】榆科 Ulmaceae。

87. 朴喙蝶 *Libythea lepita* Moore, [1858]

【鉴别特征】中型喙蝶。雌雄同型。前翅顶角突出呈钩状，翅背面黑色，中室橙色条斑，中域有 1 个较大的圆形橙斑，顶角有 3 个白点，后翅外缘锯齿状，中部有橙色横条斑，翅腹面为枯叶拟态颜色。

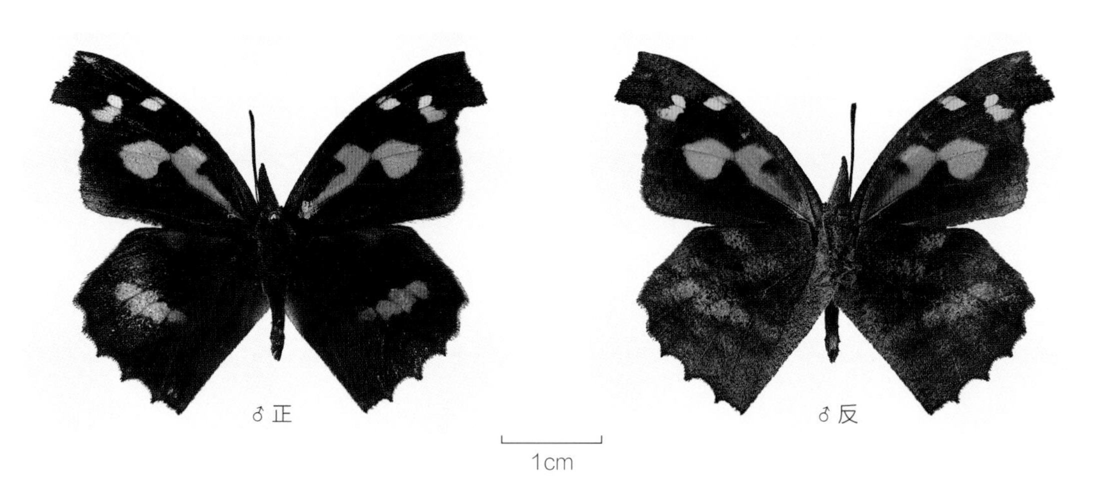

浙江凤阳山　2017-05-18

浙江草鱼塘　2019-05-21

【分　　布】中国浙江（百山祖、凤阳山、九龙山、白云森林公园、草鱼塘、四明山、天目山），全国各地；南亚、东南亚。

【发　　生】全年。

浙江凤阳山　2018-05-16

浙江凤阳山　2018-06-15

斑蝶属 *Danaus* Kluk, 1780

【鉴别特征】中小型至中大型斑蝶。翅大多呈橙色，少数为白色，顶角带白斑和黑斑，部分种类翅脉和两侧呈黑色。雄蝶腹部末端带毛笔器，后翅 Cu_2 室内有性标，并在腹面形成一袋状结构，内有性信息素。

【分　　布】泛世界性分布。

【寄主植物】夹竹桃科 Apocynaceae。

88. 虎斑蝶 *Danaus genutia* (Cramer, [1779])

【鉴别特征】中型斑蝶。头胸部黑色，带白色斑点和线纹，腹部橙色。翅背面呈橙色，翅脉为黑色，前翅前缘至顶角附近黑褐色，其中央有 1 道白色斜带，前后翅外缘带黑边，内有 1~2 列白色斑点。翅腹面斑纹大致相同，白色斑点较发达。雄蝶后翅 Cu_2 室内有黑色性标。

【分　　布】中国浙江（凤阳山、天目山）、河南、江西、湖北、湖南、西藏、四川、贵州、福建、云南、广东、广西、海南、台湾、香港；东洋区、古北区、澳洲区。

【发　　生】8—11 月。

注《浙江凤阳山昆虫》与《华东百山祖昆虫》有记载。

♀正

♀反

1cm

云南普洱市　2017-08-31

♂正

♂反

1cm

云南普洱市　2017-08-31

蛱蝶科 Nymphalidae

89. 金斑蝶 *Danaus chrysippus* (Linnaeus,1758)

【鉴别特征】中小型斑蝶。头胸部黑色，带白色斑点和线纹，腹部背面橙色，腹面灰白色。翅呈橙色，前翅前缘至顶角附近黑褐色，其中央有 1 道白色斜带，前后翅外缘带黑边，内有 1~2 列白色斑点，后翅中室前侧翅脉带 3 个黑斑点。翅腹面斑纹大致相同，但白色斑点较发达，前翅顶角白色斜带外侧呈橙褐色。雄蝶后翅 Cu_2 室内有黑色性标。另有个体后翅呈白色。

【分　　布】中国浙江（凤阳山、天目山）、陕西、江西、湖北、湖南、西藏、四川、贵州、福建、云南、广东、广西、海南、台湾、香港；东洋区、古北区、非洲区、澳洲区。

【发　　生】8—11 月。

注《浙江凤阳山昆虫》与《华东百山祖昆虫》有记载。

云南普洱市　2017-08-31

云南普洱市　2017-08-31

绢斑蝶属 *Parantica* Moore, [1880]

【鉴别特征】中小型至中大型斑蝶。翅主色为深褐色至红褐色，带很多白色至淡蓝色半透明的条纹和斑点。雄蝶后翅臀角附近有暗斑状性标。

【分　　布】东洋区和澳洲区北部。

【寄主植物】夹竹桃科 Apocynaceae。

90. 大绢斑蝶 *Parantica sita* Kollar, [1844]

【鉴别特征】中大型斑蝶。头胸部黑褐色，带白色斑点及线纹，腹部黑褐色或红褐色，雄蝶腹面节间带白纹，雌蝶腹面则呈白色。前翅主色为黑褐色，后翅主色为红褐色，有淡蓝色带光泽的半透明斑纹，其形状由接近基部长斑块，至靠外缘的斑点状，后翅淡蓝色斑纹集中在内侧，外侧仅有模糊斑点或无斑。翅腹面斑纹大致相同，但底色较淡，后翅外侧带 2 列白色斑点。雄蝶后翅臀角附近有黑色暗斑状性标。雌蝶翅形较宽。

【分　　布】中国浙江（百山祖、凤阳山、草鱼塘、天目山），包括台湾、海南等在内的黄河以南地区；菲律宾、印度尼西亚、日本、俄罗斯、喜马拉雅、中南半岛、朝鲜半岛。

【发　　生】7—8 月。

♀正

♀反

1cm

浙江凤阳山　2018-07-08

♂正

♂反

1cm

云南普洱市　2017-08-31

绢蛱蝶属 *Calinaga* Moore, 1857

【鉴别特征】中型蛱蝶。两性相似，前胸有橙色毛。翅背面黑褐色或淡黑色，多有淡褐色斑块，翅呈半透明状，斑纹类似绢斑蝶、斑凤蝶。

【分　　布】东洋区。

【寄主植物】桑科 Moraceae。

91. 大卫绢蛱蝶 *Calinaga davidis* Oberthür, 1879

【鉴别特征】中型蛱蝶。与绢蛱蝶较相似，一般大卫绢蛱蝶翅底色更偏淡，翅面的模糊感更强，但由于大卫绢蛱蝶分布广泛，不同地域的同种外观差异显著，部分地区的类群翅底色为黑褐色，更接近于绢蛱蝶，较不易辨别，但可以通过后翅翅脉的走向区分。绢蛱蝶属中，只有大卫绢蛱蝶后翅从内缘开始向外数的第 4、第 5 根翅脉的连接点与中室端脉的连接点分离较明显，而属内其他种类 2 个连接点几乎重合。

【分　　布】中国浙江（凤阳山、天目山）、河南、陕西、湖北、湖南、四川、重庆、贵州、福建、云南、广东等；印度、缅甸。

【发　　生】4—6 月。

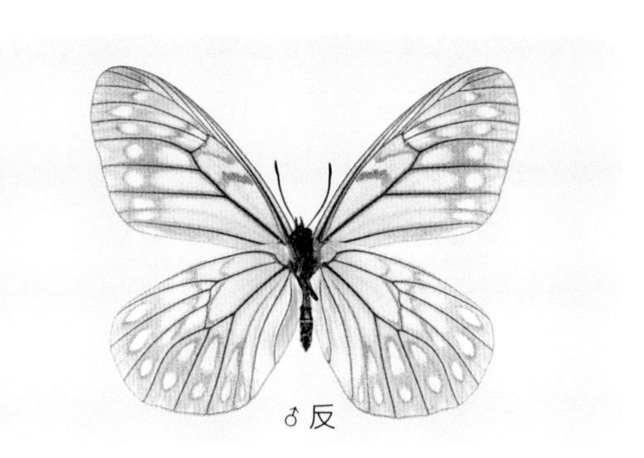

1cm

浙江凤阳山　2018-05-16

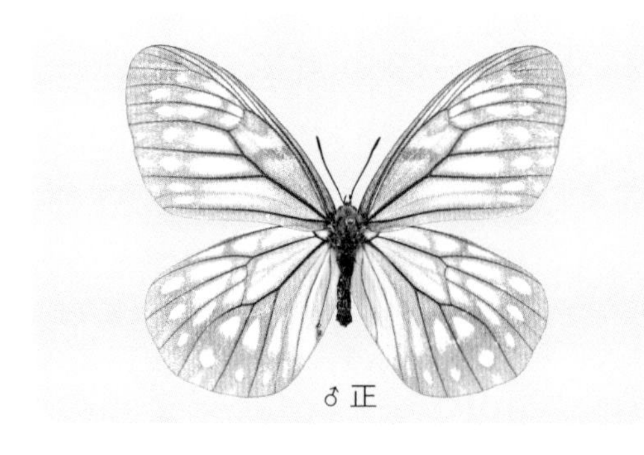

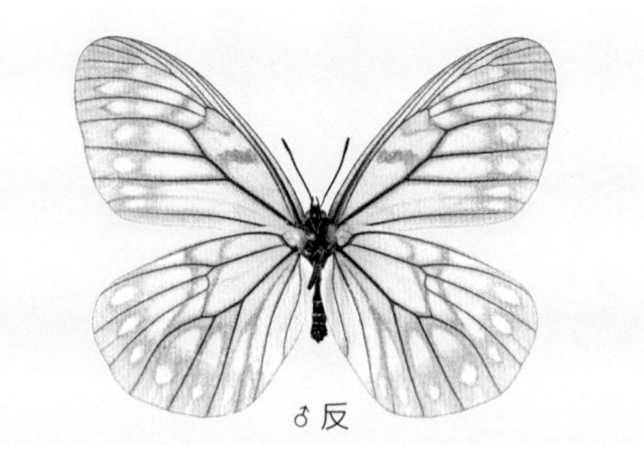

1cm

浙江凤阳山　2018-05-16

箭环蝶属 *Stichophthalma* C. & R. Felder, 1862

【鉴别特征】大型环蝶。翅形阔，身体粗壮，大多种类翅面底色以黄色或棕黄色为主，翅背面沿外缘有黑褐色箭形纹。雄蝶后翅背面靠基部有性标，中室基部有毛束。

【分　　布】东洋区。

【寄主植物】禾本科 Gramineae、棕榈科 Palmae。

92. 箭环蝶 *Stichophthalma howqua* (Westwood, 1851)

【鉴别特征】大型环蝶。雄蝶背面为统一均匀的橙黄色，前翅翅顶有黑色纹，前后翅外缘排列着清晰的黑色箭形纹，腹面有 2 道黑褐色线纹，前后翅排列着 1 串橙色圆斑。雌蝶斑纹与雄蝶相似，腹面底色更偏青黄，前后翅的外横线外伴有白斑。

【分　　布】中国浙江（百山祖、凤阳山、四明山、天目山、望东垟）、安徽、江西、海南、台湾；越南。

【发　　生】6—9 月。

浙江天目山　2017-06-26

♀正

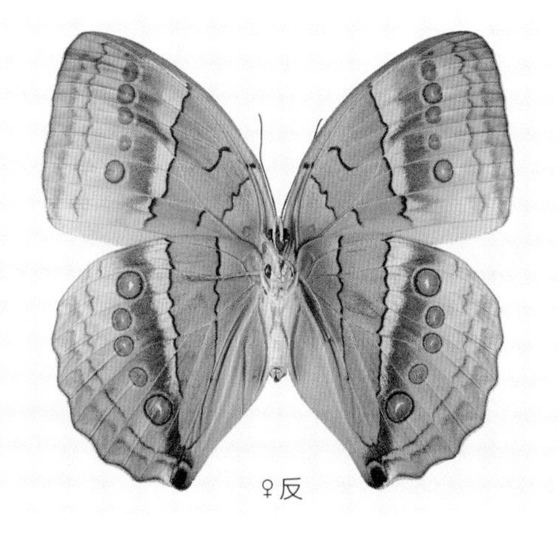

♀反

1cm

浙江凤阳山　2017-06-27

浙江天目山　2017-07-28

浙江天目山　2018-06-12

浙江天目山　2018-07-15

93. 华西箭环蝶 *Stichophthalma suffusa* Leech, 1892

【鉴别特征】大型蛱蝶。与箭环蝶相似，曾长期作为箭环蝶的亚种。其后翅外缘的黑色剑形纹更为粗大，且靠后缘的黑斑几乎融合弥漫，基本不显示成独立的箭纹形。

【分　　布】浙江（凤阳山、四明山、望东垟）、云南、四川、湖北、湖南、贵州、重庆、广西、广东、福建、江西；越南。

【发　　生】6—9月。

浙江凤阳山　2018-06-14

浙江凤阳山　2018-06-15

浙江凤阳山　2019-08-01

浙江凤阳山　2019-08-01

94. 双星箭环蝶 *Stichophthalma neumogeni* Leech, 1892

【鉴别特征】中大型环蝶。箭环蝶属中体型最小的种类。与箭环蝶相似，但体型显著较小，翅形更圆。产于华东地区的个体翅背面颜色为统一的橙黄色，产于西藏东南地区的个体翅背面颜色不统一，外缘部分为橙黄色，而靠内侧偏橙红色。雌蝶前翅背面的前角有清晰的白斑，而箭环蝶的雌蝶往往没有白斑。

【分　　布】中国浙江（百山祖、凤阳山、九龙山、草鱼塘）、福建、江西、湖北、四川、重庆、湖南、陕西、甘肃、云南、西藏；越南。

【发　　生】6—9月。

♀正

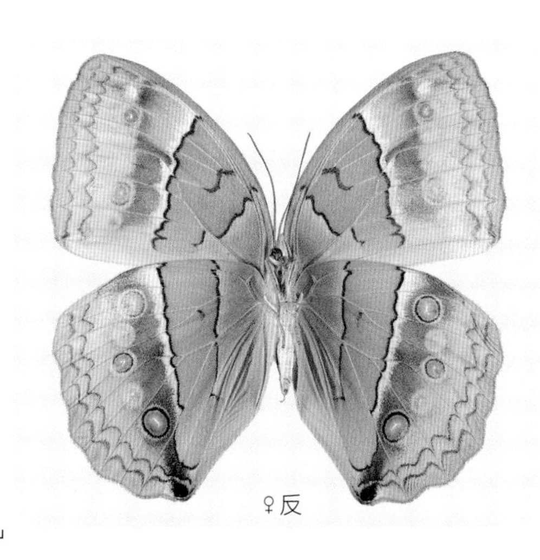

♀反

1cm

浙江凤阳山　2017-07-01

♀正

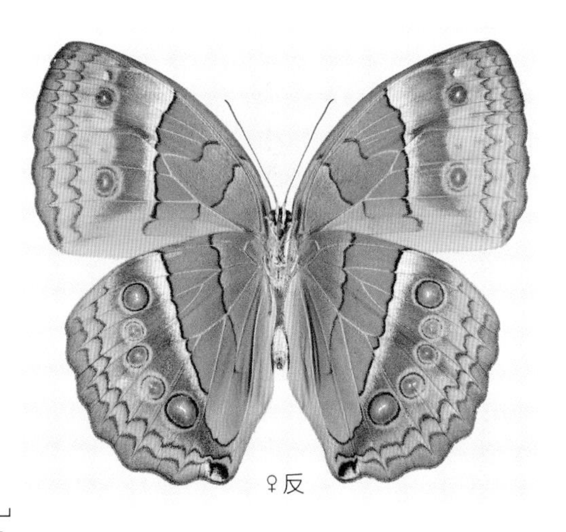

♀反

1cm

浙江九龙山　2019-06-15

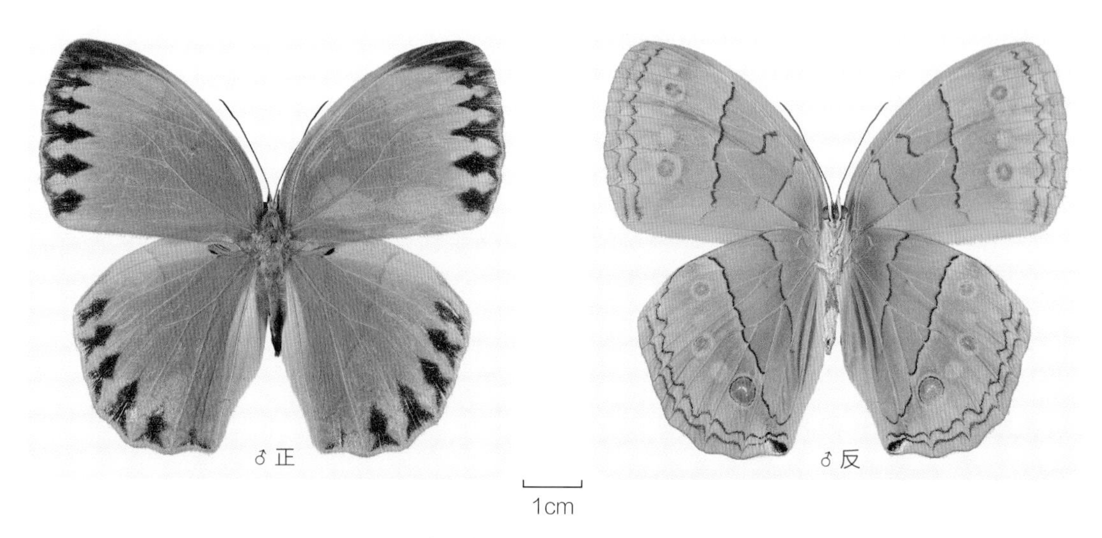

浙江九龙山　2019-06-14

浙江凤阳山　2019-08-01

纹环蝶属 *Aemona* Hewitson, 1868

【鉴别特征】中型环蝶。翅背面底色以黄色或灰褐色为主，前翅顶角突出，后翅外缘多有波状斑纹。翅腹面从前翅顶角到后翅臀角贯穿 1 条深色带，带的外侧有 1 列眼斑，外围包裹橙黄色纹，瞳心为白点。雄蝶后翅中部有 3 条由内向外沿着翅脉的香鳞，内缘区有细毛。

【分　　布】东洋区。

【寄主植物】百合科 Liliaceae。

95. 纹环蝶 *Aemona amathusia* (Hewitson, 1867)

【鉴别特征】中型环蝶。体型在国内 3 种纹环蝶中最小。雄蝶翅背面为统一的淡黄色（产于西藏东南部的个体颜色偏红），可见 1 条贯穿前后翅的横带，前翅顶角及外缘颜色更深暗，翅腹面有明显的深色横带，外侧有眼纹斑，其中前翅圆斑常退化缩小，后翅的香鳞较不明显。雌蝶翅背面为棕褐色，前翅顶角突出，顶角及外缘黑带明显，后翅棕带外侧有模糊的褐色钩形斑纹，后翅腹面的圆斑更为发达和明显。

【分　　布】中国浙江（百山祖、凤阳山）、福建、广东、广西、云南、西藏；印度、不丹、老挝、越南。

【发　　生】5—9 月。

浙江凤阳山　2020-06-30

串珠环蝶属 *Faunis* Hübner, 1819

【鉴别特征】中型环蝶。翅形较圆，翅背面以红褐、黄褐或灰褐色为主，没有斑纹。腹面排列有类似珍珠的 1 串白色斑点。雄蝶前翅后缘基部有叶状突，其腹面有特化鳞，后翅背面基部有毛束。

【分　　布】东洋区。

【寄主植物】百合科 Liliaceae。

96. 灰翅串珠环蝶 *Faunis aerope* (Leech, 1890)

【鉴别特征】中型环蝶。翅形较圆，翅背面为浅灰色，靠边缘的颜色更深，呈灰褐色，其中雌蝶前后翅边缘的灰褐色区域面积更大，更明显。翅腹面灰色较背面深，翅基、中央及亚外缘各有 1 条暗色纹，中央偏外侧有 1 串白色圆斑，圆斑较串珠环蝶小，部分个体缩小退化。雌蝶白色圆斑较雄蝶明显。

【分　　布】中国浙江（百山祖、凤阳山、白云森林公园）、四川、陕西、甘肃、贵州、湖北、湖南、福建、广东、海南、云南、西藏；越南。

【发　　生】6—8 月。

浙江白云森林公园　2020-06-29

浙江凤阳山　2019-08-04

浙江凤阳山　2019-08-04

珍蝶属 *Acraea* Fabricius, 1807

【鉴别特征】中型珍蝶。翅面黄色或橙黄色，有斑点，外缘有较宽的黑色带。

【分　　布】东洋区、非洲区。

【寄主植物】马钱科 Loganiaceae、荨麻科 Urticaceae。

97. 苎麻珍蝶 *Acraea issoria* (Hübner, [1819])

【鉴别特征】中型珍蝶。雌雄同型。雄蝶翅背面黄色，前后翅外缘宽带较宽，黑带内各室有斑点，腹面颜色较淡；雌蝶翅面较暗，颜色较淡，通常前翅中室及中域附近有黑斑，黑色外带较宽，翅脉为黑色。

【分　　布】中国浙江（百山祖、凤阳山、白云森林公园、四明山、天目山、望东

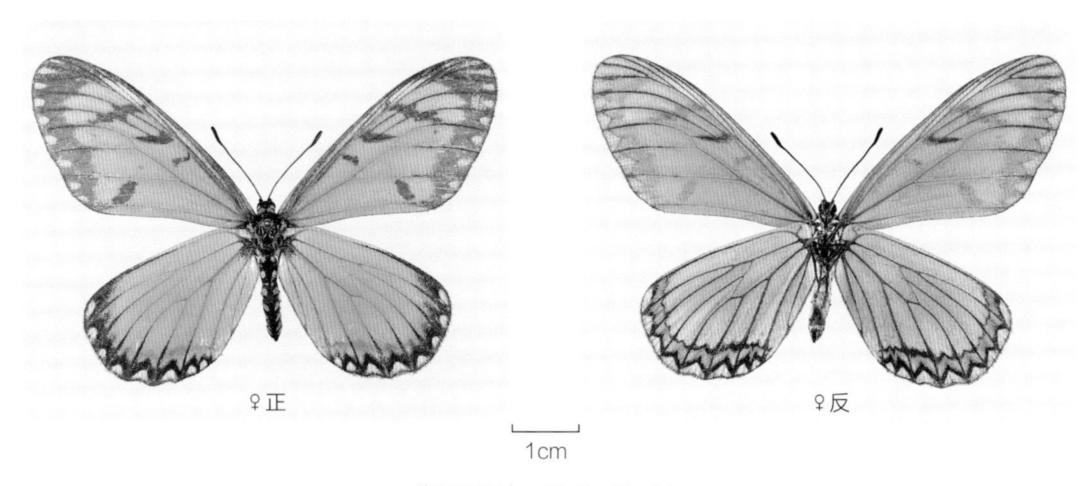

浙江四明山　2018-08-24

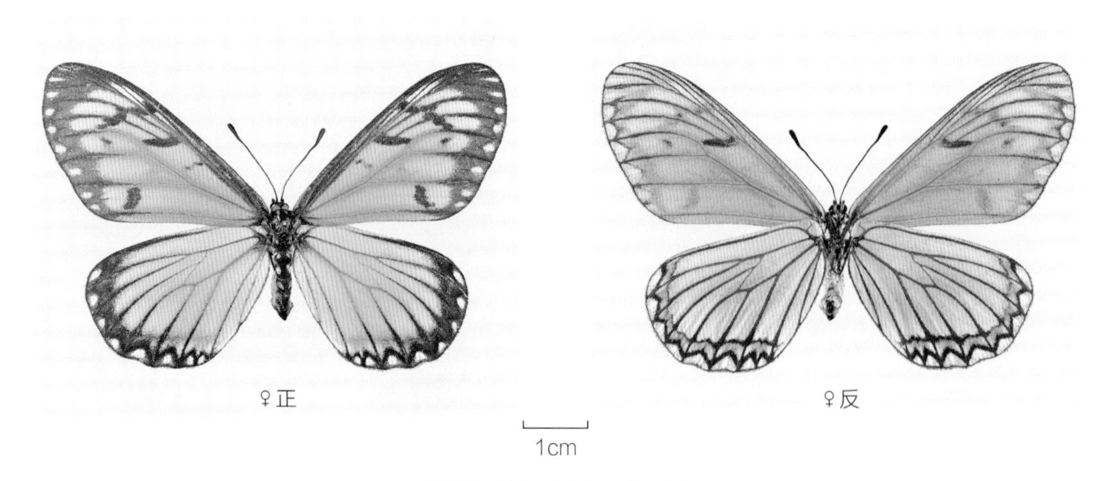

浙江凤阳山　2019-08-17

蛱蝶科 Nymphalidae

垟），包括香港、台湾、云南等在内的长江以南地区；泰国、缅甸、越南、老挝、印度、马来西亚、菲律宾。

【发　　生】4—9 月。

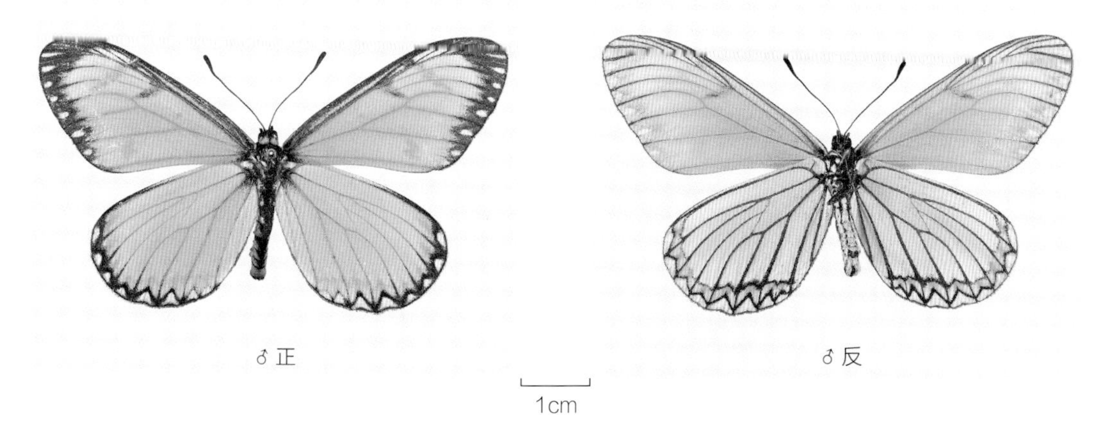

♂正　♂反

1cm

浙江天目山　2019-05-27

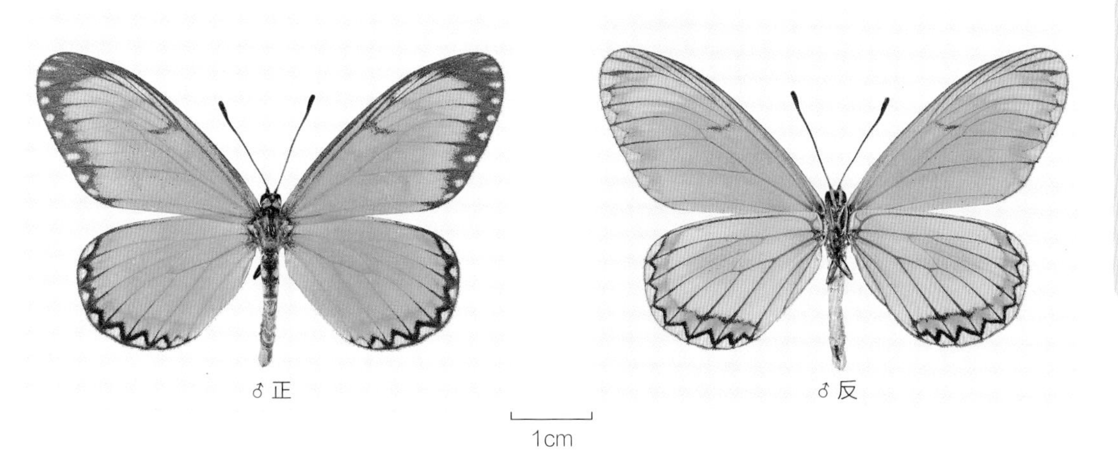

♂正　♂反

1cm

浙江凤阳山　2019-08-17

浙江凤阳山　2017-04-20

浙江凤阳山　2017-05-18

浙江凤阳山　2017-08-11

浙江凤阳山　2017-08-11

浙江凤阳山　2017-08-12

浙江凤阳山　2017-08-12

浙江凤阳山　2017-08-12

浙江凤阳山　2018-04-24

浙江凤阳山　2019-08-07

浙江凤阳山　2019-08-07

豹蛱蝶属 *Argynnis* Fabricius, 1807

【鉴别特征】中型蛱蝶。雌雄异型。雄蝶翅背面橙黄色，雌蝶翅背面成两色型，分别为黄色型及灰色型，具不规则黑色圆形斑点和线状斑纹，后翅腹面灰绿色，具有金属光泽，有白线及眼斑。雄蝶前翅具 4 条黑色性标。

【分　　布】古北区。

【寄主植物】堇菜科 Violaceae。

98. 绿豹蛱蝶 *Argynnis paphia* (Linnaeus, 1758)

【鉴别特征】中型蛱蝶。雌雄异型。雄蝶翅背面橙黄色，雌蝶翅背面成两色型，分别为黄色型及灰色型，具不规则黑色圆形斑点和线状斑纹，后翅腹面灰绿色，具有金属光泽，有白线及眼斑。雄蝶前翅具 4 条黑色性标。中室内具 4 条短纹，后翅腹面基部灰色，

♀正

♀反

1cm

浙江凤阳山　2017-05-18

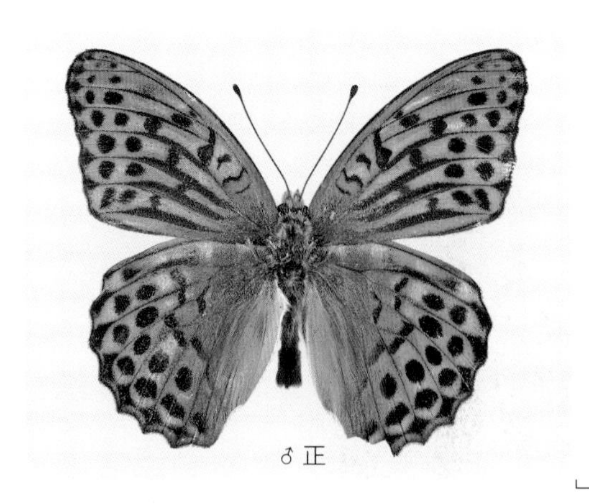

♂正

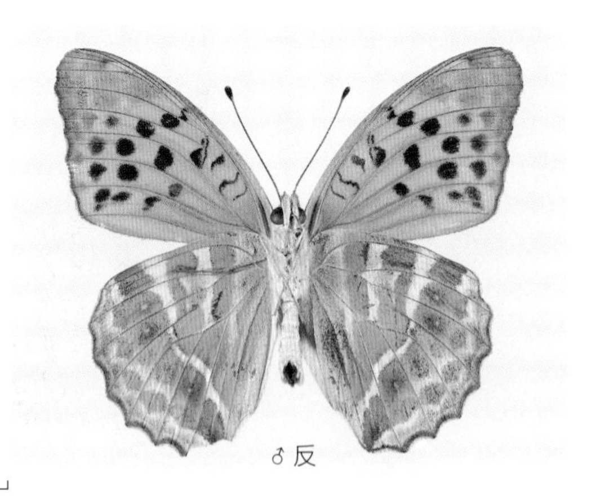

♂反

1cm

浙江凤阳山　2018-05-15

1cm

浙江九龙山　2019-05-25

具不规则波状横线及圆斑。前翅顶角灰绿色，黑斑比背面显著；后翅腹面灰绿色，具有金属光泽，无黑斑，具有银白色线条及眼状纹。

【分　　布】中国浙江（百山祖、凤阳山、九龙山、草鱼塘、四明山、天目山、峰源），几乎遍布全国；日本及朝鲜半岛、欧洲、非洲。

【发　　生】5—9月。

浙江凤阳山　2018-05-15

浙江凤阳山　2018-06-15

浙江丽水市峰源　2019-06-09

浙江凤阳山　2019-08-07

斐豹蛱蝶属 *Argyreus* Scopoli, 1777

【鉴别特征】中型蛱蝶。雌雄异型。雄蝶翅背面橙黄色，有蓝白色细弧状纹，具黑色斑点。前翅端半部黑色，中有白色斜带。翅腹面与背面差异较大，前翅顶角暗绿色，有白斑，后翅斑纹暗绿色。

【分　　布】古北区、东洋区、古热带区、新北区。

【寄主植物】堇菜科 Violaceae。

99. 斐豹蛱蝶 *Argyreus hyperbius* (Linnaeus, 1763)

【鉴别特征】中型蛱蝶。雌雄异型。雄蝶翅橙黄色，有蓝白色细弧状纹，具黑色斑点。前翅端半部黑色，中有白色斜带。翅腹面与背面差异较大，前翅顶角暗绿色，有白斑，后翅斑纹暗绿色，外缘内侧具 5 个银色白斑，周围有绿色环状斑纹。

【分　　布】中国浙江（百山祖、凤阳山、九龙山、草鱼塘、白云森林公园、四明山、天目山、中央山、九龙湿地、烂泥湖、莲都区）、全国各地；日本、菲律宾、印度尼西亚、缅甸、泰国、尼泊尔、孟加拉国、朝鲜半岛、欧洲、非洲、北美洲。

【发　　生】3—11 月。

浙江凤阳山　2018-10-02

♀正

♀反

1cm

浙江九龙湿地　2017-06-18

蛱蝶科 Nymphalidae

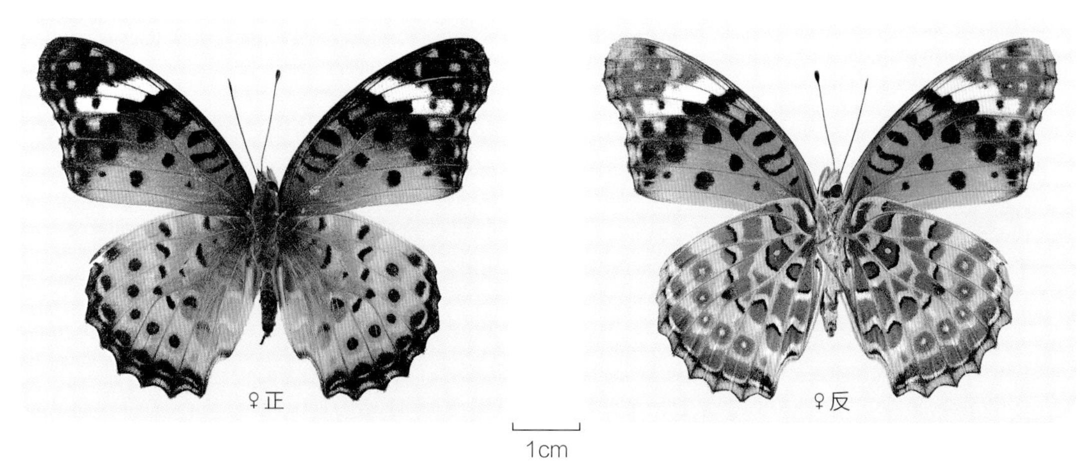

浙江凤阳山　2017-07-01

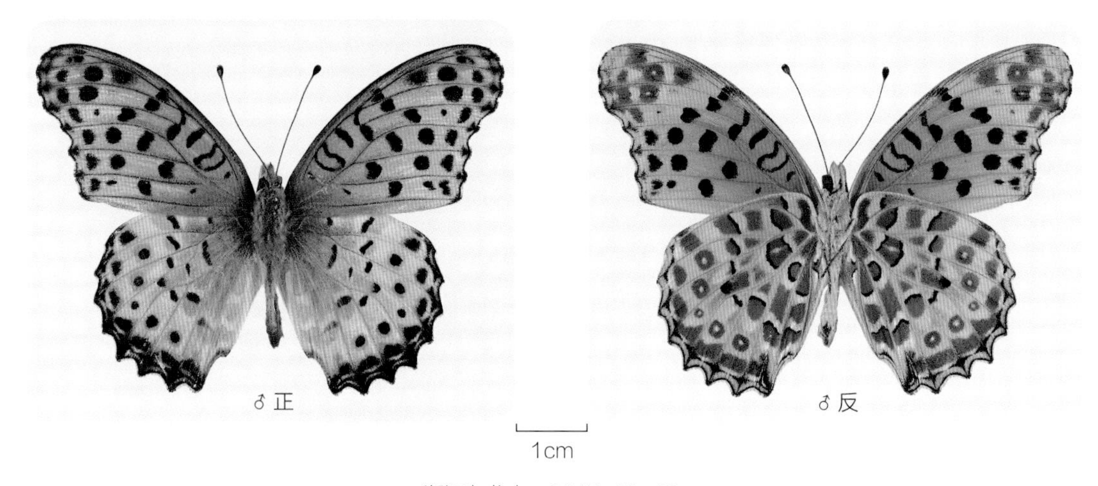

浙江九龙山　2017-08-28

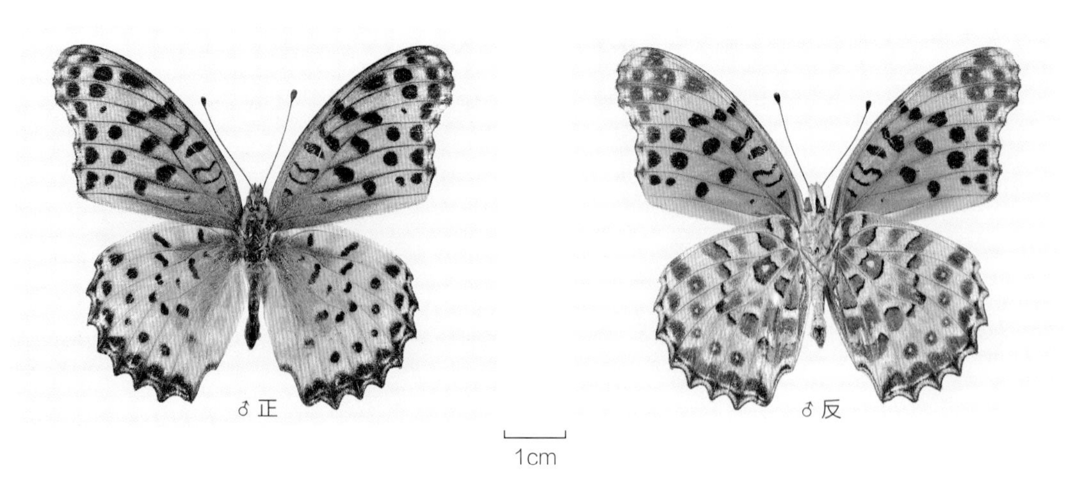

浙江凤阳山　2018-08-14

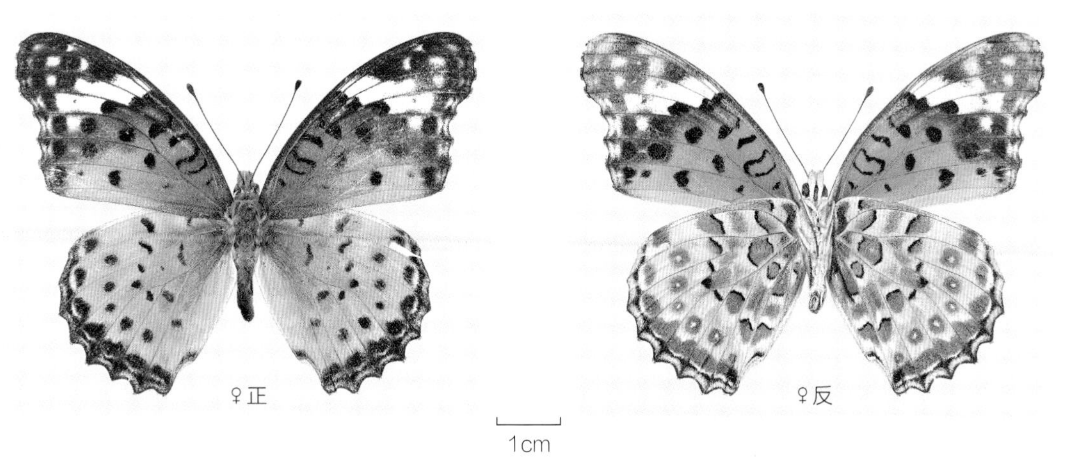

浙江青田县烂泥湖　2019-08-23

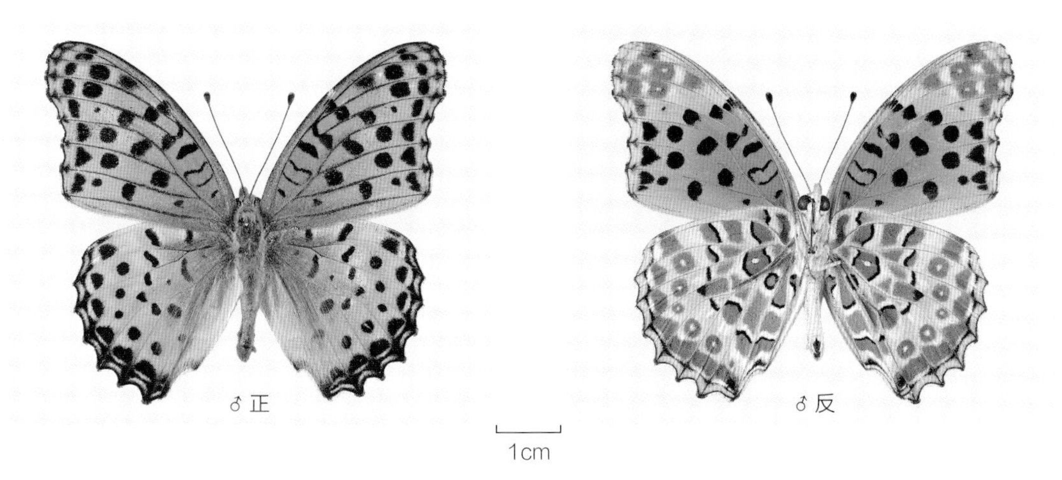

浙江青田县烂泥湖　2019-08-23

浙江丽水市莲都区　2019-07-13

浙江凤阳山　2019-07-28

浙江凤阳山　2019-07-28

浙江凤阳山　2019-07-29

老豹蛱蝶属 *Argyronome* Hübner, 1819

【鉴别特征】中型蛱蝶。成虫翅背面暗橙黄色，具黑色圆形斑点，翅形较圆，雌、雄蝶均有黑色性标。后翅背面基半部颜色较浅，端部颜色较深。

【分　　布】古北区。

【寄主植物】堇菜科 Violaceae。

100. 老豹蛱蝶 *Argyronome laodice* Pallas, 1771

【鉴别特征】中型蛱蝶。翅背面暗橙黄色，前翅具2条性标，具有3列黑色圆形斑点，前翅腹面斑纹与背面相同，后翅基半部黄绿色，具有2条褐色细线，外侧有5个褐色圆斑。

【分　　布】中国浙江（百山祖、凤阳山、草鱼塘、四明山、天目山）、黑龙江、新疆、辽宁、河北、河南、陕西、山西、甘肃、青海、西藏、江苏、湖南、湖北、江西、四川、福建、云南、台湾；中亚、欧洲。

【发　　生】5—9月。

浙江天目山　2018-05-29

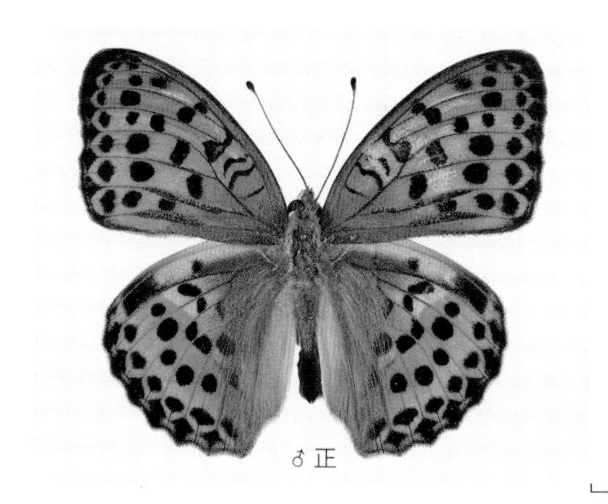

♂正

♂反

1cm

浙江凤阳山　2018-05-15

浙江天目山　2018-06-08

浙江天目山　2019-06-22

云豹蛱蝶属 *Nephargynnis* Shirozu & Saigusa, 1973

【鉴别特征】中大型蛱蝶。成虫翅背面橙黄色，布满黑色圆斑，雌蝶具有 1 条黑褐色性标。翅腹面颜色较浅，前翅中室有 3 个黑色纹，后翅无黑斑，端半部淡绿色，有灰白色云纹。

【分　　布】古北区。

【寄主植物】堇菜科 Violaceae。

101. 云豹蛱蝶 *Nephargynnis anadyomene* (C. & R. Felder, 1862)

【鉴别特征】中型蛱蝶。翅背面橙黄色，除基部外布满黑色圆斑，前翅外缘斑菱形，雄蝶前翅有 1 条黑褐色性标。翅腹面颜色淡，前翅中室有 3 个黑色纹，中室外有两大一小 3 个黑斑，后翅无黑斑，端半部淡绿色，有灰白色云状纹，中部暗色斑有白色斑点。

【分　　布】中国浙江（百山祖、凤阳山、白云森林公园、四明山、天目山）、黑龙江、吉林、山东、山西、河南、宁夏、湖北、湖南、江西、福建；日本、俄罗斯、朝鲜半岛。

【发　　生】4—9 月。

浙江天目山　2017-09-14

♂正

♂反

1cm

浙江四明山　2018-04-29

浙江天目山　2017-09-14

浙江天目山　2019-05-01

青豹蛱蝶属 *Damora* Nordmann, 1851

【鉴别特征】大型蛱蝶。雌雄异型。雄蝶翅面橙黄色，有黑色纹，具有性标，雌蝶青黑色，前翅有白色斑，后翅具有白色带。后翅腹面基部颜色较淡。

【分　　布】古北区。

【寄主植物】堇菜科 Violaceae。

102. 青豹蛱蝶 *Damora sagana* Doubleday, [1847]

【鉴别特征】大型蛱蝶。雌雄异型。雄蝶翅背面橙黄色，具黑色斑点，前翅具 1 条黑色性标，前翅中室外具有 1 个近三角形的橙色无斑区。雌蝶翅背面青黑色，中室内外各有 1 个大白斑，后翅外缘有 1 列白斑，中部有 1 条白色宽带。雄蝶腹面淡黄色，后翅具有圆形暗褐色斑，中央 2 条细线纹逐渐合并。雌蝶前翅腹面顶角绿褐色，斑纹与背面相似，后翅外缘具有 1 列白斑，中部具有 1 条内弯的白色宽横带。

【分　　布】中国浙江（百山祖、凤阳山、四明山、草鱼塘、天目山）、黑龙江、吉林、陕西、河南、福建、广西；日本、蒙古、俄罗斯、朝鲜半岛。

【发　　生】5—10 月。

浙江天目山　2019-05-18

♀正

♀反

1cm

浙江凤阳山　2018-05-15

1cm

浙江四明山　2018-08-24

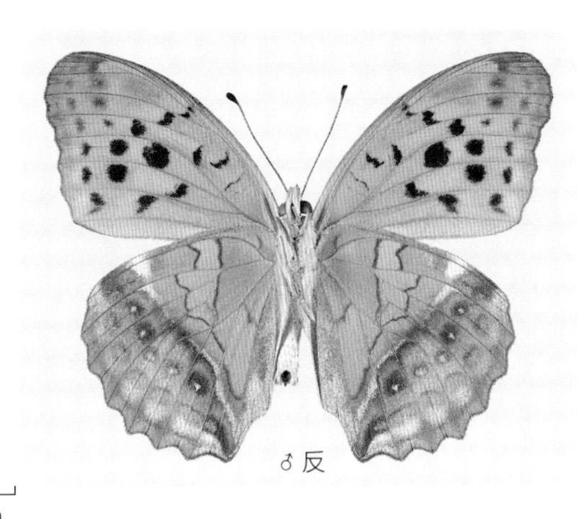

1cm

浙江凤阳山　2018-05-15

1cm

浙江天目山　2019-05-28

浙江天目山　2017-09-15

银豹蛱蝶属 *Childrena* Hemming, 1943

【鉴别特征】大型蛱蝶，与豹蛱蝶属相似。翅黄褐色，具有黑色斑点，性标只有 3 条，后翅腹面绿色，具有银白色纵横交错的网状纹。

【分　　布】古北区、东洋区。

【寄主植物】堇菜科 Violaceae。

103. 银豹蛱蝶 *Childrena children* (Gray, 1831)

【鉴别特征】大型蛱蝶。翅背面橙黄色，具有圆形黑斑。前翅外缘具有 1 条黑色细线和 1 列小斑，中室内有 4 条曲折的横线，雄蝶具有 3 条黑褐色性标。后翅外缘波纹状，外缘中部有 1 条宽阔的青蓝色区域，雌蝶该区域更宽。前翅腹面顶角浅黄褐色，具 2 条白色弧线，后翅腹面灰绿色，有许多银白色纵横交错的网状纹。

♀正

♀反

1cm

浙江凤阳山　2018-06-15

♂正

♂反

1cm

浙江凤阳山　2019-08-17

【分　　布】中国浙江（百山祖、凤阳山、草鱼塘、四明山）、陕西、湖北、西藏、云南、江西、福建、广东、四川；印度、缅甸。

【发　　生】5—10 月。

浙江凤阳山　2018-06-15

浙江凤阳山　2018-06-15

枯叶蛱蝶属 *Kallima* Doubleday, [1849]

【鉴别特征】大型蛱蝶。外形十分独特，前翅顶角和后翅臀角明显向外延伸突出。翅背底色暗褐色，带偏蓝色金属光泽，前翅顶角附近有 1 个白斑，中央有 1 条橙色或蓝色阔带，其后方有 1~2 个透明斑。翅腹斑纹多变，底色呈黄褐色至深褐色，带不规则的斑驳花纹，顶角至臀角有 1 条明显的直纹。本属成员的翅形和斑纹以完美模仿枯叶而闻名。

【分　　布】东洋区，有 1 种分布至古北区的东部南缘。

【寄主植物】爵床科 Acanthaceae。

104. 枯叶蛱蝶 *Kallima inachus* (Doyère, 1840)

【鉴别特征】大型蛱蝶。翅背底色暗褐色，带深蓝色金属光泽，两翅亚外缘有 1 条深褐色波纹，前翅中央有 1 条橙色阔带，其后方有 1 个椭圆形透明斑。

【分　　布】中国浙江（百山祖、凤阳山、天目山、划岩山、雁荡山），秦岭以南地区（海南省除外）；缅甸、泰国、喜马拉雅、中南半岛、琉球群岛。

【发　　生】全年。

注 《浙江凤阳山昆虫》与《华东百山祖昆虫》有记载。

浙江台州市划岩山　2017-04-02

♂正

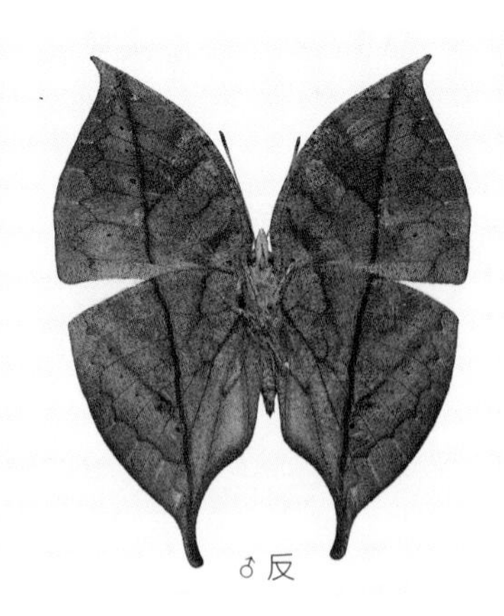

♂反

1cm

云南普洱市　2017-09-09

琉璃蛱蝶属 *Kaniska* Kluk, 1780

【鉴别特征】中型蛱蝶。翅背面黑色，前顶角突出，饰有白色点。前、后翅外缘齿状，亚外缘有蓝色宽带纵横前后翅，宽带内饰有黑色点列。翅腹面和背面的斑纹不同，前、后翅黑褐色，有极密的黑色波状细纹。

【分　　布】古北区、东洋区。

【寄主植物】菝葜科 Smilacaceae、百合科 Liliaceae。

105. 琉璃蛱蝶 *Kaniska canace* (Linnaeus, 1763)

【鉴别特征】中型蛱蝶。前翅顶角突出并饰有小白斑。前、后翅背面深蓝黑色，亚外缘有 1 条蓝色宽带，在前翅呈“Y”状，宽带内饰有黑色点列。后翅外缘中部突出呈齿状。翅腹面和背面的斑纹不同，前、后翅斑纹繁杂，以黑褐色为主，密布黑色波状细纹。

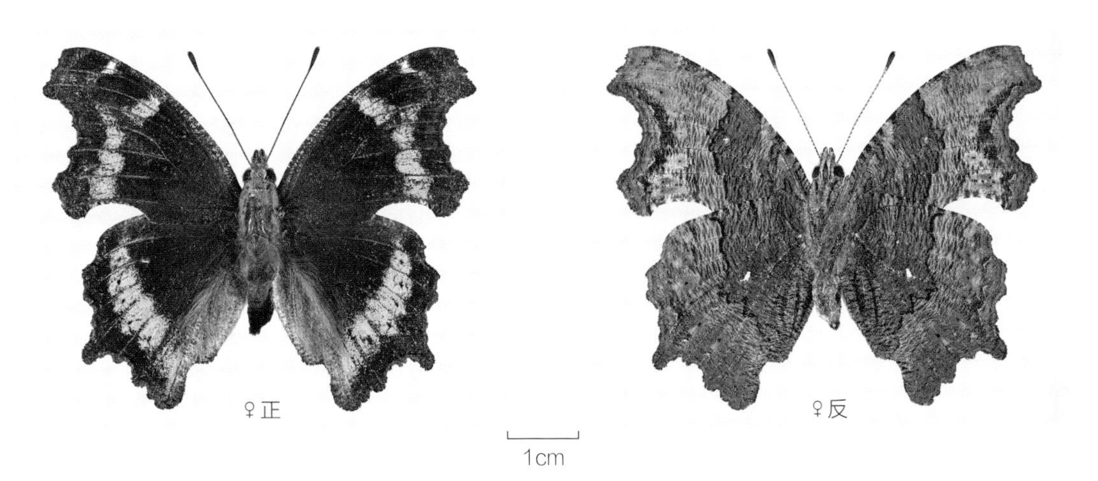

浙江凤阳山　2018-10-02

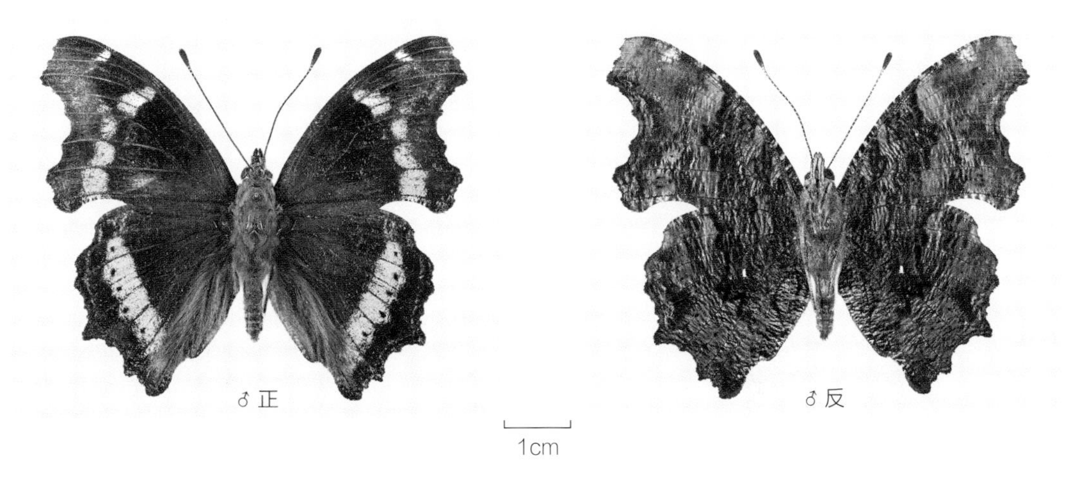

浙江青田县烂泥湖　2019-08-23

【分　　布】中国浙江（百山祖、凤阳山、四明山、白云森林公园、天目山、烂泥湖）、江苏、福建、广东、广西、甘肃、香港；日本、印度、缅甸、泰国、马来西亚。

【发　　生】全年。

浙江凤阳山　2017-07-21

浙江凤阳山　2019-08-01

浙江凤阳山　2019-08-03

浙江凤阳山　2019-08-03

浙江凤阳山　2019-08-06

钩蛱蝶属 *Polygonia* Hübner, [1819]

【鉴别特征】中型蛱蝶。成虫背面橙褐色，前后翅分布有黑斑，外缘齿突状，腹面模拟枯叶颜色随季节变化，后翅中室端有白色钩状斑。

【分　　布】我国大部分地区。

【寄主植物】榆科 Ulmaceae、桑科 Moraceae。

106. 黄钩蛱蝶 *Polygonia c-aureum* (Linnaeus, 1758)

【鉴别特征】中型蛱蝶。形态和白钩蛱蝶相近，背面翅面中室基部有 1 个黑斑，但白钩蛱蝶无此斑，前后翅外缘比白钩蛱蝶相对平滑。

【分　　布】中国浙江（百山祖、凤阳山、四明山、天目山、黄岩），东北、东南地区；俄罗斯、蒙古、越南。

【发　　生】全年。

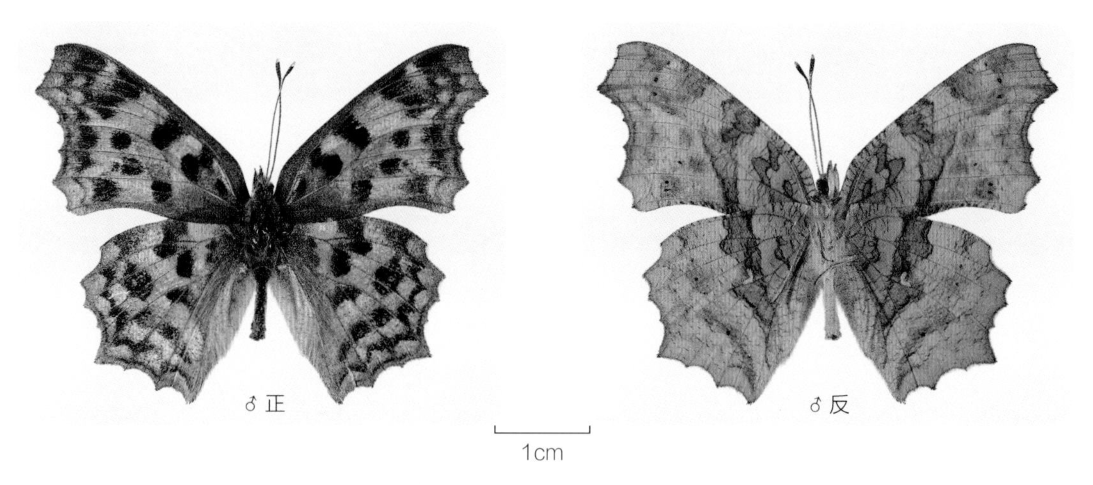

浙江天目山　2017-05-14

浙江台州市黄岩
2018-10-04

红蛱蝶属 *Vanessa* Fabricus, 1807

【鉴别特征】中型蛱蝶。前、后翅外缘呈齿状，翅背面以橘红色为主，并缀有白色和黑色斑纹。前翅顶角突出并有白色斑点，中室外有白斑。后翅外缘及翅脉端部呈黑色，亚外缘有黑色斑列。翅腹面和背面的斑纹有区别，除前翅斑纹相似外，后翅呈褐色的复杂斑纹。

【分　　布】古北区、东洋区。

【寄主植物】荨麻科 Urticaceae、榆科 Ulmaceae。

107. 大红蛱蝶 *Vanessa indica* (Herbst, 1794)

【鉴别特征】中型蛱蝶。翅背面大部分黑色，外缘波状。前翅顶角突出，饰有白色斑，下方斜列 4 个白斑，中部有不规则红色宽横带，内有 3 个黑斑。后翅大部分暗褐色，

♂正

♂反

1cm

浙江凤阳山　2017-05-18

♂正

♂反

1cm

浙江九龙山　2019-05-25

外缘红色，亚外缘有 1 列黑色斑。翅腹面和背面的斑纹有区别，前翅顶角茶褐色，中室端部显蓝色斑纹，其余与翅面相似。后翅有茶褐色的复杂云状斑纹，外缘有 4 枚模糊的眼斑。

【分　　布】中国浙江（百山祖、凤阳山、九龙山、草鱼塘、四明山、白云森林公园、烂泥湖、天目山、中央山），全国各地；亚洲、欧洲。

【发　　生】全年。

浙江台州市中央山　2017-09-16

浙江凤阳山　2019-08-03

108. 小红蛱蝶 *Vanessa cardui* (Linnaeus, 1758)

【鉴别特征】中型蛱蝶。本种与大红蛱蝶近似，主要区别是后翅背面大部分为橘红色，体型稍小。前、后翅背面以橘红色为主，前翅顶角饰有白斑，中部有不规则红色横带，内有 3 个黑斑相连。后翅背面橘红色，外缘及亚外缘有黑色斑列。翅腹面和背面的斑纹有区别，前翅除顶角黄褐色外，其余斑纹与翅面相似。后翅有黄褐色的复杂云状斑纹。

【分　　布】中国浙江（百山祖、凤阳山、天目山），全国各地；世界各地。

【发　　生】全年。

浙江天目山　2017-05-25

浙江凤阳山　2018-05-16

浙江凤阳山　2018-06-15

眼蛱蝶属 *Junonia* Hübner, [1819]

【鉴别特征】中型蛱蝶。成虫翅面颜色多样，有橙、黄、白、蓝、褐等，颜色鲜艳，翅面具有明显发达的眼斑，眼斑能转移天敌的攻击目标，起到自保的作用，通常有季节型，后翅拟态枯叶颜色。

【分　　布】东洋区。

【寄主植物】爵床科 Acanthaceae、苋科 Amaranthaceae。

109. 美眼蛱蝶 *Junonia almana* (Linnaeus, 1758)

【鉴别特征】中型蛱蝶。雌雄同型。分为湿季型和旱季型。翅背面橙色，前翅分布 3 个眼斑，顶角区 2 个相连较小的眼斑及中域 1 个较大的眼斑，后翅 2 个眼斑，靠前缘

♂ 正

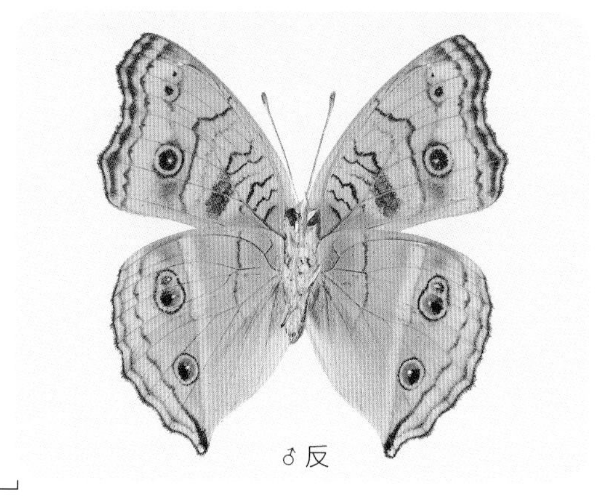
♂ 反

1cm

浙江凤阳山　2018-09-09

♂ 正

♂ 反

1cm

浙江四明山　2018-09-15

有 1 枚最大的眼斑，往下有 1 个小眼斑，前后翅亚外缘有波浪黑线。旱季型前翅角起钩、突出，后翅臀角突出，腹面如同枯叶颜色。

【分　　布】中国浙江（百山祖、凤阳山、烂泥湖、四明山、天目山、台州市），包括香港、台湾等在内的长江以南地区；泰国、越南、缅甸、老挝、马来西亚、柬埔寨、不丹、印度。

【发　　生】全年。

浙江凤阳山　2020-03-25

浙江台州市　2017-08-30

浙江天目山　2017-09-13

浙江天目山　2018-09-05

110. 翠蓝眼蛱蝶 *Junonia orithya* (Linnaeus, 1758)

【鉴别特征】中型蛱蝶。雌雄异型。分为湿季型和旱季型。雄蝶前翅背面黑色，靠亚外缘分布 2 枚眼斑，亚顶区有 2 条平行的斜白带，亚外缘有白色，后翅为暗蓝色，分布 2 枚眼蝶。雌蝶各眼斑较大，翅面颜色较浅，后翅蓝色区域小。旱季型前翅角起钩，突出，后翅腹面枯叶颜色。

【分　　布】中国浙江（百山祖、九龙山、白云森林公园），包括香港、台湾等在内的长江以南、秦岭以南地区；泰国、菲律宾、越南、缅甸、老挝、马来西亚、柬埔寨、不丹、印度，以及非洲、南美洲、北美洲。

【发　　生】全年。

浙江白云森林公园　2009-10-03

盛蛱蝶属 *Symbrenthia* Hübner, [1819]

【鉴别特征】小型蛱蝶。雌雄斑纹相似，翅背面底色黑褐色，上有黄色斑点与条纹，翅腹面底色黄色，有褐色或红褐色斑纹及斑线。本属种类背面较相似，腹面成为鉴别的主要特征。

【分　　布】东洋区、澳洲区。

【寄主植物】荨麻科 Urticaceae。

111. 黄豹盛蛱蝶 *Symbrenthia brabira* Moore, 1872

【鉴别特征】小型蛱蝶。翅背面斑纹与散纹盛蛱蝶相似，但尾突更短小，翅腹面底色为黄褐色，密布不规则的黑色碎斑，类似豹纹，外围常带有橙红色块，后翅中部有 1 条橙色带，亚外缘处有 1 列 5 个黑褐色圈斑，后缘有 1 道连续或断裂的蓝灰色纹。

【分　　布】中国浙江（凤阳山、台州市）、福建、江西、台湾、云南、四川、重庆、湖北、贵州。

【发　　生】4—10 月。

浙江台州市淡竹原始森林　2018-06-15

浙江凤阳山　2018-04-24

浙江台州市淡竹原始森林　2018-06-15

112. 散纹盛蛱蝶 *Symbrenthia lilaea* Hewitson, 1864

【鉴别特征】小型蛱蝶。尾突较明显，翅背面底色黑褐色，前后翅有 3 道横向的橙黄色条纹呈带状排列，最前方为前翅中室及外侧相连的橙纹，其中部分个体会在中室近端部断裂，第 2 道带由前翅外侧斑纹及后翅基部条纹构成，最后一道则为后翅亚外缘的条带，前翅顶角附近还有数个大小不等的橙斑。翅腹面底色黄色，布满由红褐色斑纹及线条组成的复杂花纹，与国内该属其他种类差异较大，易区分。

【分　　布】中国浙江（凤阳山、烂泥湖、白马山）、福建、江西、广东、广西、台湾、海南、云南、四川、重庆、湖北、西藏、贵州、香港；印度、缅甸、泰国、越南、老挝、马来西亚、印度尼西亚。

【发　　生】3—11 月。

♀正

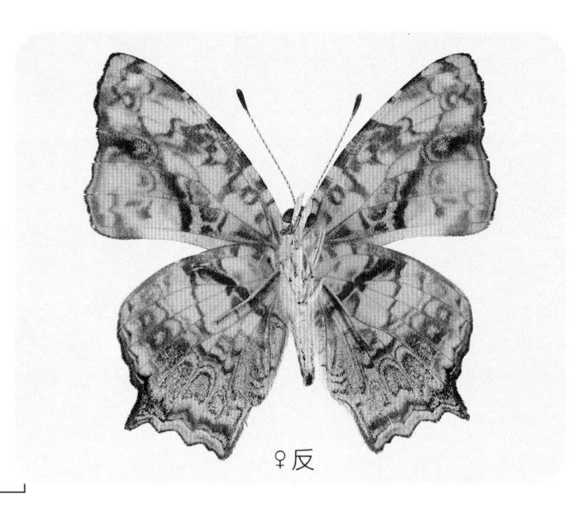
♀反

1cm

浙江凤阳山　2018-10-02

浙江凤阳山
2019-08-02

浙江凤阳山　2019-08-02

浙江凤阳山　2019-08-02

浙江凤阳山　2019-08-07

蜘蛱蝶属 *Araschnia* Hübner, 1819

【鉴别特征】小型蛱蝶。雌雄斑纹相似，部分种类有季节型，翅背面底色为黑褐色，有黄色或橘黄色斑纹，常有蜘网状细纹布满翅面，故名蜘蛱蝶，前后翅腹面各有 1 块紫色斑区。

【分　　布】古北区、东洋区。

【寄主植物】荨麻科 Urticaceae。

113. 曲纹蜘蛱蝶 *Araschnia doris* Leech, [1892]

【鉴别特征】小型蛱蝶。和布网蜘蛱蝶近似，但无明显季节型，翅背面中域的黄带明显粗壮，后翅黄带弯曲，翅腹面斑纹粗，没有很明显的紫色斑块。

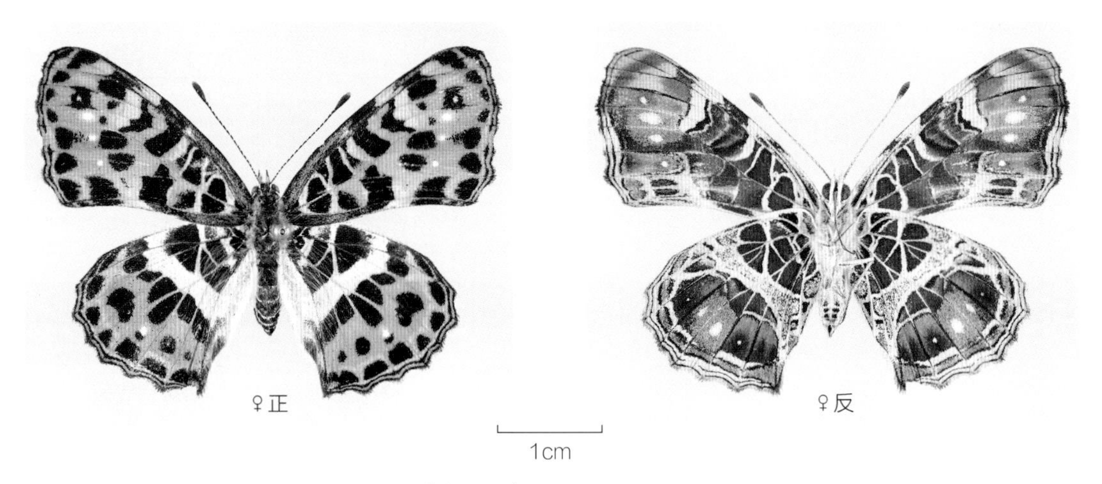

浙江天目山　2018-04-02

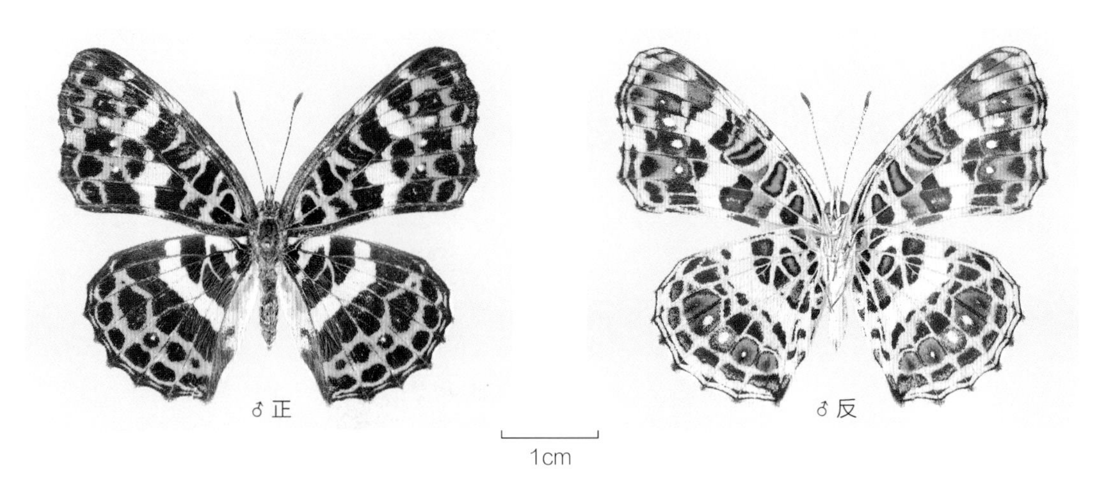

浙江凤阳山　2018-08-14

【分　　布】中国浙江（百山祖、凤阳山、白云森林公园、四明山、天目山）、河南、陕西、江苏、安徽、福建、湖北、江西、湖南、四川、重庆、云南。

【发　　生】4—9月。

浙江凤阳山　2019-07-30

浙江凤阳山　2019-08-04

尾蛱蝶属 *Polyura* Billberg, 1820

【鉴别特征】大型蛱蝶。前翅角尖，外缘有弧度，翅背面以白、淡黄、浅绿为主色，具有黑色条纹，亚缘带黑色，翅腹面具有白色光泽斑纹。后翅各有 1 对尾突是该属的重要特征。

【分　　布】东洋区。

【寄主植物】豆科 Fabaceae。

114. 二尾蛱蝶 *Polyura narcaea* (Hewitson, 1854)

【鉴别特征】中大型蛱蝶。翅背面为绿色，前翅中域有“Y”字形黑纱纹连接前缘，黑色外缘带较宽，前、后翅外缘各有 1 列绿色斑点，部分亚种斑点相连，前翅腹面花纹基本与背面一致，后翅腹面基部前缘到臀区有褐色横带。雌雄同型，雌蝶尾突较长，尾尖较钝。

♂正

♂反

1cm

浙江天目山　2017-07-13

♂正

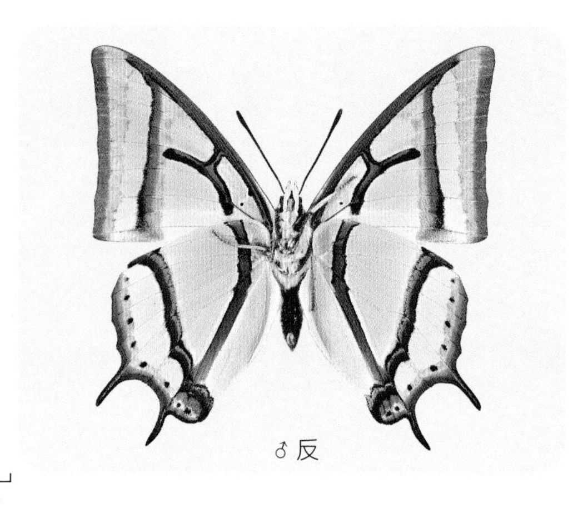
♂反

1cm

浙江凤阳山　2019-04-27

【分　　布】中国浙江（百山祖、凤阳山、九龙山、白云森林公园、古田山、四明山、天目山）、湖北、湖南、四川、贵州、广东、广西、福建、云南、北京、河北、河南、台湾、山东、山西、陕西、甘肃；泰国、越南、缅甸、印度、老挝。

【发　　生】4—8月。

浙江天目山　2017-04-29

浙江天目山　2018-07-11

浙江凤阳山　2019-08-04

浙江天目山　2018-06-24

115. 大二尾蛱蝶 *Polyura eudamippus* (Doubleday, 1843)

【鉴别特征】大型蛱蝶。翅背面为浅黄色。本种与二尾蛱蝶腹面较为相似，主要区别在于前者前翅背面没有“Y”字形纹，亚外缘有 2 列斑点，腹面银白色，基部有 2 个黑点，后翅背面亚外缘黑色带上有绿色斑点。各产地本种斑纹存在较大差异。雌雄同型，雌蝶尾突较长，尾尖较钝。

【分　　布】中国浙江（百山祖、凤阳山）、海南、广东、福建、广西、贵州、云南、湖南、四川、湖北、西藏、台湾；泰国、越南、缅甸、印度、老挝、马来西亚。

【发　　生】5—8 月。

♂正

♂反

1cm

浙江凤阳山　2018-05-15

116. 忘忧尾蛱蝶 *Polywura nepenthes* (Grose-Smith, 1883)

【鉴别特征】大型蛱蝶。本种与针尾蛱蝶较为相似，主要区别在于前者翅背面为白色，前翅亚外缘有 2 列白色斑，后翅亚外缘有 2 列黑斑，尾突较后者短；腹面主要区别在于中室内以及端外有 2 个黑斑。雌雄同型。雌蝶尾突较长，第 1 条尾突较钝。

【分　　布】中国浙江（百山祖、凤阳山、午潮山）、海南、广东、福建、四川、江西、香港；老挝、越南、缅甸、泰国。

【发　　生】4—8 月。

♂正

♂反

1cm

浙江凤阳山　2018-04-24

浙江杭州市午潮山　2017-05-06

浙江凤阳山　2018-05-15

浙江凤阳山　2019-08-04

浙江凤阳山　2019-08-04

浙江凤阳山　2019-08-04

螯蛱蝶属 *Charaxes* Ochsenheimer, 1816

【鉴别特征】中大型蛱蝶。前翅尖，略外突出，翅背面橙黄色，亚外缘带黑色，部分种类中域有白斑，短小尾突 1 对，腹面波纹状花纹，前足退化。

【分　　布】主要集中分布在非洲区、东洋区。

【寄主植物】大戟科 Euphorbiaceae、樟科 Lauraceae。

117. 白带螯蛱蝶 *Charaxes bernardus* (Fabricius, 1793)

【鉴别特征】大型蛱蝶。此种有 2 个型，分别为黄色型和白色型，容易混淆成 2 个不同物种。黄色型翅背面为大面积橙褐色斑纹，与螯蛱蝶比较相似，主要区别在于本种黑色带宽，分布到外中区和整个亚顶角区，后翅黑斑从顶角开始由大到小排列到臀角，呈尖牙形，雌蝶前翅中域有模糊白斑，后翅亚外缘各黑斑里有白点，尾突长、圆润。白色型在前

♀正

♀反

1cm

浙江白云森林公园　2018-07-31

♀正

♀反

1cm

浙江凤阳山　2019-08-17

翅中域有大面积白斑，雌蝶白斑更发达并分布到后翅中域，后翅黑斑相连。

【分　　布】中国浙江（百山祖、凤阳山、白云森林公园、天目山、中央山）、广东、广西、福建、江西、湖南、香港、海南、四川、云南；泰国、老挝、印度、缅甸、越南、马来西亚、新加坡、菲律宾。

【发　　生】5—10月。

浙江台州市中央山　2016-07-15

闪蛱蝶属 *Apatura* Fabricius, 1807

【鉴别特征】中大型蛱蝶。雄蝶前后翅背面均有紫色或蓝色闪光，故此得名。雌蝶无闪光，体型明显大于雄蝶。本属种类全部为雌雄异色或雌雄异型，性别较易区分。

【分　　布】古北区、东洋区。

【寄主植物】杨柳科 Salicaceae。

118. 柳紫闪蛱蝶 *Apatura ilia* (Denis & Schiffermuller, 1775)

【鉴别特征】中型蛱蝶。成虫多色型，翅背面底色有黑色、褐色、黄色，前翅分布不规则白斑，后翅翅中部分布 1 条白色斑带。雌蝶体型大于雄蝶，雄蝶前后翅背面均有浓烈的蓝色或紫色闪光，雌蝶无，性别较易区分。

♂正　　♂反

1cm

浙江凤阳山　2019-07-16

♂正

♂反

1cm

浙江九龙山　2019-05-24

【分　　布】中国浙江（百山祖、凤阳山、天目山、九龙山、白云森林公园），华北、西北、东北、华中、西南地区；日本、朝鲜半岛、欧洲。

【发　　生】5—9月。

浙江天目山　2019-05-19

铠蛱蝶属 *Chitoria* Moore, [1896]

【鉴别特征】中型蛱蝶。雄蝶前翅顶角突出明显，雌蝶翅形相对圆阔。部分种类雌雄斑纹相似，翅背面底色为暗褐色，上面有白色或黄色斑纹，而雌雄斑纹相异的种类，雄蝶翅背面底色为黄褐色，有黑褐色纹，雌蝶翅背面为暗褐色，有白色斑纹。

【分　　布】东洋区、古北区。

【寄主植物】榆科 Ulmaceae。

119. 栗铠蛱蝶 *Chitoria subcaerulea* (Leech, 1891)

【鉴别特征】中型蛱蝶。与武铠蛱蝶相似，区别在于通常其雄蝶前翅中央的黑色带退化，仅圆斑清晰可见，周围没有黑带。但有时部分黑带发达的个体与武铠蛱蝶黑带退化个体互相混淆，极难辨别，因此，最准确的鉴定往往需要依靠解剖。

♂正

♂反

1cm

浙江九龙山　2019-05-25

♂正

♂反

1cm

浙江凤阳山　2019-06-16

【分　　布】中国浙江（凤阳山、九龙山、天目山、峰源）、辽宁、福建、台湾、广东、广西、四川、重庆、贵州、云南、西藏；印度、缅甸、不丹、越南、老挝、朝鲜半岛。

【发　　生】6—8 月。

浙江丽水市峰源　2019-06-13

迷蛱蝶属 *Mimathyma* Moore, [1896]

【鉴别特征】中大型蛱蝶。体背黑色被毛，腹面白色。头大，触角粗长，端部赭黄色。前翅三角形，顶角不突出，外缘中段凹，后翅外缘呈波齿状突起。无性二型。

【分　　布】东洋区。

【寄主植物】榆科 Ulmaceae。

120. 迷蛱蝶 *Mimathyma chevana* (Moore, [1866])

【鉴别特征】中型蛱蝶。雄蝶翅背面褐黑色，具类似带蛱蝶的白斑，中室纹、亚顶区白斑和亚外缘白斑均较发达。腹面前翅前缘、中室和顶区银白色，中室内具若干黑点，外缘赭黄色，前缘外 1/3 至臀角有赭黄色斜带；后翅银白色，赭黄色前缘、外缘和中带。雌蝶底色较灰暗，斑纹同雄蝶。

【分　　布】中国浙江（凤阳山、天目山、台州市、白云森林公园），秦岭以南地区；印度、马来半岛。

【发　　生】5—10 月。

浙江凤阳山　2017-09-07

浙江台州市　2016-07-24

浙江白云森林公园　2018-10-04

121. 白斑迷蛱蝶 *Mimathyma schrenckii* (Ménétriés, 1859)

【鉴别特征】大型蛱蝶。雄蝶翅背面褐黑色，前翅亚顶区具短白斑带，前缘中部至臀角上方具宽白斑带，其下有橙、白二色斑；后翅中域具紫白色大斑，边缘下方染橙色，亚外缘具数目不一的白斑。腹面前翅黑色，基部和顶区银白色，室端紫白色，前缘和外缘赭黄色，白斑如背面，外中区具橙色带；后翅银白色，具赭黄色前缘、外缘和中带。雌蝶底色较灰暗，斑纹同雄蝶。

【分　　布】中国浙江（百山祖、凤阳山、白云森林公园），西南、华中、华东、东北地区；俄罗斯。

【发　　生】6—7月。

浙江白云森林公园　2020-07-19

白蛱蝶属 *Helcyra* Felder, 1860

【鉴别特征】中型蛱蝶。前翅平直，后翅外缘波浪状，触角细长，末端扁平水滴形；翅背面白色或深褐色，有白色或黑色斑，腹面银白或橄榄绿，有光泽，伴有色带。

【分　　布】古北区、东洋区。

【寄主植物】榆科 Ulmaceae。

122. 傲白蛱蝶 *Helcyra superba* Leech, 1890

【鉴别特征】中大型蛱蝶。雌雄同型。翅背面白色，前翅由顶角到中区为斜向黑色，顶角有 2 个白斑，中室有 1 个灰色斑，后翅亚外缘为锯齿黑线，外中区有数个大小不一的黑点。翅腹面为白色，有光泽，后翅亚中区有 1 列模糊眼斑。

【分　　布】中国浙江（百山祖、凤阳山、天目山）、福建、广东、广西、江西、台湾。

【发　　生】5—9 月。

♀正

♀反

1cm

浙江凤阳山　2018-08-14

浙江天目山　2018-08-11

浙江凤阳山　2019-07-28

蛱蝶科　Nymphalidae

123. 银白蛱蝶 *Helcyra subalba* (Poujade,1885)

【鉴别特征】中型蛱蝶。雌雄同型。成虫分秀袖型和普通型。秀袖型与台湾白蛱蝶较相似，秀袖型银白蛱蝶前翅白斑较小，后翅基本为银白色，橙色斑退化，前翅下缘有灰色斑。

【分　　布】中国浙江（百山祖、凤阳山、九龙山、白云森林公园、天目山），长江以南、秦岭以南地区。

【发　　生】5—8月。

浙江天目山　2018-06-12

♂正

♂反

1cm

浙江九龙山　2019-05-25

♂正

♂反

1cm

浙江凤阳山　2019-06-16

浙江天目山　2018-05-28

浙江天目山　2018-06-01

帅蛱蝶属 *Sephisa* Moore, 1882

【鉴别特征】中型蛱蝶。雌雄异型。前翅顶角突出，外缘凹陷，后翅外缘波浪状。翅背面黑色，有橙黄色斑和白斑，或有锯齿花纹。

【分　　布】古北区、东洋区。

【寄主植物】壳斗科 Fagaceae。

124. 黄帅蛱蝶 *Sephisa princeps* (Fixsen, 1887)

【鉴别特征】中型蛱蝶。雌雄异型。与帅蛱蝶相似，主要区别在于本种雄蝶翅面没有任何白色斑纹，前、后翅橙黄色斑发达，后翅中室没有黑斑。雌蝶有 2 种色型：一种白色花纹发达，中室有 1 个橙色斑；另一种黄色型，翅背面斑纹橙黄色，与雄蝶相似，顶角区有 2 个白色斑，前翅外缘平直。

♂正

♂反

1cm

浙江凤阳山　2018-07-08

♂正

♂反

1cm

浙江九龙山　2019-06-15

【分　　布】中国浙江（百山祖、凤阳山、九龙山、草鱼塘、四明山、天目山、巾子峰）、福建、广东、江西、四川、陕西、河南、黑龙江。

【发　　生】6—8月。

浙江天目山　2018-07-06

浙江天目山　2018-07-06

浙江凤阳山　2018-07-08

浙江凤阳山　2018-07-08

浙江凤阳山　2019-07-29

浙江凤阳山　2019-08-06

紫蛱蝶属 *Sasakia* Moore, [1896]

【鉴别特征】大型蛱蝶。前翅外缘中部内凹。前、后翅背面蓝黑色或黑褐色，中央有蓝黑色或蓝紫色金属光泽，其余部分黑色或暗褐色。前翅缀有长“V”形白色条纹或大小不等的黄白色斑纹。翅腹面与背面斑纹相似，但后翅色较浅，呈灰黑色或浅绿色，前、后翅基部有箭状或耳环状红斑，臀角饰有半月形粉红色斑。

【分　　布】古北区。

【寄主植物】榆科 Ulmaceae。

125. 大紫蛱蝶 *Sasakia charonda* (Hewitson, 1863)

【鉴别特征】大型蛱蝶。雄蝶前、后翅背面为黑褐色，中央有蓝紫色金属光泽，其余部分暗褐色。亚外缘有淡黄色或白色斑列，中室外部饰有大小不等的黄色或白色斑，中室

♀正

♀反

1cm

浙江天目山　2017-07-15

♂正

♂反

1cm

浙江天目山　2017-07-12

有哑铃状白斑，前翅翅基有长条斑，后翅臀角有 2 个半月形相连的红色斑。翅腹面和背面的斑纹相似，但无蓝紫色金属光泽区。前翅深褐色区饰黄、白色斑点，后翅大部分为浅绿色或浅灰褐色。雌蝶色泽、斑纹与雄蝶相似，但体型较大，翅面不具蓝紫色金属光泽。

【分　　布】中国浙江（百山祖、凤阳山、天目山）、辽宁、北京、湖北、台湾等；日本、朝鲜半岛。

【发　　生】6—8 月。

浙江凤阳山　2017-07-20

浙江天目山　2019-06-02

126. 黑紫蛱蝶 *Sasakia funebris* (Hewitson, 1863)

【鉴别特征】大型蛱蝶。翅黑色，翅面基部和中部随着观察角度不同，呈现出蓝黑色或黑紫色，有天鹅绒蓝色光泽。前翅背面翅脉间有长“V”形白色条纹，中室内有 1 条红色纵纹，雄蝶有时不明显。后翅翅面翅脉间有平行白色长条纹。翅腹面和翅背面的斑纹及色泽相似，但前翅中室外部及下方有 4 个灰白色斑点，基部为箭头状红斑，后翅基部有 1 个耳环状红斑。

【分　　布】中国浙江（百山祖、凤阳山、天目山）、福建、四川、陕西、甘肃。

【发　　生】6—8 月。

浙江天目山　2017-07-11

浙江天目山　2018-06-24

浙江凤阳山　2019-08-06

脉蛱蝶属 *Hestina* Westwood, [1850]

【鉴别特征】中大型蛱蝶。前翅顶角稍圆，外缘中部内凹，翅背面点缀有点状、箭状、带状斑点。翅脉黑色或灰褐色，外缘末端斑纹加宽变暗，亚外缘有暗色波状横带，中室端外围条状斑纹。翅腹面与背面斑纹相似，但翅面通常较浅，翅脉较细较淡。

【分　　布】古北区、东洋区。

【寄主植物】榆科 Ulmaceae。

127. 黑脉蛱蝶 *Hestina assimilis* (Linnaeus, 1758)

【鉴别特征】大型蛱蝶。有多型现象。深色型：前、后翅背面黑色为主，布满青白色斑纹，颇似斑蝶科的青斑蝶类，后翅饰有 4 个红斑，有的红斑内有黑点。淡色型：前、后翅背面淡灰绿色，仅翅脉为黑色的条纹，后翅红斑消失或极度淡化。中间型：斑纹介于

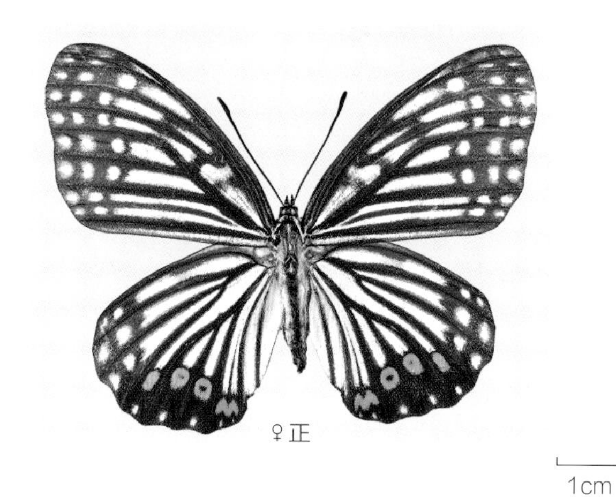
♀正

♀反

1cm

浙江九龙山　2019-05-25

♂正

♂反

1cm

浙江天目山　2016-07-28

深色型和淡色型之间。翅腹面与翅背面的斑纹相似，后翅翅脉颜色较淡。

【分　　布】中国浙江（百山祖、凤阳山、九龙山、四明山、天目山）、辽宁、山西、陕西、福建、云南、香港；日本、朝鲜半岛。

【发　　生】4—9月。

浙江凤阳山　2019-07-30

猫蛱蝶属 *Timelaea* Lucas, 1883

【鉴别特征】中小型蛱蝶。翅背面黄色，布满黑色斑点，外缘波浪状，后翅腹面有白色斑。

【分　　布】古北区、东洋区。

【寄主植物】榆科 Ulmaceae。

128. 白裳猫蛱蝶 *Timelaea albescens* (Oberthür, 1886)

【鉴别特征】中小型蛱蝶。雌雄同型。与猫蛱蝶相似，主要区别：猫蛱蝶前翅基部有三角形斑，本种前翅基部到中室内黑斑较少，后翅有白色斑纹，腹面白色区较细。雌蝶前缘外缘更圆。

浙江凤阳山　2017-07-01

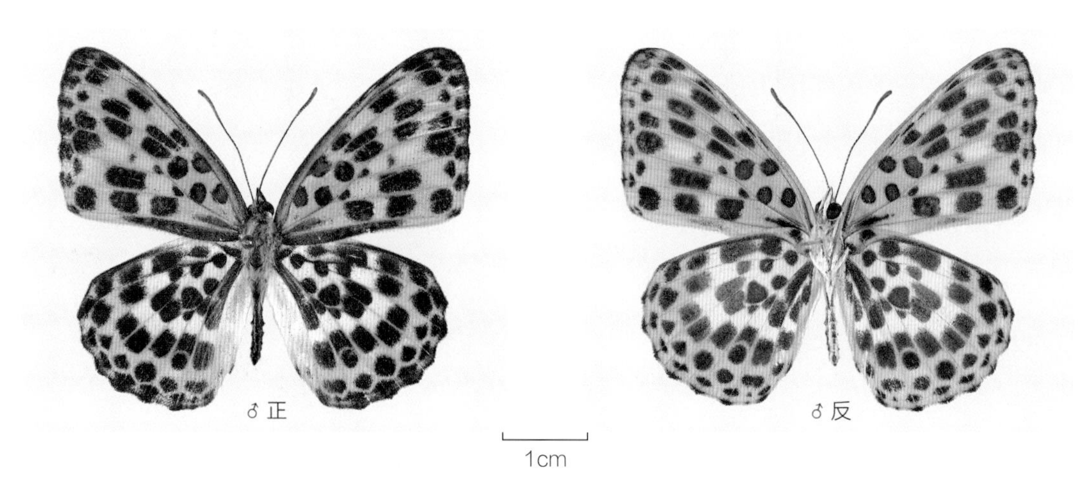

浙江天目山　2018-07-11

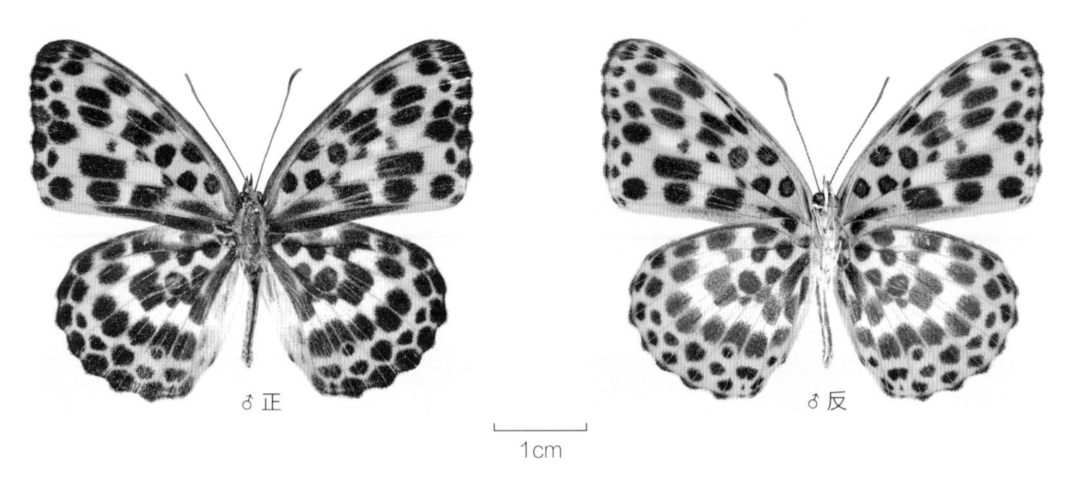

浙江九龙山　2019-05-25

【分　　布】中国浙江（百山祖、凤阳山、天目山）、江西、山东、福建、台湾。
【发　　生】5—9 月。

浙江天目山　2018-05-12

浙江凤阳山　2018-05-15

浙江凤阳山　2019-08-04

饰蛱蝶属 *Stibochiona* Butler, [1869]

【鉴别特征】中小型蛱蝶。

【分　　布】东洋区。

【寄主植物】荨麻科 Urticaceae。

129. 素饰蛱蝶 *Stibochiona nicea* (Gray, 1846)

【鉴别特征】小型蛱蝶。雌雄同型。翅背面为褐色，前翅亚外缘各室有 1 个白点，中区和外中区各有 1 列短弧形白点相接，后翅各室白斑发达并延伸至外缘，白斑里有黑点和蓝紫色斑过渡，前翅腹面中室有 3 个蓝白色斑，其余斑纹与背面基本相同。雌蝶翅面颜色较浅，后翅白斑里蓝紫色斑较浅。

【分　　布】中国浙江（百山祖、凤阳山、九龙山、草鱼塘、天目山）、广东、海南、广西、福建、云南、江西、四川、西藏；泰国、尼泊尔、不丹、马来西亚、越南、老挝、缅甸、印度。

【发　　生】4—9月。

浙江凤阳山　2017-07-20

♀正

♀反

1cm

浙江凤阳山　2019-04-27

浙江凤阳山　2018-08-14

浙江凤阳山　2019-04-27

浙江凤阳山　2019-07-28

电蛱蝶属 *Dichorragia* Butler, [1869]

【鉴别特征】中型蛱蝶。前翅顶角较尖，后翅外缘锯齿状。前、后翅背面蓝黑色，中部有蓝色光泽。前翅亚外缘翅脉间有灰白色电光纹，中室外围有长形白斑，中室内隐约显斑点。后翅亚外缘有弧形斑列。翅腹面和背面的斑纹相似，但前翅斑纹更明显，后翅斑纹较模糊。

【分　　布】古北区、东洋区。

【寄主植物】清风藤科 Sabiaceae。

130. 电蛱蝶 *Dichorragia nesimachus* (Doyère, [1840])

【鉴别特征】中型蛱蝶。翅色深蓝色，雄蝶有光泽。与长波电蛱蝶接近，但白色电光纹较短。前、后翅背面亚外缘饰相互套叠的白色电光纹，前翅中室外方的白纹上方为长

♀正

♀反

1cm

浙江凤阳山　2017-07-20

♂正

♂反

1cm

浙江九龙山　2019-05-25

浙江古田山　2018-08-25

方形斑，下方为点状斑，中室内饰有斑纹。后翅外缘有短“V”形白斑，亚外缘有弧状斑列。翅腹面和背面的斑纹相似。

【分　　布】中国浙江（百山祖、凤阳山、九龙山、天目山、古田山）、湖南、四川、海南、台湾、香港；日本、越南、印度、朝鲜半岛。

【发　　生】4—9月。

浙江凤阳山　2019-07-31

丝蛱蝶属 *Cyrestis* Boisduval, 1832

【鉴别特征】中型蛱蝶。体背棕色具黑纹，腹面类白色。头较小，下唇须尖突，触角细长，端部稍膨大。前后翅宽，边缘不规则凹凸，后翅具短尾突和臀叶；翅面多少具黑色细横线。无性二型。

【分　　布】东洋区。

【寄主植物】桑科 Moraceae。

131. 网丝蛱蝶 *Cyrestis thyodamas* Boisduval, 1846

【鉴别特征】中型蛱蝶。雄蝶翅背面白色，前缘基部、顶区及臀角局部赭黄色，翅面布多条黑色细横线，与黑色翅脉交织成网，外中区黑线后端墨蓝色，臀角具红黄二色斑；后翅网纹如前翅，外中区贯穿墨蓝色横线，其外侧为赭黄色、红色和黑色构成的复杂线

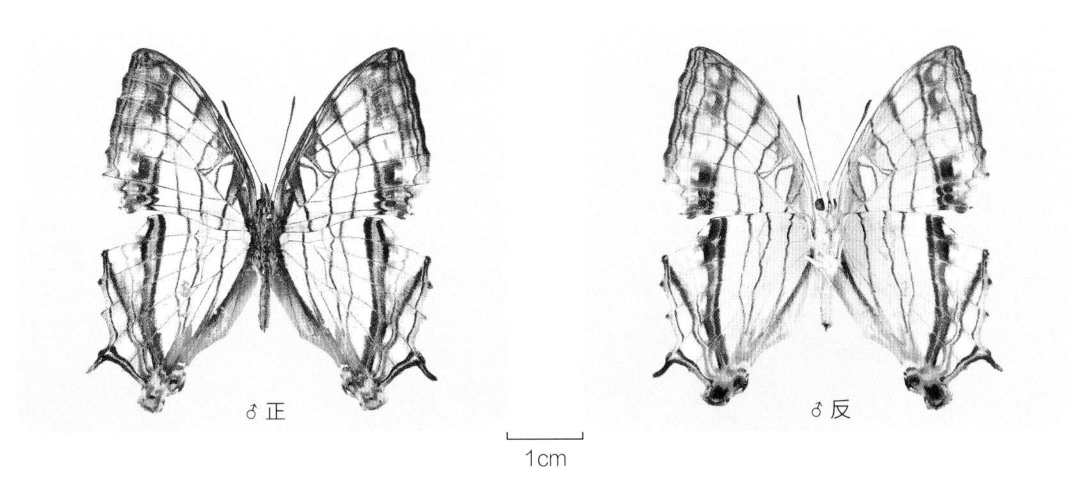

浙江凤阳山　2018-04-24

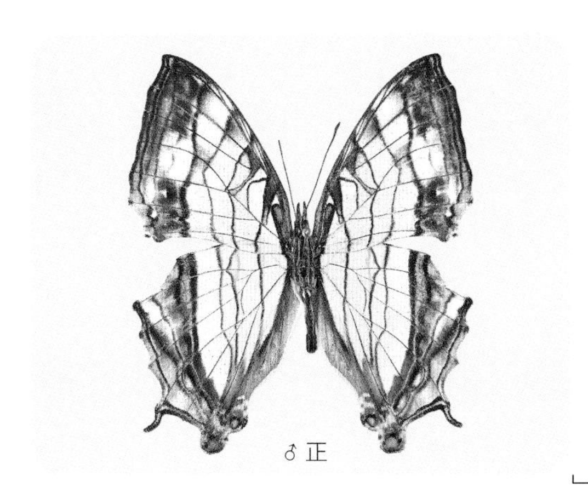

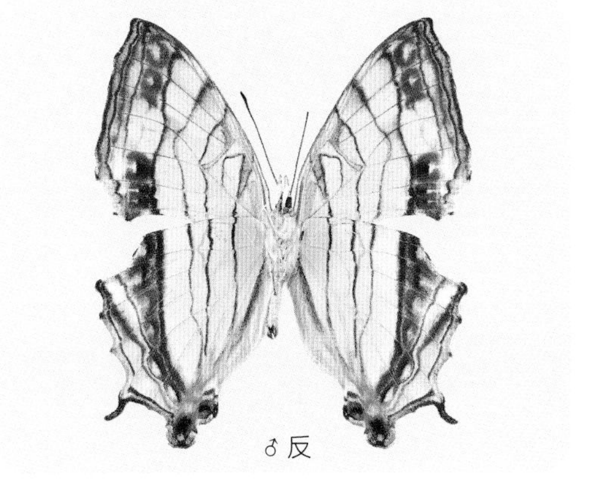

1cm

浙江九龙山　2019-05-24

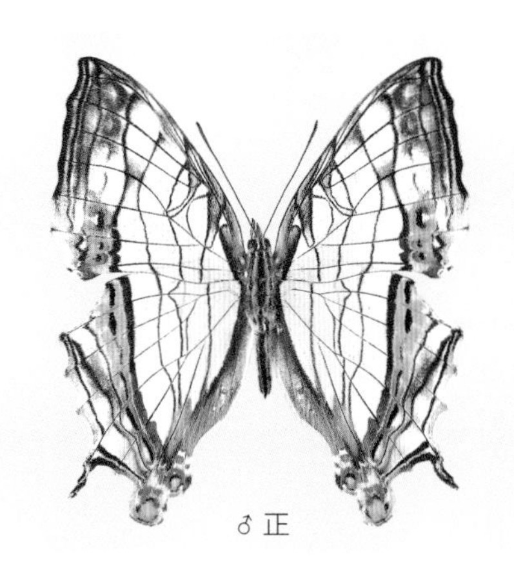

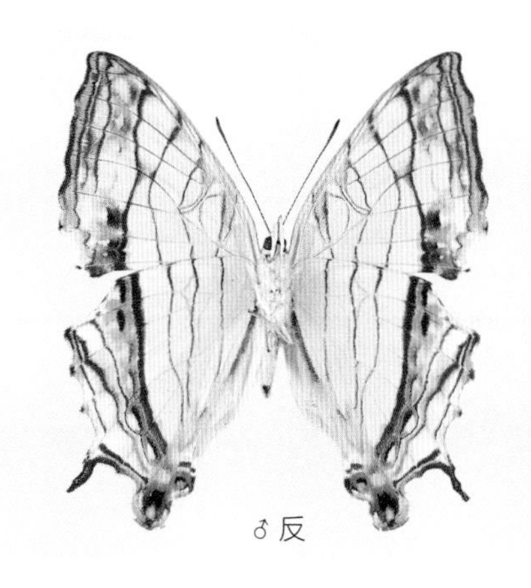

1cm

浙江凤阳山　2019-06-24

纹，臀叶黄色，尾突黑色。腹面大体如背面，颜色较淡。雌蝶与雄蝶相似，但翅形较阔，突起部分圆润。

【分　　布】中国浙江（百山祖、凤阳山、九龙山、划岩山、乌岩岭），西南、华南、华东地区，台湾；南亚次大陆、菲律宾群岛、马来群岛、新几内亚岛。

【发　　生】全年。

浙江台州市划岩山　2018-10-03

浙江凤阳山　2020-07-05

浙江乌岩岭　2019-06-29

浙江乌岩岭　2019-06-29

姹蛱蝶属 *Chalinga* Fabricius, 1807

【鉴别特征】中小型蛱蝶。翅背面灰黑色或黑色，前翅外缘斜、尖长，有白色斑纹及红色斑点，触角长，末端膨大，呈黄褐色。

【分　　布】东洋区、古北区。

【寄主植物】松科 Pinaceae。

132. 锦瑟蛱蝶 *Chalinga pratti* (Leech, 1890)

【鉴别特征】中小型蛱蝶。雌雄同型。翅背面灰黑色，前后翅外缘中区有 1 列弧形红斑，中区有白色中带，前翅不成带，分开 3 段，后翅白带平直，外缘有 2 列模糊白斑，翅腹面花纹与背面一致，雌蝶中区白斑更发达，前翅外缘较圆。

【分　　布】中国浙江（凤阳山、天目山）、陕西、四川、甘肃、湖北、吉林、广西。

【发　　生】5—10 月。

浙江凤阳山　2019-06-16

浙江凤阳山　2019-06-16

翠蛱蝶属 *Euthalia* Hübner, [1819]

【鉴别特征】中大型蛱蝶。属内许多种类雌雄异型，不同亚属间的种类外观差异较大。翅背面常呈黑色、褐色或青铜色，部分种类后翅外缘有蓝色、红色边纹或斑点，另有部分种类的翅面有许多规则不一的白色斑块。

【分　　布】东洋区。

【寄主植物】桑寄生科 Loranthaceae、壳斗科 Fagaceae、大戟科 Euphorbiaceae、棕榈科 Palmae、壳斗科 Fagaceae。

133. 矛翠蛱蝶 *Euthalia aconthea* (Gramer, 1777)

【鉴别特征】中型蛱蝶。雄蝶翅形较尖，翅背面黑褐色至灰褐色，前后翅亚外缘至外缘色淡，前翅中室外围有 5 个白斑，呈弧状排列，后翅浅色区内有 1 列黑色小斑，翅腹面棕褐色，斑纹与背面相似。雌蝶翅形较阔，斑纹与雄蝶相似，前翅白斑较雄蝶发达。

【分　　布】中国浙江（百山祖、凤阳山、白云森林公园）、福建、广东、海南、云南、香港；印度、缅甸、斯里兰卡、老挝、越南、泰国、马来西亚。

【发　　生】4—10 月。

♀正　　♀反

1cm

浙江凤阳山　2018-10-02

♀正

♀反

1cm

浙江白云森林公园　2016-08-01

134. 黄翅翠蛱蝶 *Euthalia kosempona* Fruhstorfer, 1908

【鉴别特征】中大型蛱蝶。雄蝶与褐蓓翠蛱蝶相似，但本种翅背面斑纹明显较黄，前翅顶角的小黄斑边界清晰，中部的黄色斑块更宽更厚，排列也更紧密，后翅中部的黄斑外缘呈三角形突出，而褐蓓翠蛱蝶通常微微内凹，翅腹面的底色明显偏黄。雌蝶翅背面橄榄绿色，前翅顶角及中部的斑纹为白色，后翅靠前缘有 2 个小白斑，翅腹面为青褐色，色泽较雄蝶深暗。

【分　　布】中国浙江（凤阳山、天目山）、福建、广东、江西、湖南、台湾、云南、四川、湖北。

【发　　生】6—9 月。

♀正　♀反

1cm

浙江凤阳山　2017-09-07

♂正　♂反

1cm

浙江凤阳山　2017-07-01

浙江凤阳山　2020-07-07

浙江凤阳山　2020-07-07

135. 太平翠蛱蝶 *Euthalia pacifica* Mell, 1935

【鉴别特征】中型蛱蝶。雄蝶前翅顶角较近似种显得更加尖锐，斑纹与黄铜翠蛱蝶较相似，但背面近前缘处 3 个翅室内有长条形的黄色斑块，黄色斑纹不侵入中室，其下方还有 2 个黄色斑点，黄色斑块及斑点形成钩状。雌蝶翅背面底色暗绿色，但较近似种更偏褐，后翅的白斑较模糊，边界不清晰，中室端有缺刻。

【分　　布】中国浙江（凤阳山、天目山）、福建、江西、湖北、四川、重庆、广西、广东。

【发　　生】7—9 月。

♀正

♀反

1cm

浙江凤阳山　2018-07-08

浙江天目山　2017-07-18

浙江凤阳山　2019-07-28

浙江凤阳山　2019-07-30

浙江凤阳山　2019-07-30

浙江凤阳山　2019-07-31

136. 珀翠蛱蝶 *Euthalia pratti* Leech, 1891

【鉴别特征】大型蛱蝶。雄蝶前翅顶角较尖，后翅圆润，翅背面橄榄绿色，前翅近顶角处有 2 处小白斑，由前缘中部向外倾斜排列着 5 个白斑，与近似种比白斑小，排列不紧密，后翅外中区近前缘处 2 个白斑为三角形，部分个体白斑退化，白斑下方延伸有较模糊的黑纹，亚外缘有 1 条明显的深色横带。翅腹面色泽淡，斑纹与腹面相似，前翅中室内及后翅基部环状纹明显，后翅的白斑带长。雌蝶斑纹与雄蝶类似，但翅形更阔，前翅白斑更发达。

【分　　布】中国浙江（凤阳山、天目山）、福建、江西、湖北、四川、重庆、安徽、湖南、甘肃、云南。

【发　　生】6—8 月。

♂正

♂反

1cm

浙江天目山　2018-07-11

♂正

♂反

1cm

浙江凤阳山　2019-06-16

浙江天目山　2018-07-14

浙江天目山　2018-07-10

浙江天目山　2018-07-11

137. 华东翠蛱蝶 *Euthalia rickettsi* Hall, 1930

【鉴别特征】大型蛱蝶。雄蝶前翅顶角较外缘中部突出，翅背面橄榄绿色，前翅中室内有 2 个青褐色斑，前翅亚顶角 2 个小斑及前后翅中部的斑带为白色，后翅斑带的外缘有微弱不明显的锯齿，并伴有蓝绿色鳞。前后翅亚外缘有深色带，其中后翅的深色带宽，并紧靠蓝绿色鳞区，翅腹面色泽淡，斑纹与背面相似，前翅中室及后翅基部的斑纹明显。雌蝶斑纹与雄蝶相似，但体型大，翅形阔，前翅顶角不突出。

【分　　布】中国浙江（凤阳山、九龙山、四明山、天目山）、安徽、福建。

【发　　生】6—8 月。

♀正

♀反

1cm

浙江凤阳山　2017-07-01

♂正

♂反

1cm

浙江凤阳山　2019-06-16

浙江凤阳山　2019-08-01

浙江凤阳山　2019-09-24

138. 明带翠蛱蝶 *Euthalia yasuyukii* Yoshino, 1998

【鉴别特征】大型蛱蝶。与华东翠蛱蝶较为相似，但前翅顶角不突出，翅背面颜色蓝绿中微微带黄，中部斑带的颜色也不纯白，略微带黄，前翅中部斑带外缘界定清晰，后翅中部斑带外缘没有蓝绿色鳞。

【分　　布】中国浙江（凤阳山、九龙山、天目山）、安徽、福建、广东、广西。

【发　　生】7—8 月。

♂正

♂反

1cm

浙江凤阳山　2018-07-08

浙江凤阳山　2019-08-03

浙江凤阳山　2019-08-03

139. 拟鹰翠蛱蝶 *Euthalia uao* Yoshino, 1997

【鉴别特征】中型蛱蝶。雄蝶顶角略突出，翅背面黑褐色，中部及亚外缘区有蓝灰色鳞区，翅基部颜色深，前后翅中室内有黑色环线，后翅蓝灰色鳞区内有模糊的小黑点形成的横带，翅腹面色泽淡，前翅顶角至后缘中部有 1 条边界模糊的黑色横带，其余斑纹与背面相似。雌蝶翅形阔，翅面色泽较雄蝶淡，斑纹与雄蝶相似，但前翅中室外围有 4 个白斑。

【分　　布】中国浙江（凤阳山、天目山）、福建、广东、广西、海南、云南、四川、湖北。

【发　　生】6—10 月。

♂正　♂反

1cm

浙江凤阳山　2018-10-03

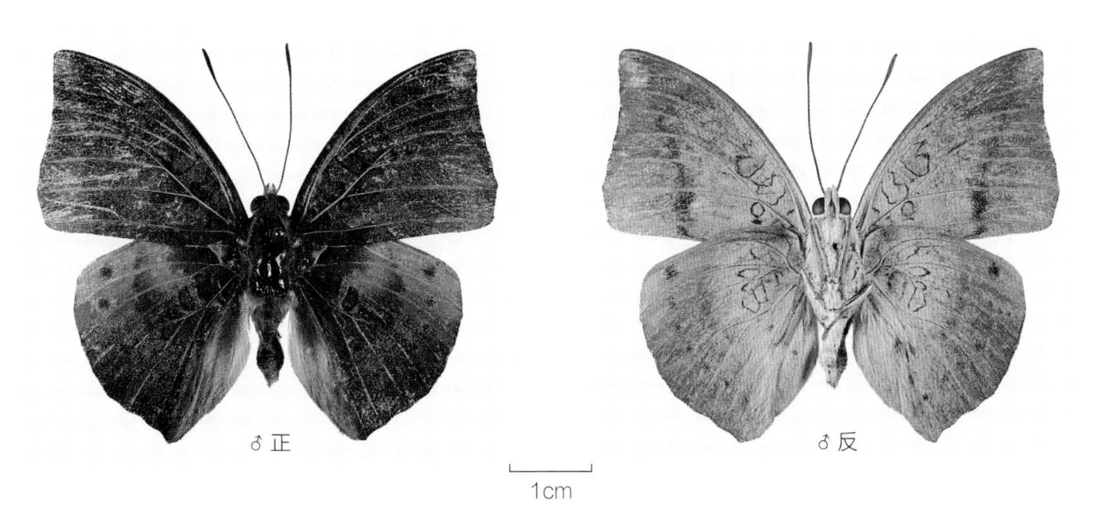

♂正　♂反

1cm

浙江天目山　2016-09-23

浙江天目山　2019-09-14

140. 广东翠蛱蝶 *Euthalia guangdongensis* Wu, 1994

【鉴别特征】中大型蛱蝶。雄蝶与褐蓓翠蛱蝶相似，但本种翅背面的绿色更深更暗，斑纹几乎为白色，个别个体的斑块微微带黄，而褐蓓翠蛱蝶翅背面明显发黄，斑块为显著的淡黄色；本种中部斑块较小，特别是前翅斑与斑之间分离感强烈，而褐蓓翠蛱蝶的斑块大，排列紧密。本种前翅中室内靠基部的青褐色斑下方也为青褐色，而褐蓓翠蛱蝶为淡黄色；另外，本种前、后翅边缘的淡色带偏白。

【分　　布】中国浙江（九龙山）、福建、江西、广东、四川、广西、贵州。

【发　　生】7—8 月。

♂正

♂反

1cm

浙江九龙山　2017-08-28

141. 捻带翠蛱蝶 *Euthalia strephon* Grose-Smith, 1893

【鉴别特征】中型蛱蝶。雄蝶翅背面青褐色，前翅中室内有 2 个环斑，纹间区域黄色，翅中部有 1 条模糊横带，为淡黄绿色，上宽下窄，呈喇叭状，两边伴有深色线，后翅中部的黄斑带与外缘线平行，斑宽，由上至下逐渐缩窄，边缘平滑，翅腹面色泽淡，斑纹背面相似，前翅横带外的暗色带深且扩散。雌蝶翅形阔，翅背面泥褐色，前翅仅亚顶角及中室端外有几个小白斑，后翅前缘有 2 块较宽的长条形白斑，翅腹面色泽淡，斑纹与背面相似，后翅前缘中部向下排列数个小白斑。

【分　　布】中国浙江（凤阳山）、福建、四川、重庆、海南、西藏等；泰国、缅甸、老挝。

【发　　生】6—8 月。

♀正

♀反

1cm

浙江凤阳山　2018-08-14

♂正

♂反

1cm

浙江凤阳山　2019-07-28

浙江凤阳山　2019-07-31

浙江凤阳山　2020-07-02

裙蛱蝶属 *Cynitia* Snellen, 1895

【鉴别特征】中型蛱蝶。雌雄斑纹相似或相异。翅背面呈黑色或黑褐色，雄蝶前后翅外缘常有显眼的蓝色、绿色、黄绿色、灰白色斑带，尤其后翅的斑带更阔。

【分　　布】东洋区。

【寄主植物】山茶科 Theaceae。

142. 绿裙蛱蝶 *Cynitia whiteheadi* (Crowley, 1900)

【鉴别特征】中型蛱蝶。雄蝶翅背面黑褐色，前翅外缘下侧有短窄的蓝带，后翅外缘有 1 条较宽的蓝带，由前角至臀角逐渐变粗，翅腹面为灰褐色，基部有不规则环纹。雌蝶翅形更圆润，翅背面的蓝带较雄蝶更宽，其中后翅的蓝带内移，带内有黑色纹，前翅顶角有 2 个模糊的白斑，中室端外有 5 个清晰白斑。翅腹面斑纹类似雄蝶，但前翅有白斑，后翅亚外缘有锯纹。

浙江凤阳山　2019-08-02

【分　　布】中国浙江（百山祖、凤阳山、九龙山、丽水市）、福建、广东、广西、海南；越南、老挝。

【发　　生】5—8 月。

♀正

♀反

1cm

浙江九龙山　2019-06-15

1cm

浙江九龙山　2017-08-27

1cm

浙江丽水市太平乡　2018-07-18

1cm

浙江凤阳山　2019-08-17

婀蛱蝶属 *Abrota* Moore, 1857

【鉴别特征】中型蛱蝶。属于山地中高海拔蝶种，雌雄异型。翅面橙黄色，有黑色波浪纹。

【分　　布】东洋区。

【寄主植物】壳斗科 Fagaceae。

143. 婀蛱蝶 *Abrota ganga* Moore, 1857

【鉴别特征】中型蛱蝶。雌雄异型。雄蝶翅背面橙黄色，前翅中室有 2 个黑色斑点，顶角黑色，外缘黑色，亚外缘有 1 列模糊黑斑，后翅面有 3 列平行黑色线纹，后翅淡黄色，花纹不明显，台湾亚种前翅中域多出 1 列波纹状黑花纹，整体翅面花纹较粗、较深。雌蝶体型较大，翅背面黑色，黄色条纹，近似菲蛱蝶属种类，腹面花纹区别较大。

♀正

♀反

1cm

浙江凤阳山　2017-07-01

♂正

♂反

1cm

浙江凤阳山　2017-07-01

♂正

♂反

1cm

浙江凤阳山　2018-08-14

【分　　布】中国浙江（凤阳山、九龙山）、广东、广西、福建、江西、四川、陕西、云南、台湾；越南、缅甸、印度。

【发　　生】6—8月。

浙江凤阳山　2018-08-14

浙江凤阳山　2019-06-16

浙江凤阳山　2019-07-30

浙江凤阳山　2019-07-31

浙江凤阳山　2019-08-03

线蛱蝶属 *Limenitis* Fbricius, 1807

【鉴别特征】中小型蛱蝶。翅背多为灰黑色，具圆形或条形白斑，部分种类翅背面具紫色光泽，腹面颜色浅于背面，部分种类呈黄色、灰色或白色。

【分　　布】古北区、东洋区、新北区。

【寄主植物】忍冬科 Caprifoliaceae、蔷薇科 Rosaceae。

144. 折线蛱蝶 *Limenitis sydyi* Lederer, 1853

【鉴别特征】中型蛱蝶。翅背面黑褐色，雌蝶稍淡。前翅顶角有 2 个白斑；雄蝶布满淡紫色鳞片，中室端有 1 条“一”字形纹，且不清晰；雌蝶前翅中室从基部发出 1 条白色细纵纹，中室端有 1 条“一”字形纹，比雄蝶明显清晰，中室外侧有 1 列白色斑纹组

浙江九龙山　2019-05-25

浙江天目山　2018-06-12

成斜带，其下侧有 2 个白斑；后翅中域有 1 条白色宽带，雄蝶亚缘有 1 条间断的白线纹。翅腹面前翅红褐色，中室下侧黑褐色，中室内有 2 个白斑，并围有黑线纹，余斑同背面；后翅基部、前缘、内缘青蓝色，近基部有 5 个黑点及 4 条短黑线，翅中部有 1 条白带纹，亚缘红褐色区有 2 列黑色圆点。前后翅外缘有 1 条青蓝色带纹，带纹中央有 1 条褐色纹。

【分　　布】中国浙江（百山祖、凤阳山、九龙山、天目山）、黑龙江、吉林、辽宁、内蒙古、山西、河北、北京、河南、陕西、甘肃、宁夏、新疆、湖北、江西、四川、云南；蒙古、俄罗斯、朝鲜半岛。

【发　　生】5—7 月。

浙江凤阳山
2020-07-07

浙江九龙山
2019-05-25

145. 拟戟眉线蛱蝶 *Limenitis misuji* Sugiyama, 1994

【鉴别特征】中型蛱蝶。与戟眉线蛱蝶非常近似，前翅中室内眉状斑中断，亚外缘两白点中，上白斑很小，下白斑较大，后翅中横带较戟眉线蛱蝶狭窄且直，由 6 块白斑组成，是与戟眉线蛱蝶的主要区别。

【分　　布】中国浙江（凤阳山、九龙山、烂泥湖、仙霞岭、望东垟）、甘肃、湖北、江西、湖南、福建、四川。

【发　　生】5—9 月。

浙江凤阳山　2018-08-15

♂ 正

♂ 反

1cm

浙江仙霞岭　2017-08-30

♂ 正

♂ 反

1cm

浙江九龙山　2019-05-25

浙江九龙山　2019-05-24

浙江九龙山　2019-05-25

浙江凤阳山　2019-08-01

浙江凤阳山　2019-08-02

146. 断眉线蛱蝶 *Limenitis doerriesi* Staudinger, 1892

【鉴别特征】中型蛱蝶。与戟眉线蛱蝶非常近似，前翅中室内眉状斑中断，亚外缘两白斑中，上白斑很小，下白斑较大，后翅中横带“S”形弯曲。

【分　　布】中国浙江（凤阳山、九龙山、烂泥湖、四明山、天目山、望东垟）、黑龙江、吉林、辽宁、河北、河南、云南等；俄罗斯、朝鲜半岛。

【发　　生】5—9月。

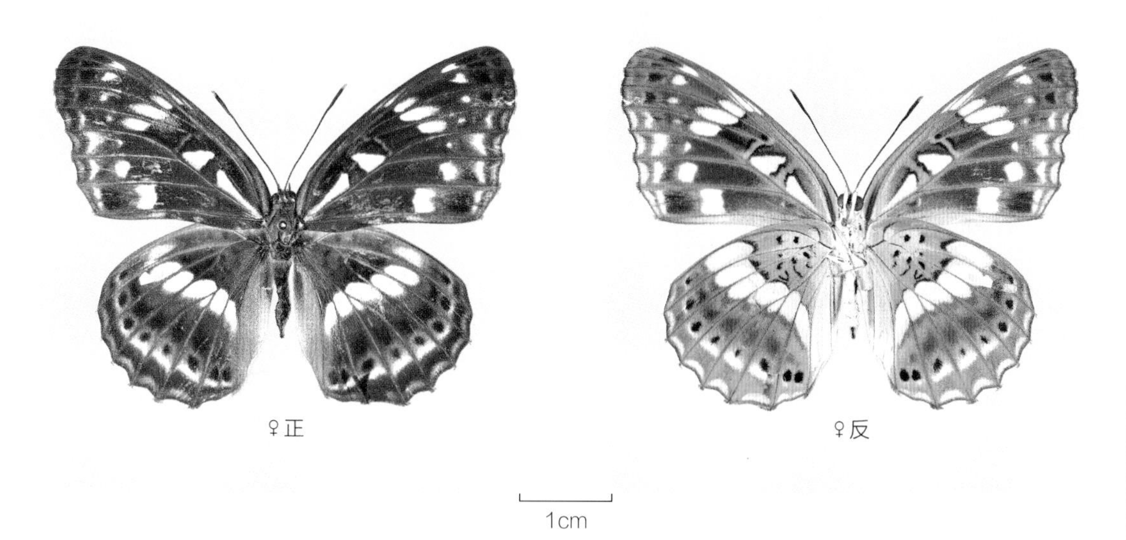

♀正　　♀反

1cm

浙江凤阳山　2018-08-14

♂正　　♂反

1cm

浙江凤阳山　2019-07-16

浙江凤阳山　2018-07-07

147. 扬眉线蛱蝶 *Limenitis helmanni* Lederer, 1853

【鉴别特征】中型蛱蝶。翅背面黑褐色，前翅中室内有 1 条纵的眉状白斑，斑近端部中断，端部 1 段向前尖出；中横白斑列在前翅弧形弯曲，在后翅带状，边缘不齐；前后翅的亚缘线在雄蝶翅上不明显。翅腹面红褐色，后翅基部及臀区蓝灰色，翅面除白斑外各翅室有黑色斑或点，外缘线及亚缘线清晰。

【分　　布】中国浙江（凤阳山、四明山、天目山）、黑龙江、河北、北京；日本、俄罗斯、朝鲜半岛。

【发　　生】5—9 月。

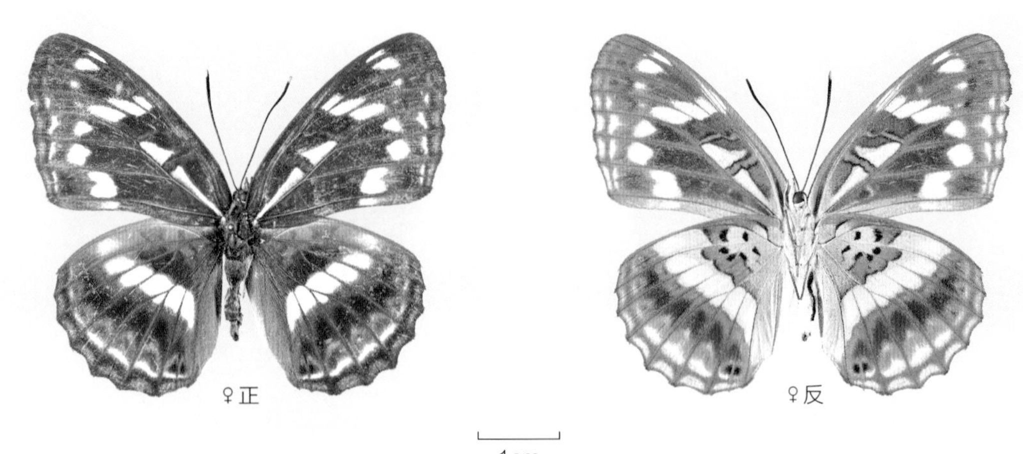

浙江天目山　2018-05-13

148. 残锷线蛱蝶 *Limenitis sulpitia* (Cramer, 1779)

【鉴别特征】中型蛱蝶。翅背面黑褐色，斑纹白色，前翅中室内剑眉状纹在 2/3 处残缺；前翅中横斑列弧状排列。后翅中横带极倾斜，到达翅后缘的 1/3 处；亚缘带大部分与中横带平行，不与翅的外缘平行。翅腹面红褐色，除白色斑纹外有黑色斑点，还有白色的外缘线。

【分　　布】中国浙江（百山祖、凤阳山、九龙山、草鱼塘、白云森林公园、烂泥湖、四明山、天目山、望东垟）、海南、广东、广西、江西、福建、台湾、四川、香港；越南、缅甸、印度。

【发　　生】4—9 月。

♀正

♀反

1cm

浙江凤阳山　2018-04-24

♀正

♀反

1cm

浙江凤阳山　2019-04-26

浙江凤阳山　2018-05-15

浙江凤阳山　2018-05-15

浙江凤阳山　2018-07-07

浙江凤阳山　2019-08-04

带蛱蝶属 *Athyma* Westwood, [1850]

【鉴别特征】中型蛱蝶。翅背面黑色，部分种类前翅角向外突出，后翅波浪状。通常雌雄异型，雄蝶前后翅中域有白色环形带相连，有橙色或紫蓝色过渡斑，雌蝶有橙色或白色条纹，部分种类及雌蝶与线蛱蝶属比较相似，可以从腹面基部查看是否有黑色点而快速区分。

【分　　布】东洋区、古北区。

【寄主植物】小檗科 Berberidaceae、大戟科 Euphorbiaceae、茜草科 Rubiaceae、冬青科 Aquifoliaceae、木樨科 Oleaceae、忍冬科 Caprifoliaceae。

149. 虬眉带蛱蝶 *Athyma opalina* (Kollar, [1844])

【鉴别特征】中型蛱蝶。雌雄同型。与珠履带蛱蝶相似，主要区别为本种前翅中室内

♂正

♂反

1cm

浙江凤阳山　2018-04-24

♂正

♂反

1cm

浙江九龙山　2019-05-25

白斑分成 4 段，后翅亚外缘白斑内没有黑点。本种热带产地个体，胸部有 2 个白点，前翅顶角外缘缘毛黑白相间；亚热带产地个体没有此特征。雌蝶翅面颜色较浅，翅形较圆，体型较大。

【分　　布】中国浙江（百山祖、凤阳山、九龙山、天目山、望东洋）、广东、福建、云南、陕西、四川、台湾。

【发　　生】4—8 月。

浙江凤阳山　2018-04-24

浙江凤阳山　2019-08-02

150. 东方带蛱蝶 *Athyma orientalis* Elwes, 1888

【鉴别特征】中型蛱蝶。雌雄同型。与虬眉带蛱蝶较难区分，区分特征为本种前翅中室内条形斑较窄，分离的三角斑明显较尖，略长，前翅腹面中室内白条斑分离不够明显，后翅内缘银灰色与中域弧形白斑衔接位颜色没有融合与过渡，不同产地特征略有不同。

【分　　布】中国浙江（凤阳山、草鱼塘、天目山），长江以南地区；印度、越南、老挝。

【发　　生】5—8月。

浙江凤阳山　2018-08-15

浙江凤阳山　2017-05-19

浙江凤阳山　2018-05-16

浙江凤阳山　2019-07-29

浙江凤阳山　2019-08-06

浙江凤阳山　2019-08-06

151. 双色带蛱蝶 *Athyma cama* Moore, [1858]

【鉴别特征】中型蛱蝶。雌雄异型。本种与新月带蛱蝶较为接近，区别在于本种前翅顶角有 1 个橙色斑，基部到中室没有红色纹，中域白斑圆润，呈“U”形，亚外缘有褐色暗斑。雌蝶翅背面为褐色，斑纹为橙黄色。

【分　　布】中国浙江（凤阳山、九龙山）、广东、广西、福建、湖南、江西、云南、四川、海南、台湾、香港；泰国、老挝、越南、马来西亚、印度、缅甸、菲律宾。

【发　　生】5—9 月。

浙江凤阳山　2019-08-02

♀正

♀反

1cm

浙江九龙山　2017-09-05

♂正

♂反

1cm

浙江凤阳山　2019-08-17

浙江凤阳山　2019-08-03

浙江凤阳山　2019-08-04

152. 孤斑带蛱蝶 *Athyma zeroca* Moore, 1872

【鉴别特征】中型蛱蝶。雌雄异型。本种与新月带蛱蝶较为接近，区别在于本种前翅亚顶区没有白斑，亚外缘没有半纹，前翅腹面中室有断裂白斑。雌蝶与双色带蛱蝶相似，但本种中室斑纹断裂 2 段。

【分　　布】中国浙江（百山祖、凤阳山、白云森林公园、天目山、仙居县）、广东、广西、福建、海南、香港；泰国、老挝、越南、菲律宾、印度、缅甸、尼泊尔。

【发　　生】5—9 月。

浙江白云森林公园　2017-07-08

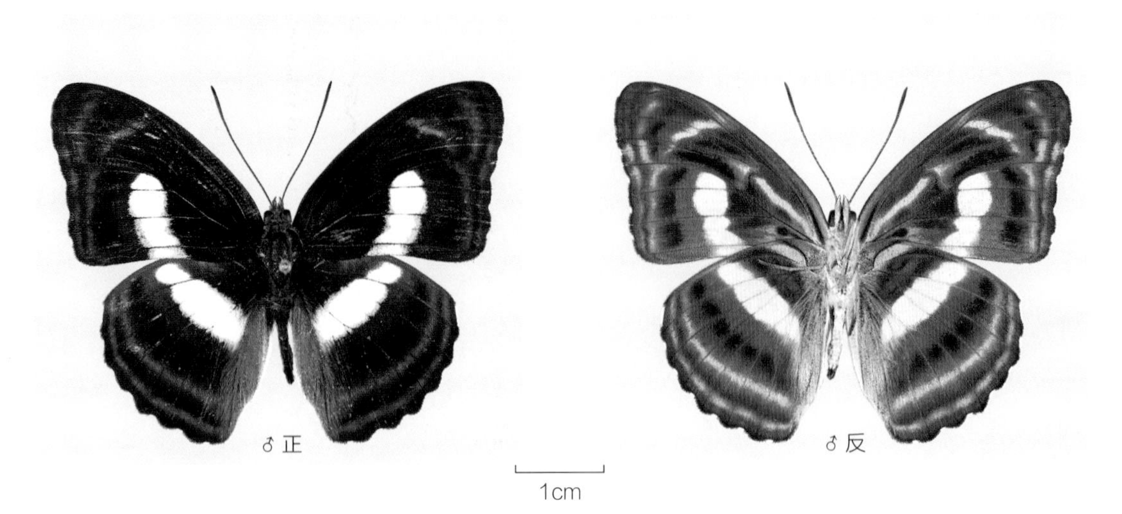

浙江凤阳山　2019-07-16

153. 离斑带蛱蝶 *Athyma ranga* Moore, [1858]

【鉴别特征】中型蛱蝶。雌雄同型。雄蝶翅背面蓝黑色，中室斑分离没规律，端角有 4 个弧形斑，中域斑分离，不成带，亚外缘 2 列白色斑点，整体斑纹分散。雌蝶斑纹较大，腹面有白色斑点。

【分　　布】中国浙江（凤阳山、白云森林公园）、广东、广西、福建、湖南、江西、台湾、云南；老挝、缅甸、尼泊尔。

【发　　生】4—9 月。

浙江凤阳山　2019-08-04

♀正

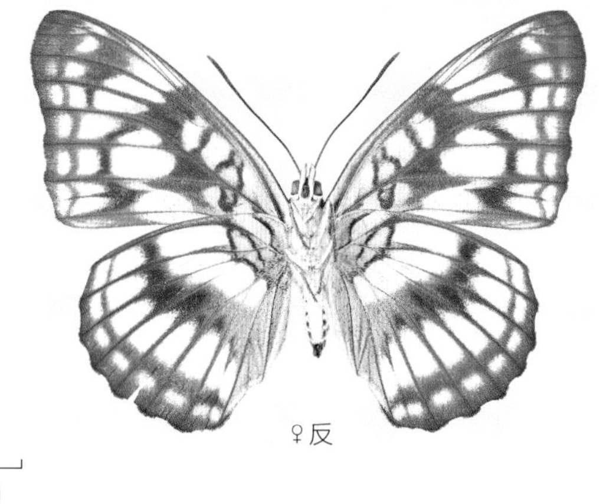

♀反

1cm

浙江凤阳山　2019-04-26

♂正

♂反

1cm

浙江凤阳山　2017-08-12

154. 玉杵带蛱蝶 *Athyma jina* Moore, [1858]

浙江凤阳山　2018-08-15

【鉴别特征】中型蛱蝶。雌雄同型。雄蝶翅背面黑色，顶角区有 3 个白斑，中室白条斑没有分离，白色环形带中部白斑小，分离较大，基部白色弧形斑贴近前缘。雌蝶翅背面颜色较浅，体型大，腹部前段有白色纹。

【分　　布】中国浙江（百山祖、凤阳山、九龙山、四明山、天目山、仙居县）、广东、广西、福建、湖南、江西、台湾、云南；老挝、印度、缅甸、尼泊尔。

【发　　生】4—9 月。

♀正

♀反

1cm

浙江九龙山　2019-06-15

♂正

♂反

1cm

浙江凤阳山　2018-04-25

浙江九龙山　2019-05-24

浙江仙居县淡竹原始森林　2018-08-21

浙江凤阳山　2019-08-01

浙江凤阳山　2019-09-19

155. 幸福带蛱蝶 *Athyma fortuna* Leech,1889

浙江九龙山　2019-05-24

【鉴别特征】中型蛱蝶。雌雄同型。与玉杵带蛱蝶非常接近，主要区别在于前者前翅顶角区仅有 2 个白斑，中室白条斑更窄细，腹面中域到后缘有黑色斑纹，后翅中域白带与亚外缘第 1 个斑相连，基部的弧形白斑与前缘分离。雌蝶颜色较浅，体型较大。

【分　　布】中国浙江（百山祖、凤阳山、九龙山、四明山、天目山、望东垟）、广东、福建、河南、陕西、江西、台湾；泰国、老挝、越南。

【发　　生】5—7 月。

♂正

♂反

1cm

浙江凤阳山　2018-05-17

♂正

♂反

1cm

浙江九龙山　2019-05-25

156. 珠履带蛱蝶 *Athyma asura* Moore, [1858]

【鉴别特征】中型蛱蝶。雌雄同型。翅背面黑色，有数白斑。前翅中室内白斑分离 2 段，中域有白斑连接到后翅，翅面花纹呈“V”形，亚外缘有 1 列小白斑。后翅亚外缘白斑圆形，大小均匀，除靠近臀角白斑外，其他白斑内有 1 个黑点。雌蝶翅面颜色较淡，体型较大。

【分　　布】中国浙江（百山祖、凤阳山、九龙山、烂泥湖、天目山、神龙谷）、广东、广西、福建、湖南、江西、四川、海南、台湾、西藏；老挝、印度、印度尼西亚、缅甸、尼泊尔。

【发　　生】5—9 月。

♀正

♀反

1cm

浙江遂昌县神龙谷　2017-08-03

♂正

♂反

1cm

浙江凤阳山　2018-08-15

浙江九龙山　2019-05-25

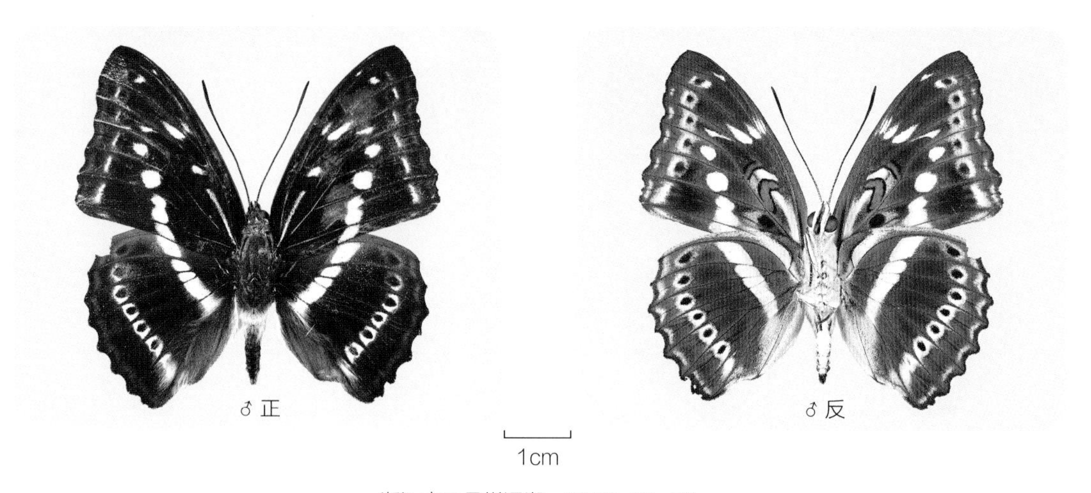

浙江青田县烂泥湖　2019-08-23

浙江凤阳山　2019-07-28

浙江凤阳山　2019-08-02

浙江凤阳山　2019-08-06

157. 六点带蛱蝶 *Athyma punctata* Leech, 1890

【鉴别特征】中大型蛱蝶。雌雄异型。雄蝶翅背面黑色，有 6 个白色斑点，前翅 2 个斑，顶角斑最小，依次增大，后翅中域斑最大。雌蝶与新月带蛱蝶及双色带蛱蝶相似，本种体型较大，腹面颜色为褐黄色，后翅中室黄斑边缘直。

【分　　布】中国浙江（凤阳山、九龙山）、广东、广西、福建、湖南、江西；老挝、越南。

【发　　生】5—7 月。

浙江九龙山　2019-05-24

♂正

♂反

1cm

浙江九龙山　2019-05-24

♂正

♂反

1cm

浙江九龙山　2019-05-25

浙江九龙山 2019-05-25

浙江凤阳山 2019-07-30

浙江凤阳山 2019-07-30

158. 新月带蛱蝶 *Athyma selenophora* (Kollar, [1844])

【鉴别特征】中型蛱蝶。雌雄异型。雄蝶前翅背面黑色，中室靠基部有暗红色斑，中域有 4 个大小不一的白斑相连，亚顶区有 3 个白斑，亚外缘斑点不明显。后翅中域白斑倾斜，前窄后宽，与前翅白斑相连。雌蝶与虬眉带蛱蝶很相似，较难区分，前者翅形更圆润。

【分　　布】中国浙江（凤阳山、九龙山、古田山、天目山）、广东、广西、福建、湖南、江西、云南、四川、海南、台湾；泰国、老挝、越南、马来西亚、印度、缅甸、尼泊尔、不丹。

【发　　生】5—9月。

浙江九龙山　2019-05-24

浙江凤阳山　2019-09-17

浙江凤阳山　2019-07-28

环蛱蝶属 *Neptis* Fabricius, 1807

【鉴别特征】中型蛱蝶。雌雄斑纹相似，翅背面底色呈黑褐色，有白色、黄色或橙色带纹，腹面底色较淡，斑纹较复杂。雄蝶前翅腹面后缘及后翅背面前缘有性标。

【分　　布】东洋区、古北区、澳洲区及非洲区。

【寄主植物】壳斗科 Fagaceae、槭树科 Aceraceae、蔷薇科 Rosaceae、梧桐科 Sterculiaceae、无患子科 Sapindaceae、榆科 Ulmaceae、锦葵科 Malvaceae、豆科 Fabaceae、荨麻科 Urticaceae。

159. 小环蛱蝶 *Neptis Sappho* (Pallas, 1771)

【鉴别特征】小型蛱蝶。触角末端为明显的黄色，雌雄斑纹相似，翅背面黑褐色，斑纹白色，前翅中室内有 1 条形纹，条纹内有 1 个深色断痕，中端外有 1 条眉状纹，眉纹

浙江凤阳山　2018-08-14

浙江凤阳山　2020-04-08

呈短三角形，长条形纹和眉纹间有 1 条黑色纹将它们分隔，中室外围排列数个呈弧状的白斑，亚外缘还有 1 列微弱的白斑，后翅有黑白相间的缘毛，白色缘毛至少与黑色等宽，内中区有 1 条白色横带，横带宽度始终等宽，亚外缘有 1 列更细的横带，并被深色翅脉分隔。翅腹面深棕褐色，斑纹与背面相似，后翅除 2 条较宽的横带外，外缘还有 2 条白色细纹。

【分　　布】中国浙江（百山祖、凤阳山、九龙山、白云森林公园、草鱼塘、烂泥湖、四明山、天目山）、黑龙江、辽宁、北京、山东、河南、广西、四川、福建、台湾、广东、云南；日本、印度、泰国、越南、朝鲜半岛、欧洲。

【发　　生】4—9 月。

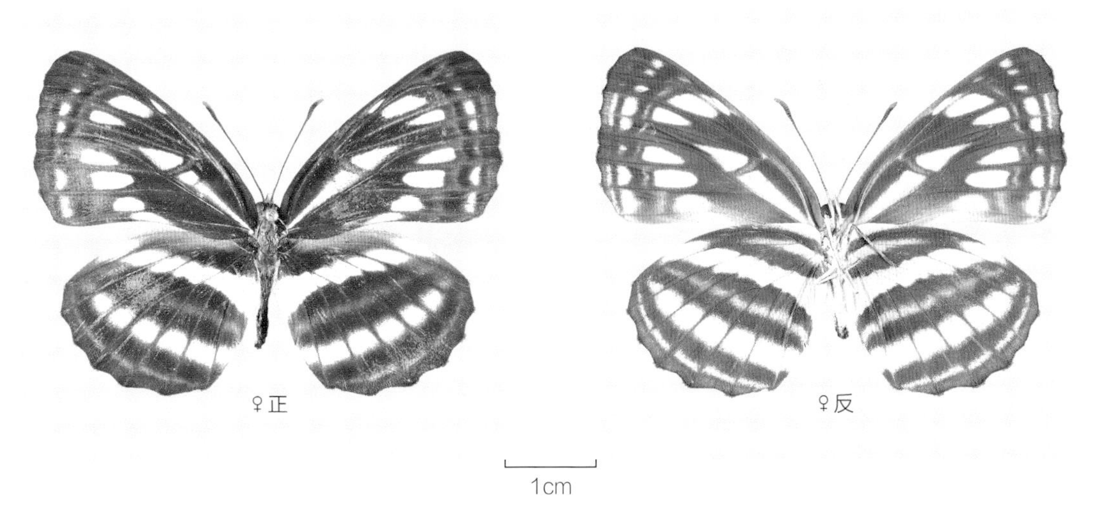

浙江青田县烂泥湖　2019-08-23

浙江天目山　2018-06-02

浙江凤阳山　2019-08-06

浙江凤阳山　2019-08-03

浙江凤阳山　2018-07-07

浙江凤阳山　2018-07-07

浙江凤阳山　2019-08-03

160. 中环蛱蝶 *Neptis hylas* (Linnaeus, 1758)

【鉴别特征】中型蛱蝶。与小环蛱蝶较相似，但体型明显更大，后翅外中区的白色横带明显比小环蛱蝶宽，尤其在腹面更加明显，同时腹面的颜色为鲜明的橙黄色，极易与其他环蛱蝶区分。

【分　　布】中国浙江（百山祖、凤阳山、九龙山、白云森林公园、草鱼塘、烂泥湖、四明山、天目山）、河南、陕西、湖北、江西、福建、台湾、广东、海南、广西、四川、重庆、云南、西藏、香港；印度、缅甸、越南、老挝、马来西亚、泰国、印度尼西亚。

【发　　生】4—9 月。

浙江凤阳山　2017-09-07

161. 珂环蛱蝶 *Neptis clinia* Moore, 1872

【鉴别特征】小型蛱蝶。与小环蛱蝶、耶环蛱蝶都较相似。前翅背面中室条内无深色横线，与耶环蛱蝶相似而不同于小环蛱蝶；后翅黑白相间的缘毛中，白色部分与黑色部分基本等宽，与小环蛱蝶相似而不同于耶环蛱蝶；前翅腹面中室内白条与中室外的眉纹相连，可与小环蛱蝶、耶环蛱蝶区分，同时眉纹较细长，不似小环蛱蝶粗短。

【分　　布】中国浙江（百山祖、凤阳山、九龙山、天目山）、四川、西藏、云南、福建、海南、广东、广西、重庆、贵州、香港；印度、缅甸、泰国、老挝、越南、马来西亚、菲律宾、印度尼西亚。

【发　　生】5—9月。

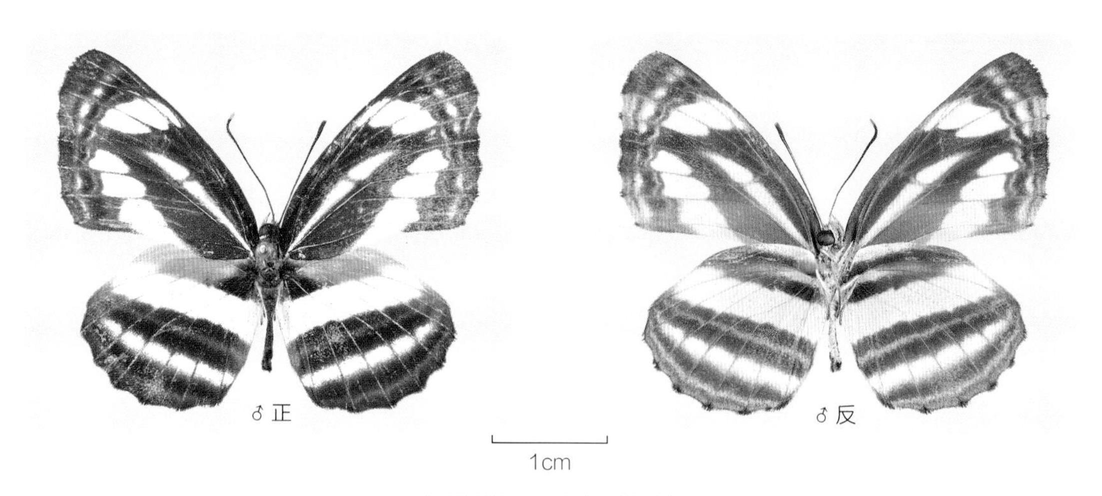

浙江凤阳山　2018-07-07

浙江天目山　2019-05-23

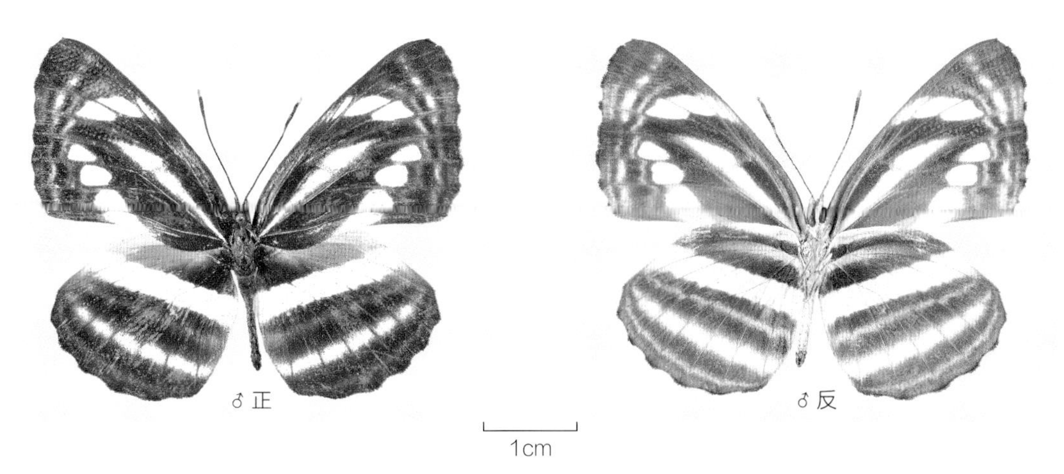

浙江九龙山 2019-05-24

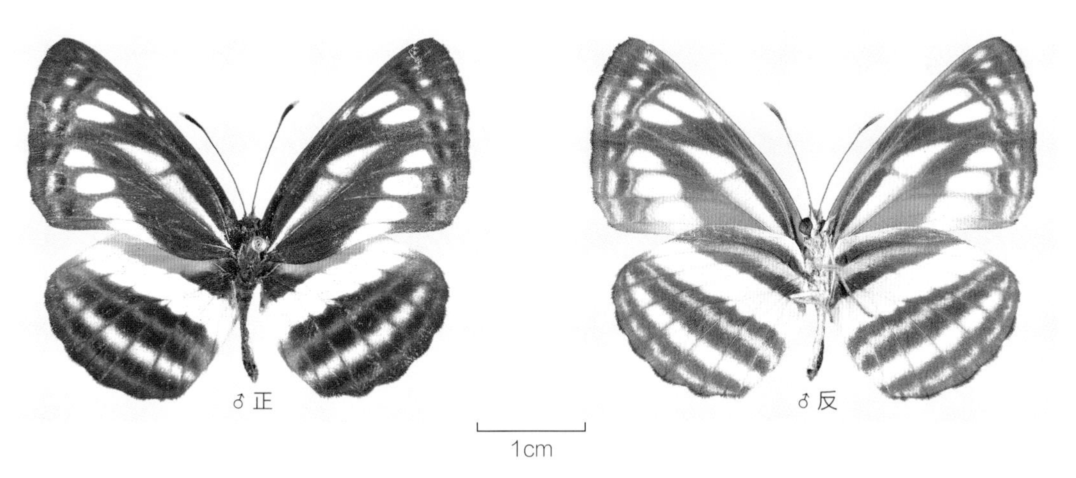

浙江凤阳山 2020-05-08

浙江凤阳山 2020-05-08

162. 娑环蛱蝶 *Neptis soma* Moore, 1857

【鉴别特征】中型蛱蝶。与小环蛱蝶较相似，但体型明显更大，触角末端黄色不明显，后翅内中区的白色横带明显不等宽，由内缘向外逐渐变宽，该特征可与其他所有近似种区别，翅腹面暗红褐色，白斑明显更加发达。

【分　　布】中国浙江（凤阳山、九龙山、天目山、望东垟）、四川、西藏、云南、福建、海南、广东、广西、重庆、贵州、香港；印度、缅甸、泰国、老挝、越南、马来西亚、菲律宾、印度尼西亚。

【发　　生】5—9月。

浙江天目山　2017-08-17

浙江凤阳山　2018-09-09

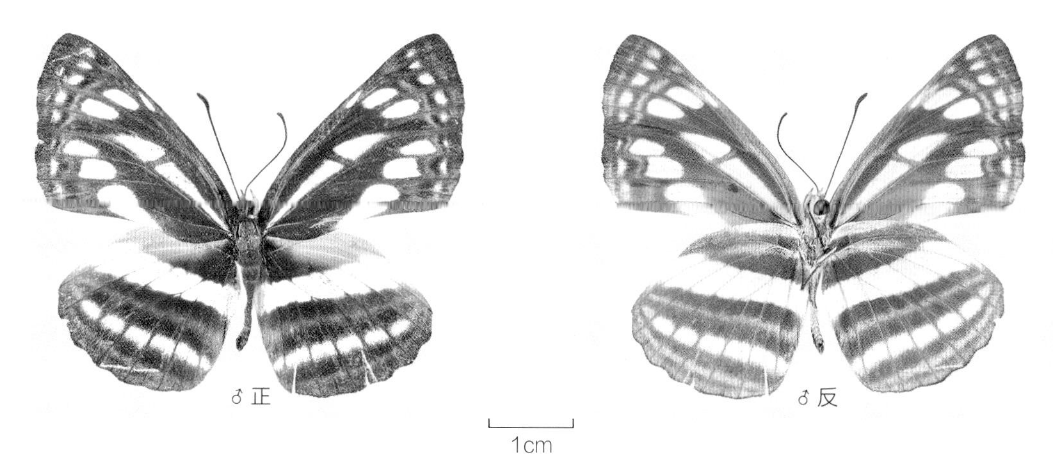

浙江凤阳山　2019-06-16

浙江凤阳山　2019-08-01

163. 耶环蛱蝶 *Neptis yerburii* Butler, 1886

【鉴别特征】小型蛱蝶。与小环蛱蝶较为相似，但体型稍大，前翅背面中室条内无深色断痕，后翅黑白相间的缘毛中，白色缘毛更窄、更弱，较不明显，翅腹面颜色为巧克力色，色泽较小环蛱蝶更暗淡。

【分　　布】中国浙江（百山祖、凤阳山、天目山）、陕西、湖北、安徽、江西、福建、四川、重庆、西藏等；印度、缅甸、巴基斯坦、泰国等。

【发　　生】全年。

浙江凤阳山　2020-04-15

浙江凤阳山　2020-07-07

164. 断环蛱蝶 *Neptis sankara* Kollar, 1844

【鉴别特征】中型蛱蝶。雌雄斑纹相似，有黄、白两种色型，二者斑纹相同。翅背面黑褐色，前翅中室内斑条和外侧眉形纹相连，但有 1 个明显的缺刻，亚顶角处有 3 个斑块，与中室外下方的斑块呈弧形排列，斑块外侧有 1 列与外缘平行的线纹，后翅有 2 条横带，内侧横带宽于外侧，外侧横带外有不明显的淡色细带；翅腹面深褐色，斑纹与背面相似，中室斑条内的缺刻较背面浅，后翅翅基处有 2 条细条纹，其中上方的条纹极细，并抵达后翅前缘。

【分　　布】中国浙江（凤阳山、九龙山、四明山、天目山）、江西、福建、台湾、广东、广西、湖北、湖南、云南、四川、甘肃、西藏；印度、尼泊尔、缅甸、老挝、越南、马来西亚、印度尼西亚。

【发　　生】5—9 月。

♂正　♂反

1cm

浙江凤阳山　2017-07-01

♂正　♂反

1cm

浙江九龙山　2019-05-24

浙江九龙山　2019-05-24

浙江凤阳山
2019-08-04

浙江凤阳山
2019-08-04

165. 卡环蛱蝶 *Neptis cartica* Moore, 1872

【鉴别特征】中型蛱蝶。与断环蛱蝶极为相似，但前翅背面亚顶角斑块为 2 个，中室条纹的缺刻较浅，后翅腹面基部只有 1 道白条，且白条非常宽，呈月牙状，白条的上缘抵达后翅的前缘。

【分　　布】中国浙江（九龙山、古田山）、福建、海南、广西、云南、广东；印度、缅甸、尼泊尔、不丹、泰国、老挝、越南。

【发　　生】5—9 月。

浙江古田山　2017-08-25

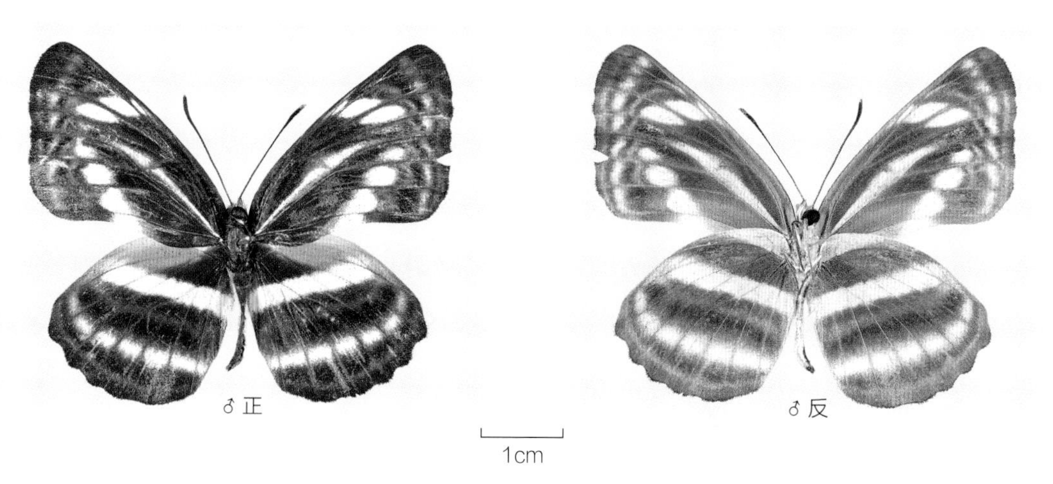

浙江九龙山　2019-05-24

166. 阿环蛱蝶 *Neptis ananta* Moore, 1857

【鉴别特征】中型蛱蝶。前后翅有微弱缘毛，黑白相间但非常不明显。翅背面黑褐色，斑纹黄色，前翅中室内黄色中室条有缺刻，亚顶角有 2 个黄斑，靠上方黄斑外角尖突，后翅有 2 条黄色横带，翅腹面红棕褐色，斑纹与背面相似，雄蝶前翅中室条斑下部外方有黄棕色鳞区，后翅基部有紫白色条斑，2 条横带外侧各有 1 条紫白色横线。

【分　　布】中国浙江（百山祖、凤阳山、九龙山、天目山）、安徽、江西、福建、广东、海南、广西、云南、西藏；印度、尼泊尔、不丹、缅甸、泰国、老挝、越南。

【发　　生】5—9 月。

浙江天目山　2017-05-13

浙江天目山　2018-05-13

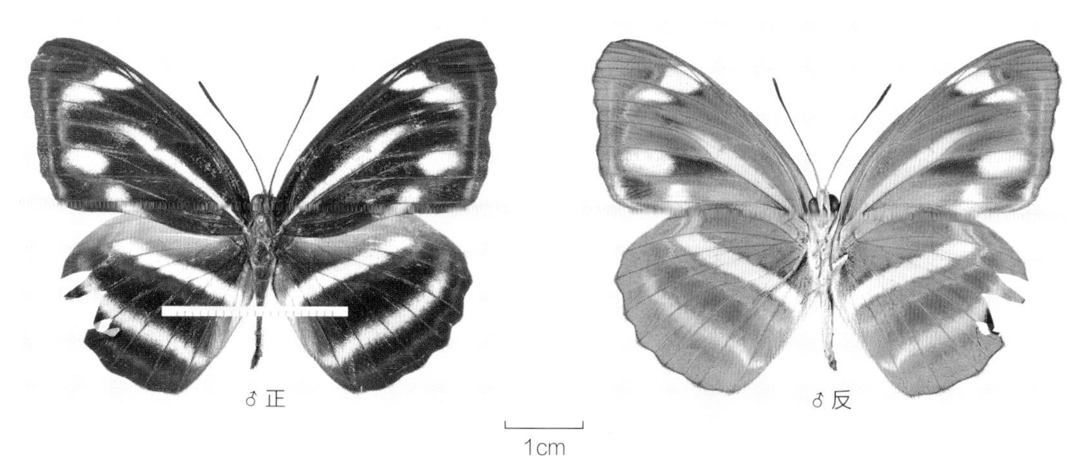

浙江凤阳山　2019-04-27

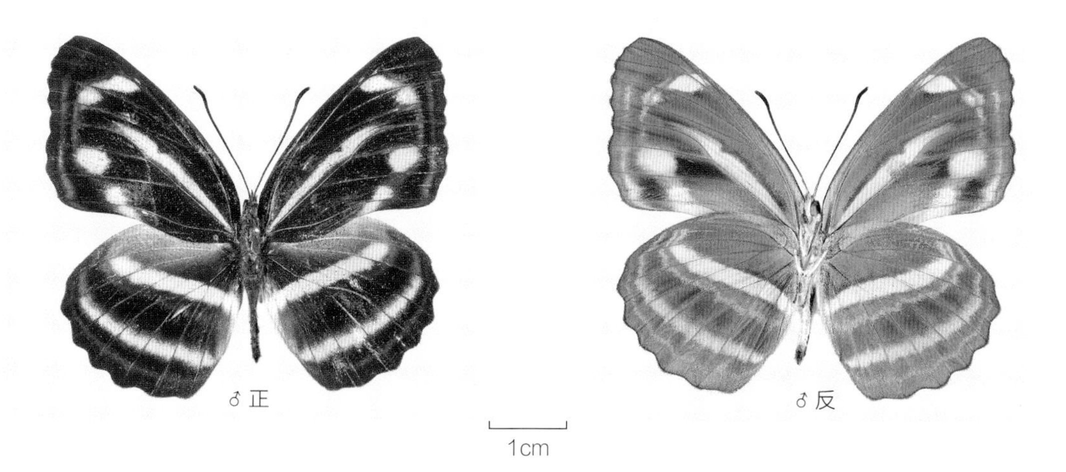

浙江九龙山　2019-05-25

浙江九龙山　2019-05-24

浙江凤阳山　2019-08-02

浙江凤阳山　2019-08-02

167. 羚环蛱蝶 *Neptis antilope* Leech, 1890

【鉴别特征】小型蛱蝶。雌雄斑纹相似，翅背面黑褐色，斑纹黄色，前翅中室内斑条与外侧眉形纹相连，中室斑条外侧黄斑中，靠上方的黄斑大，且距离较近，后翅有 2 条黄色横带，翅腹面为棕黄色，后翅基部无基条，内侧横带白色，下方伴有 1 条不规则的波状红棕色横线，外侧的横带非常不明显。

【分　　布】中国浙江（百山祖、凤阳山、九龙山、天目山）、河北、河南、陕西、山西、四川、重庆、广东、湖北、湖南；越南。

【发　　生】5—8 月。

♂正　♂反

1cm

浙江凤阳山　2017-07-02

♂正　♂反

1cm

浙江九龙山　2019-05-25

浙江天目山　2017-06-17

浙江凤阳山　2018-05-16

浙江凤阳山　2019-08-06

168. 莲花环蛱蝶 *Neptis hesione* Leech, 1890

【鉴别特征】中型蛱蝶。翅背面斑纹与羚环蛱蝶相似，但斑纹呈黄色或黄白色，翅腹面为红褐色，后翅斑纹发达、繁杂，2 条横带呈乳黄色，内侧横带 2 边镶嵌有深棕红色边纹，外侧横带边界模糊，外边缘呈莲座状，外侧伴有 1 条深棕红色波状纹，前后翅亚外缘有 1 道灰白色线纹，后翅基部附近有斑驳的浅色纹。

【分　　布】中国浙江（百山祖、凤阳山、九龙山、天目山）、福建、台湾、四川、湖北。

【发　　生】5—9 月。

浙江天目山　2017-07-28

浙江九龙山　2019-06-15

浙江凤阳山 2019-06-16

浙江凤阳山 2019-07-30

169. 矛环蛱蝶 *Neptis armandia* (Oberthür, 1876)

【鉴别特征】小型蛱蝶。翅背面斑纹与羚环蛱蝶相似，但前翅前缘中部通常有短纹，亚顶角的 2 个较大黄斑上方还有 1 个较明显前缘斑，而羚环蛱蝶前缘斑非常短小，后翅腹面充满大片纯净的橙黄色区，中部横带黄白色，外侧的红棕色区域内有 1 条蓝灰色横线，横线外侧部分呈锯齿状，易与其他近似种区别。

【分　　布】中国浙江（百山祖、凤阳山）、陕西、湖北、湖南、广西、四川、重庆、贵州、云南、西藏；印度、不丹、缅甸、泰国、老挝、越南。

【发　　生】6—8 月。

浙江凤阳山　2018-06-15

浙江凤阳山　2018-06-15

浙江凤阳山　2019-08-03

170. 蛛环蛱蝶 *Neptis arachne* Leech, 1890

【鉴别特征】中大型蛱蝶。翅背面斑纹与折环蛱蝶相似，前翅前缘中部有微弱的短纹，亚顶角 2 个黄斑形状较不规则，而折环蛱蝶为椭圆形，雄蝶后翅前缘不折弯，翅腹面黄色，后翅 2 条横带颜色接近底色，后翅有数道红棕色波纹状细纹，类似蛛网，极易与其他环蛱蝶区分。

【分　　布】中国浙江（百山祖、凤阳山、天目山）、湖北、四川、陕西、甘肃、云南。

【发　　生】5—6 月。

浙江凤阳山　2018-05-17

浙江天目山　2019-06-02

171. 玛环蛱蝶 *Neptis manasa* Moore, 1857

【鉴别特征】中大型蛱蝶。翅背面斑纹与蛛环蛱蝶相似，但前翅亚顶角 2 个黄斑非常发达，呈粘连状弯曲，翅腹面为土黄色，较纯净，不像蛛环蛱蝶有复杂线纹，后翅 2 条横带为黄白色，区间有 1 条银灰色横线。

【分　　布】中国浙江（凤阳山、天目山、峰源）、安徽、湖北、福建、湖南、广西、海南、四川、重庆、云南、西藏；印度、尼泊尔、缅甸、泰国、老挝、越南。

【发　　生】5—7 月。

浙江丽水市峰源　2019-06-09

♀正

♀反

1cm

浙江凤阳山　2019-05-12

♀正

♀反

1cm

浙江天目山　2019-05-24

蛱蝶科　Nymphalidae

172. 链环蛱蝶 *Neptis pryeri* Butler, 1871

【鉴别特征】中小型蛱蝶。与东环蛱蝶纹相似，但翅面斑纹窄，后翅有 2 条白色横带，而单环蛱蝶只有 1 条，后翅腹面基部有许多黑点，而单环蛱蝶则为基条，没有黑点。

【分　　布】中国浙江（凤阳山、九龙山、烂泥湖、四明山、天目山）、吉林、河南、山西、上海、安徽、湖北、江西、福建、台湾、重庆、贵州；日本、朝鲜半岛。

【发　　生】5—9 月。

浙江凤阳山　2019-08-02

♀正

♀反

1cm

浙江凤阳山　2018-07-08

♂正

♂反

1cm

浙江凤阳山　2019-05-12

浙江九龙山　2019-05-24

浙江九龙山　2019-05-24

浙江九龙山　2019-05-24

173. 重环蛱蝶 *Neptis alwina* (Bremer & Grey, 1852)

【鉴别特征】中大型蛱蝶。雄蝶前翅顶角突出，翅背面黑褐色，顶角处有 1 个白斑，亚顶角有数个白斑形成“V”形，中室内有白色斑条，有较宽的缺刻，外侧白斑接近中室条，呈弧形排列，后翅有 2 条白色横带，翅腹面棕褐色，斑纹与背面相似，后翅基部有 1 条白色基条。雌蝶斑纹类似雄蝶，但翅形更圆阔，前翅顶角没有明显的白斑。

【分　　布】中国浙江（凤阳山、九龙山、天目山、望东洋）、黑龙江、吉林、内蒙古、北京、河北、河南、山西、甘肃、青海、四川、湖南、湖北、云南、西藏；俄罗斯、蒙古、朝鲜半岛、日本。

【发　　生】5—7 月。

♀正

♀反

1cm

浙江天目山　2018-05-13

♀正

♀反

1cm

浙江九龙山　2019-05-25

浙江天目山　2018-05-13

174. 司环蛱蝶 *Neptis speyeri* Staudinger, 1887

浙江天目山　2019-05-19

【鉴别特征】中型蛱蝶。与啡环蛱蝶较相似，但前翅中室条斑有缺刻，中室外下侧斑块中，最上方的斑块较为发达，也向内突进，但距离中室条的距离更远，亚顶角有 2 个明显的白斑，最下方的第 3 个斑往往退化消失，后翅腹面 2 条横带中央有 1 条明显的深色中线。

【分　　布】中国浙江（凤阳山、九龙山、天目山）、黑龙江、吉林、辽宁、福建、广西、贵州、云南；俄罗斯、越南、朝鲜半岛。

【发　　生】5—7 月。

♀正

♀反

1cm

浙江凤阳山　2019-05-10

♀正

♀反

1cm

浙江九龙山　2019-05-25

175. 折环蛱蝶 *Neptis beroe* Leech, 1890

【鉴别特征】中大型蛱蝶。翅背面黑褐色，斑纹黄色，前翅中室内斑条与外侧眉形纹相连，无缺刻，前缘中部有 1 条非常细长的黄纹，亚顶角有 2 个明显黄斑，下侧黄斑与上方完全交搭，中室斑条外侧斑块向内弯曲，几乎触及中室斑条，仅隔着 1 条细小的黑色脉纹，后翅有 2 条黄色横带，雄蝶后翅前缘平直，至中部突然向下折，同时有一大片银白色鳞，极易与其他环蛱蝶区分，翅腹面棕黄色，后翅内侧横带黄白色，外侧横带紫白色，区间有深红棕色斑纹。

【分　　布】中国浙江（百山祖、天目山）、安徽、湖北、河南、陕西、四川、重庆、云南；缅甸。

【发　　生】5—7 月。

浙江天目山　2019-05-28

菲蛱蝶属 *Phaedyma* Felder, 1861

【鉴别特征】中型蛱蝶。体背褐色被毛具虹彩，腹面污白色。头大，触角细长，端部稍大。翅形窄长，颜色简单，以黑、白、黄为主。无性二型。

【分　　布】东洋区。

【寄主植物】山柑科 Capparaceae、豆科 Fabaceae。

176. 霭菲蛱蝶 *Phaedyma aspasia* (Leech, 1890)

【鉴别特征】中型蛱蝶。雄蝶背面褐色具较连贯的橙黄色条纹，前翅中室斑与室端外下侧斑相连呈球杆状，其与亚顶区斑之间前远处有小白斑；后翅中带宽，与亚前缘带联合成眼镜状，亚外缘具模糊的淡棕色带。腹面大体与背面相似，底色棕黄，带纹色淡，且之间夹有紫白色细带。

1cm

浙江九龙山　2019-05-24

1cm

浙江九龙山　2019-05-24

1cm

浙江九龙山　2019-05-25

【分　　布】中国浙江（百山祖、凤阳山、九龙山），华东、华中、西南地区；不丹、尼泊尔、印度。

【发　　生】5—8 月。

浙江九龙山　2019-05-25

浙江九龙山　2019-05-25

蟠蛱蝶属 *Pantoporia* Felder, 1861

【鉴别特征】小型蛱蝶。外形与蜡蛱蝶属及部分环蛱蝶属十分相似。翅背面为深褐色，上有橙色的粗横纹。翅腹面多带类似斑纹，但底色明显较淡。雄蝶前翅腹面下缘及后翅背面前缘有性标。

【分　　布】东洋区、澳洲区的热带区域。

【寄主植物】豆科 Fabaceae。

177. 苾蟠蛱蝶 *Pantoporia bieti* (Oberthür, 1894)

【鉴别特征】小型蛱蝶。翅背面底色深褐色，有明显淡橙色带纹，前翅外侧的 2 道带纹断裂成数个斑点，后翅外侧的横带甚窄。翅腹面的底色为红褐色，沿亚外缘或有 1 条黄色线纹，背面淡橙色斑的对应位置呈黄色。雄蝶后翅背面前缘有银灰色性标。

浙江九龙山　2019-05-25

浙江凤阳山　2019-05-30

【分　　布】中国浙江（凤阳山、九龙山）、湖北、四川、重庆、云南、广东、广西、海南、西藏；缅甸、泰国、印度东、中南半岛。

【发　　生】4—8 月。

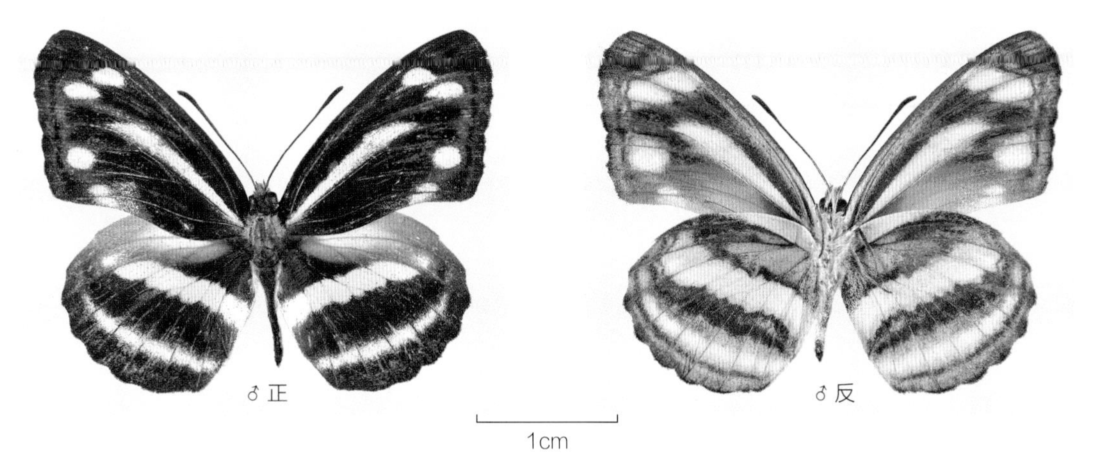

浙江九龙山　2019-05-24

浙江九龙山　2019-05-24

浙江九龙山　2019-05-24

灰蝶科
Lycaenidae

【鉴别特征】成虫体型小型，极少数为中型；翅背面通常具红色、橙色、蓝色、绿色、紫色、翠色、古铜色等斑纹，颜色单纯而具光泽；翅腹面图案和颜色与背面不同，是分类上的重要特征；后翅有时具 1~3 个尾突。主要识别特征:（1）触角与复眼外缘相连;（2）触角上通常具白环，复眼周围具一圈白色鳞片;（3）幼虫前胸无翻缩腺。世界已知 6 700 余种，中国记载 600 余种，百山祖国家公园记载 35 属 49 种。

【寄主植物】桦木科 Betulaceae、杜鹃花科 Ericaceae、豆科 Fabaceae、壳斗科 Fagaceae、胡桃科 Juglandaceae、木樨科 Oleaceae、鼠李科 Rhamnaceae、蔷薇科 Rosaceae、茜草科 Rubiaceae 等。

褐蚬蝶属 *Abisara* C. & R. Felder, 1860

178. 白带褐蚬蝶 *Abisara fylloides* (Westwood, 1851)

179. 白点褐蚬蝶 *Abisara burnii* (de Nicéville, 1895)

180. 蛇目褐蚬蝶 *Abisara echerius* (Stoll, [1790])

波蚬蝶属 *Zemeros* Boisduval, [1836]

181. 波蚬蝶 *Zemeros flegyas* (Cramer, [1780])

蚜灰蝶属 *Taraka* (Druce, 1875)

182. 蚜灰蝶 *Taraka hamada* Druce, 1875

银灰蝶属 *Curetis* Hübner, [1819]

183. 尖翅银灰蝶 *Curetis acuta* Moore, 1877

赭灰蝶属 *Ussuriana* Tutt, 1907

184. 赭灰蝶 *Ussuriana michaelis* (Uberthür, 1880)

华灰蝶属 *Wagimo* Sibatani & Ito, 1904

185. 浅蓝华灰蝶 *Wagimo asanoi* Koiwaya, 1999

冷灰蝶属 *Ravenna* Shirôzu & Yamamoto, 1956

186. 冷灰蝶 *Ravenna nivea* (Nire, 1920)

璐灰蝶属 *Leucantigius* Shirôzu & Murayama, 1951

187. 璐灰蝶 *Leucantigius atayalicus* (Shirôzu & Murayama, 1943)

何华灰蝶属 *Howarthia* Shirozu & Yamamoto, 1956

188. 梅尔何华灰蝶 *Howarthia melli* (Forster, 1940)

金灰蝶属 *Chrysozephyrus* Shirôzu & Yamamoto, 1956

189. 闪光金灰蝶 *Chrysozephyrus scintillans* (Leech, 1893)

190. 裂斑金灰蝶 *Chrysozephyrus disparatus* (Howarth, 1957)

191. 天目山金灰蝶 *Chrysozephyrus tienmushanus* (Shirôzu & Yamamoto, 1956)

娆灰蝶属 *Arhopala* Boisduval, 1832

192. 齿翅娆灰蝶 *Arhopala rama* (Kollar, [1844])

193. 小娆灰蝶 *Arhopala paramuta* (de Nicéville, [1884])

194. 百娆灰蝶 *Arhopala bazalus* (Hewitson, 1862)

玛灰蝶属 *Mahathala* Moore, 1878

195. 玛灰蝶 *Mahathala ameria* Hewitson, 1862

丫灰蝶属 *Amblopala* Leech, [1893]

196. 丫灰蝶 *Amblopala avidiena* (Hewitson, 1877)

银线灰蝶属 *Spindasis* Wallengren, 1857

197. 银线灰蝶 *Spindasis lohita* (Horsfield, 1829)

珀灰蝶属 *Pratapa* Moore, 1881

198. 小珀灰蝶 *Pratapa icetas* (Hewitson, 1865)

安灰蝶属 *Ancema* Eliot, 1973

199. 安灰蝶 *Ancema ctesia* (Hewitson, [1865])

玳灰蝶属 *Deudorix* Hewitson, [1863]

200. 淡黑玳灰蝶 *Deudorix rapaloides* (Naritomi, 1941)

绿灰蝶属 *Artipe* Boisduval, 1870

201. 绿灰蝶 *Artipe eryx* Linnaeus, 1771

燕灰蝶属 *Rapala* Moore, [1881]

202. 蓝燕灰蝶 *Rapala caerulea* Bremer & Grey, 1852

203. 霓纱燕灰蝶 *Rapala nissa* Kollar, [1844]

生灰蝶属 *Sinthusa* Moore, 1884

204. 生灰蝶 *Sinthusa chandrana* (Moore, 1882)

梳灰蝶属 *Ahlbergia* Bryk, 1946

205. 南岭梳灰蝶 *Ahlbergia dongyui* Huang & Zhan, 2006

206. 尼采梳灰蝶 *Ahlbergia nicevillei* (Leech, 1893)

洒灰蝶属 *Satyrium* Scudder, 1897

207. 杨氏洒灰蝶 *Satyrium yangi* (Riley, 1939)

208. 饰洒灰蝶 *Satyrium ornate* (Leech, 1890)

209. 大洒灰蝶 *Satyrium grandis* (Felder & Felder, 1862)

灰蝶属 *Lycaena* Fabricius, 1807

210. 红灰蝶 *Lycaena phlaeas* (Linnaeus, 1761)

彩灰蝶属 *Heliophorus* Geyer, [1832]

211. 浓紫彩灰蝶 *Heliophorus ila* (de Nicéville & Martin, [1896])

锯灰蝶属 *Orthomiella* Nicéville, 1890

212. 锯灰蝶 *Orthomiella pontis* Elwes, 1887

213. 中华锯灰蝶 *Orthomiella sinensis* (Elwes, 1887)

214. 峦太锯灰蝶 *Orthomiella rantaizana* Wileman, 1910

黑灰蝶属 *Niphanda* Moore, [1875]

215. 黑灰蝶 *Niphanda fusca* (Bremer & Grey, 1853)

雅灰蝶属 *Jamides* Hübner, [1819]

216. 雅灰蝶 *Jamides bochus* (Stoll, [1782])

亮灰蝶属 *Lampides* Hübner, [1819]

217. 亮灰蝶 *Lampides boeticus* Linnaeus, 1767

吉灰蝶属 *Zizeeria* Chapman, 1910

218. 酢浆灰蝶 *Zizeeria maha* (Kollar, [1844])

蓝灰蝶属 *Everes* Hübner, [1819]

219. 蓝灰蝶 *Everes argiades* (Pallas, 1771)

玄灰蝶属 ***Tongeia*** **Tutt, [1908]**

220. 点玄灰蝶 *Tongeia filicaudis* (Pryer, 1877)

221. 波太玄灰蝶 *Tongeia potanini* (Alphéraky, 1889)

丸灰蝶属 ***Pithecops*** **Horsfield, [1828]**

222. 蓝丸灰蝶 *Pithecops fulgens* Doherty, 1889

妩灰蝶属 ***Udara*** **Toxopeus, 1928**

223. 妩灰蝶 *Udara dilecta* (Moore, 1879)

224. 白斑妩灰蝶 *Udara albocaerulea* (Moore, 1879)

琉璃灰蝶属 ***Celastrina*** **Tutt, 1906**

225. 琉璃灰蝶 *Celastrina argiola* (Linnaeus, 1758)

226. 大紫琉璃灰蝶 *Celastrina oreas* (Leech, [1893])

227. 杉谷琉璃灰蝶 *Celastrina sugitanii* (Matsumura, 1919)

紫灰蝶属 ***Chilades*** **Moore, [1881]**

228. 曲纹紫灰蝶 *Chilades pandava* (Horsfield, [1829])

褐蚬蝶属 *Abisara* C. & R. Felder, 1860

【鉴别特征】中型至大型蚬蝶。翅背面呈褐色或红褐色，部分种类前翅带浅色斜带，后翅亚外缘有不连续的眼斑列，部分种类带长尾突。翅腹面斑纹相似，唯底色较淡。雌蝶翅形较圆。

【分　　布】非洲区、东洋区和古北区东缘南部。

【寄主植物】紫金牛科 Myrsinaceae。

178. 白带褐蚬蝶 *Abisara fylloides* (Westwood, 1851)

【鉴别特征】中型蚬蝶。本种与黄带褐蚬蝶十分相似，主要区别：本种前翅端部常不带白点，体型较小。

【分　　布】中国浙江（凤阳山、天目山）、云南、四川、贵州、江西、福建、广东、广西。

【发　　生】4—9月。

♀正　　♀反

1cm

浙江天目山　2017-07-27

浙江天目山
2018-04-03

灰蝶科 Lycaenidae

浙江天目山　2018-06-11

浙江天目山　2018-04-06

浙江天目山　2018-09-05

浙江天目山　2019-07-24

179. 白点褐蚬蝶 *Abisara burnii* (de Nicéville, 1895)

【鉴别特征】中型蚬蝶。翅背面红褐色，前翅外侧有模糊的淡色斑列，后翅亚外缘前侧有 2 个黑色眼斑，其外侧缀有白色线纹。翅腹面底色呈橙褐色，两翅中央和外侧各有 1 列白色斑，亚外缘则有断裂的线纹，后翅亚外缘前侧有 2 个黑色眼斑。

【分　　布】中国浙江（百山祖、凤阳山、天目山）、四川、广东、江西、福建、海南、台湾；缅甸、泰国、印度、中南半岛。

【发　　生】4—9 月。

浙江天目山　2017-07-27

浙江天目山　2018-04-18

浙江天目山　2018-04-20

浙江天目山　2018-06-12

浙江凤阳山　2020-07-01

180. 蛇目褐蚬蝶 *Abisara echerius* (Stoll, [1790])

【鉴别特征】中型蚬蝶。后翅外缘有 1 个阶梯状突出。湿季型雄蝶翅背面红褐色，有模糊的淡色纵纹，后翅亚外缘有不明显黑斑，外侧镶白色线纹；翅腹面底色略淡，前翅中央和外侧各有 1 道淡色纵纹，中央纵纹内侧镶棕红色线，亚外缘有 2 道与外缘平行的灰色纹，后翅中央有 1 道内侧镶红棕色线弧形淡色纹，亚外缘黑斑和白色线纹较背面明显。湿季型雌蝶翅底色较淡，斑纹较明显，前翅外侧常呈黄褐色；腹面底色较淡，斑纹与雄蝶相似。旱季型整体斑纹退减，仅中央棕红色线纹较突出，其外侧底色较淡，后翅亚外缘黑斑常变得不明显。

【分　　布】中国浙江（百山祖、白云森林公园）、云南、广东、广西、福建、海南、香港等；印度、斯里兰卡、孟加拉国、缅甸、泰国、中南半岛、马来西亚、印度尼西亚、菲律宾。

【发　　生】全年。

浙江白云森林公园　2019-10-03

波蚬蝶属 *Zemeros* Boisduval, [1836]

【鉴别特征】中小型蚬蝶。翅棕褐色，具许多小白斑。

【分　　布】东洋区。

【寄主植物】紫金牛科 Myrsinaceae。

181. 波蚬蝶 *Zemeros flegyas* (Cramer, [1780])

【鉴别特征】中小型蚬蝶。翅背面棕褐色，翅室内具许多白色小斑，这些小斑的内侧沿着翅室具有深褐色的长条形斑。翅腹面颜色较淡，斑纹基本同背面。

【分　　布】中国浙江（百山祖、凤阳山、九龙山、天目山、仙霞岭）、福建、江西、湖南、广东、广西、海南、四川、重庆、贵州、云南、西藏、香港；印度、缅甸、泰国、

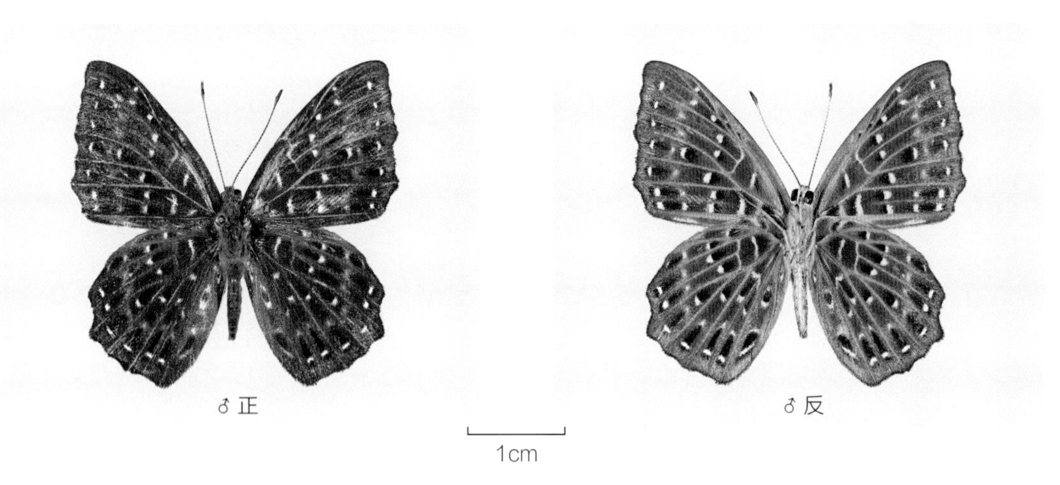

♂正　♂反

1cm

浙江凤阳山　2018-09-09

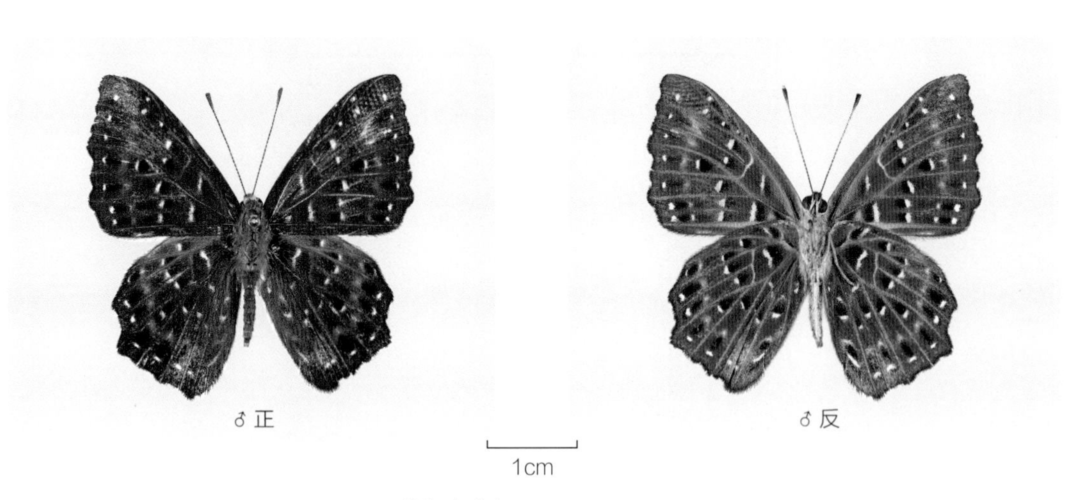

♂正　♂反

1cm

浙江九龙山　2019-05-23

老挝、马来西亚、印度尼西亚。

【发　　生】4—9月。

浙江凤阳山　2018-06-14

浙江凤阳山　2018-06-14

浙江凤阳山　2019-08-04

浙江凤阳山　2019-08-04

蚜灰蝶属 *Taraka* (Druce, 1875)

【鉴别特征】小型灰蝶。复眼无毛。口吻细小。下唇须细长。足被毛，雄蝶前足跗节愈合，末端下弯、尖锐。胫节椭圆形，无胫节距。下唇须稍有不对称。体背侧呈黑褐色，腹侧呈白色。翅背面黑褐色，常有白纹。翅腹面白色，上有黑褐色斑点。

【分　　布】古北区、东洋区。

【寄主植物】禾本科 Gramineae。

182. 蚜灰蝶 *Taraka hamada* Druce, 1875

【鉴别特征】小型灰蝶。雌雄斑纹相似，唯雄蝶前翅外缘近直线状，雌蝶则略突出呈圆弧形。躯体背面黑褐色，腹面白色。翅背面底色黑褐色，翅面中央常有程度不等的白纹，从完全无纹到翅面大部分呈白色的个体都有之。翅腹面斑纹可由翅背面透视。翅腹面底色白色，上缀黑色斑点。缘毛黑褐色、白色相间。

【分　　布】中国浙江（百山祖、凤阳山、九龙山、四明山、天目山、划岩山、乌岩岭、望东垟）、除西北干燥地带及西藏高原高寒地带以外的大部分地区；日本、朝鲜半岛、印度、喜马拉雅、华莱士线以西至东南亚。

【发　　生】4—10月。

浙江天目山　2018-07-06

浙江凤阳山　2018-09-09

灰蝶科 Lycaenidae

浙江凤阳山　2018-10-02

福建福州森林公园　2018-10-06

浙江泰顺县乌岩岭　2019-06-29

浙江凤阳山　2019-07-16

浙江凤阳山　2019-07-31

银灰蝶属 *Curetis* Hübner, [1819]

【鉴别特征】中型灰蝶。外形独特，雄雌异型明显。翅背面深褐色，雄蝶两翅中央带橙色斑纹，雌蝶则呈白色或较浅的橙色；翅腹面呈均一的银白色，几乎无斑。

【分　　布】东洋区、古北区东南部及澳洲区北部。

【寄主植物】豆科 Fabaceae。

183. 尖翅银灰蝶 *Curetis acuta* Moore, 1877

【鉴别特征】中型灰蝶。雄蝶翅背面深褐色，前翅中央、后翅中室下侧和外侧均有橙红色斑，红斑面积变异幅度颇大；雌蝶在对应区则带灰蓝色或白色斑。翅腹面银白色，散布黑褐色鳞片，前后翅分别有 1 列和 2 列淡灰色的直斑。旱季型翅形较尖，棱角较多，背面色斑较发达。

♀正　♀反

1cm

浙江凤阳山　2018-07-07

♂正　♂反

1cm

浙江凤阳山　2018-06-14

【分　　布】中国浙江（百山祖、凤阳山、九龙山、白云森林公园、草鱼塘、烂泥湖、四明山、天目山、望东垟）、河南、湖北、湖南、上海、四川、江西、福建、广东、广西、海南、台湾、香港；日本、印度、缅甸、泰国、老挝、越南。

【发　　生】全年。

浙江凤阳山　2017-08-12

浙江凤阳山　2018-08-15

浙江凤阳山　2019-07-28

浙江凤阳山　2019-07-30

赭灰蝶属 *Ussuriana* Tutt, 1907

【鉴别特征】中型至大型灰蝶。身躯背面呈褐色，常被橙色鳞，腹面呈白色。复眼无毛。雄蝶与雌蝶前足跗节均分节。后翅具尾突。翅背面底色暗褐色，翅面常有橙色纹。翅腹面底色呈黄白色、黄色或褐色，前、后翅外侧作弧形排列，有黑色与白色小纹组成的纹列。后翅尾突前方常有橙红色纹及黑色眼纹。

【分　　布】古北区、东洋区。

【寄主植物】木樨科 Oleaceae。

184. 赭灰蝶 *Ussuriana michaelis* (Uberthür, 1880)

【鉴别特征】中大型灰蝶。后翅具丝状尾突。翅背面底色暗褐色，翅面有橙色或橙红色纹。雄蝶橙色纹较少，多于前翅形成斑块，有些个体甚至完全减退消失。雌蝶橙色纹较明显，最显著者大部分翅面呈橙色，只在前翅前缘与翅顶留有黑纹。翅腹面底色呈黄色或黄白色，前、后翅外侧有橙红色弧形窄带，其内侧镶白色弦月形小列纹。后翅尾突前方有黑色眼纹。

【分　　布】中国浙江（凤阳山）、台湾；俄罗斯、越南、泰国、朝鲜半岛等。

【发　　生】5—7 月。

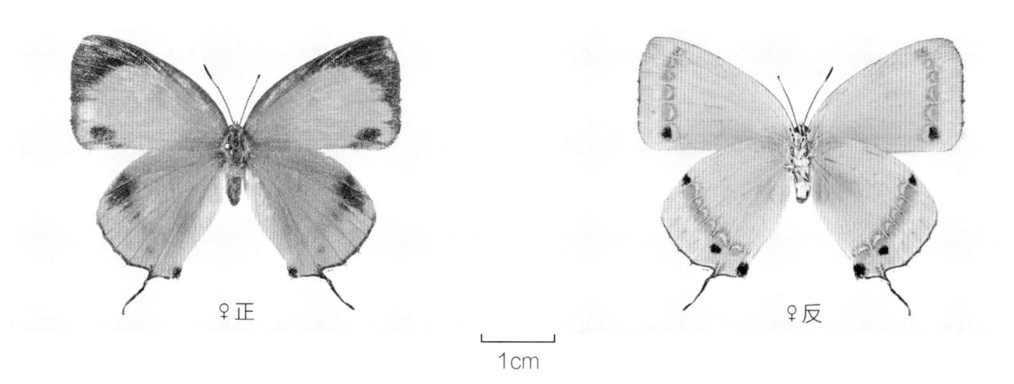

浙江凤阳山　2018-07-08

浙江凤阳山　生境　2017-07-02

华灰蝶属 *Wagimo* Sibatani & Ito, 1904

【鉴别特征】中型灰蝶。身躯背面呈褐色，腹面呈白色。复眼被短毛。雄蝶前足跗节愈合、无爪，雌蝶前足跗节分节、有爪。后翅具丝状尾突。翅背面底色黑褐色，翅面有浅蓝色或蓝紫色斑纹。翅腹面底色呈褐色或黄褐色，翅面有许多白色线纹。

【分　　布】古北区、东洋区。

【寄主植物】壳斗科 Fagaceae。

185. 浅蓝华灰蝶 *Wagimo asanoi* Koiwaya, 1999

【鉴别特征】中小型灰蝶。翅背面底色暗褐色，前翅翅面有浅蓝色或蓝白色斑纹，后翅有小片浅蓝色斑纹。翅腹面底色浅褐色至褐色。后翅腹面臀角的橙色纹与尾突前方的小眼纹分离。本种与华灰蝶斑纹很近似，但本种翅背面蓝色纹在同属种类中色调最浅。

【分　　布】中国浙江（凤阳山、天目山）、四川、福建。

【发　　生】6—8 月。

浙江天目山　2018-06-11

浙江天目山
2017-06-17

浙江凤阳山　2018-06-15

浙江凤阳山　2019-08-06

冷灰蝶属 *Ravenna* Shirôzu & Yamamoto, 1956

【鉴别特征】中大型灰蝶。雌雄异型。身躯背面呈褐色，被白色鳞，尤其在腹部。腹面呈白色。复眼被短毛。雄蝶前足跗节愈合、无爪，雌蝶前足跗节分节、具爪。后翅具细长丝状尾突。雄蝶翅背面底色紫色，翅面上常有白纹。雌蝶翅背面底色呈黑褐色，翅面上有鲜明白色区块。翅腹面底色呈白色，上有黑褐色或灰褐色线纹。尾突前方有黑色斑点形成的眼纹，常冠橙色纹。

【分　　布】东洋区。

【寄主植物】壳斗科 Fagaceae。

186. 冷灰蝶 *Ravenna nivea* (Nire, 1920)

【鉴别特征】中大型灰蝶。雄蝶翅背面底色紫色，翅面有白纹，多变异，范围大者在前翅有明显白色区块，后翅则呈放射状，范围小者甚至白纹完全消失。雌蝶翅背面通常黑褐色，翅面白色斑亦多变异，范围大者除前翅翅顶及外缘有黑边及中室端有黑褐色短线外，翅面大部分呈白色，白纹少者则沿翅脉有较多黑色部分。翅腹面底色白色，翅面上有黑褐色线纹粗细多变异。尾突前方线纹的橙色纹在部分地区消失，尤其在四川西部。

【分　　布】中国浙江（凤阳山、九龙山、天目山）、福建、广东、贵州、四川、江西、台湾；越南。

【发　　生】5—6月。

注《浙江凤阳山昆虫》有记载。

♀正

♀反

1cm

浙江九龙山　2019-05-24

浙江九龙山　2019-05-24

浙江天目山　2018-05-16

璐灰蝶属 *Leucantigius* Shirôzu & Murayama, 1951

【鉴别特征】中型灰蝶。身背面呈褐色，腹面呈白色。复眼被短毛。雄蝶前足跗节愈合、无爪，雌蝶前足跗节分节、具爪。后翅具丝状尾突。翅背面底色黑褐色，翅面常有灰白纹。翅腹面底色呈白色或灰白色，上有黑褐色线纹。尾突前方有色圈纹与黑色斑点构成的眼纹。

【分　　布】东洋区。

【寄主植物】壳斗科 Fagaceae。

187. 璐灰蝶 *Leucantigius atayalicus* (Shirôzu & Murayama, 1943)

【鉴别特征】中型灰蝶。雄蝶翅顶较雌蝶尖。翅背面底色黑褐色，翅面常有灰白纹，通常雌蝶较明显。翅腹面底色呈白色或灰白色，前翅中央偏外侧与后翅中央有1对黑褐色线纹组成的纵带。翅面亚外缘有黑褐色波状线纹。尾突前方的橙色纹橙黄色或橙红色。

【分　　布】中国浙江（凤阳山、九龙山、天目山）、广东、广西、福建、江西、海南、台湾。

【发　　生】4—7月。

浙江天目山　2019-05-24

♂正

♂反

1cm

浙江九龙山　2019-05-24

何华灰蝶属 *Howarthia* Shirozu & Yamamoto, 1956

【鉴别特征】中型灰蝶。身躯背面呈暗褐色，腹面呈白色。复眼被毛。雄蝶前足跗节分节或愈合、无爪，雌蝶前足跗节分节、具爪。后翅具丝状尾突。翅背面底色褐色，翅面上有蓝色、蓝紫色或紫色纹，有些种类于前翅有橙色小斑。翅腹面底色呈黄褐色或红褐色，翅面上有白色线纹。尾突前方有橙红色纹及黑色斑点形成的眼纹，沿外缘常有橙红色斑纹。

【分　　布】东洋区。

【寄主植物】杜鹃花科 Ericaceae。

188. 梅尔何华灰蝶 *Howarthia melli* (Forster, 1940)

【鉴别特征】中型灰蝶。翅背面底色黑褐色，前翅翅面基半部有紫色纹，其外侧中央有时具1个橙色小斑点，后翅翅面一般无纹。翅腹面底色呈红褐色。前翅外侧有1条白色斜线。后翅中央有1条白色纵线，于后端反折延伸至内缘。亚外缘有白色线纹，于前翅呈1条虚线，于后翅则呈波状，后翅白线外侧时有橙红色斑。前翅中室端有时具模糊白色重短线。尾突前方有橙色纹及黑色斑点形成的眼纹。

【分　　布】中国浙江（凤阳山）、广西、福建。

【发　　生】7—8月。

浙江凤阳山　2020-07-03

♀正

♀反

1cm

浙江凤阳山　2017-08-12

灰蝶科 Lycaenidae

金灰蝶属 *Chrysozephyrus* Shirôzu & Yamamoto, 1956

【鉴别特征】中型灰蝶。雌雄斑纹明显相异。身躯背面呈暗褐色，腹面呈白色。复眼密被长毛。雄蝶前足跗节愈合、无爪，雌蝶前足跗节分节、具爪。后翅常具丝状尾突。翅背面底色黑褐色，雄蝶翅面上常有光泽强烈的绿色纹，雌蝶斑纹多变化，从翅面无纹、翅面有蓝紫纹、翅面有橙色小斑兼有蓝紫纹与橙色小斑的情形均有之，与翠灰蝶属相同，有研究者将它们分别称为 O 型、B 型、A 型及 AB 型。这样的称呼也被应用在其他斑纹类似的属。翅腹面底色呈褐色或暗褐色，翅面上有白色线纹，于前翅多近直线状，在后翅则于后端反折呈“W”字形或“V”字形。后翅亚外缘通常有 2 列白线，内侧的细而鲜明，由弦月形短线纹组成，外侧的较模糊。尾突前方有具橙红色纹及黑色斑点形成的眼纹。

【分　　布】古北区、东洋区。

【寄主植物】壳斗科 Fagaceae、杜鹃花科 Ericaceae、蔷薇科 Rosaceae。

189. 闪光金灰蝶 *Chrysozephyrus scintillans* (Leech, 1893)

【鉴别特征】中型或中小型灰蝶。雌雄斑纹明显相异。翅背面底色黑褐色，雄蝶翅面上有金属光泽强烈的蓝绿色纹，在前、后翅外缘留有明显黑边，于前翅翅顶更宽。雌蝶斑纹为 A 型或 O 型，A 型斑通由 2 枚橙色小斑组成。雄蝶翅腹面底色浅褐色，雌蝶则为褐色。前、后翅白线内侧镶暗色细线纹，于前翅近直线状，于后翅后端反折呈“W”字形。前、后翅中室端有镶白色短线之暗色短条纹。后翅中室端短条常趋近白线纹。后翅亚外缘外侧白纹通常成 1 条霜状带纹。

【分　　布】中国浙江（凤阳山、天目山）、四川、贵州、福建、广东、广西、海南；越南。

【发　　生】5—7 月。

♀正

♀反

1cm

浙江凤阳山　2018-05-15

浙江凤阳山　2018-05-15

浙江凤阳山　2018-05-15

浙江凤阳山　2019-07-31

浙江凤阳山　2019-07-31

190. 裂斑金灰蝶 *Chrysozephyrus disparatus* (Howarth, 1957)

【鉴别特征】中型灰蝶。雌雄斑纹明显相异。翅背面底色黑褐色，雄蝶翅面上有金属光泽强烈的黄绿色纹，在前、后翅外缘留有黑边，前翅黑边较后翅窄。雌蝶斑纹 O 型、A 型、B 型或 AB 型的情形均有，B 型斑呈蓝色或蓝紫色。雄蝶翅腹面底色灰褐色，雌蝶则为褐色。前、后翅白线内侧镶暗色细线纹，于前翅近直线状，于后翅后端反折呈“W”字形。前、后翅中室端暗色短条模糊或消失。后翅亚外缘外侧白纹通常成 1 条霜状带纹。

【分　　布】中国浙江（凤阳山）、四川、贵州、云南、江西、福建、台湾；越南、老挝、印度、泰国。

【发　　生】4—8 月。

浙江凤阳山　2017-07-02

浙江凤阳山　生境　2017-07-02

191. 天目山金灰蝶 *Chrysozephyrus tienmushanus* (Shirôzu & Yamamoto, 1956)

【鉴别特征】中型灰蝶。雌雄斑纹明显相异。翅背面底色黑褐色，雄蝶翅面上有金属光泽强烈的绿色纹或蓝绿色纹，在前、后翅外缘留有黑边，黑边幅度多变异，华东地区个体通常较华西地区窄。雌蝶斑纹为 A 型、B 型或 AB 型，A 型斑由 2 枚橙色小斑组成，B 型斑呈蓝色。翅腹面底色浅褐色或褐色。前、后翅白线内侧镶暗色细线纹，于前翅近直线状，于后翅后端反折呈“W”字形。后翅前缘内侧有 1 条小白纹，小白纹外侧镶暗色细线。前、后翅中室端有镶白色短线之暗色短条纹。后翅中室端短条常趋近白线纹。后翅亚外缘外侧白纹通常成 1 条霜状带纹。本种与苏金灰蝶斑纹相似，不易区别。与本种相比较，苏金灰蝶雄蝶前翅黑边通常较宽，且于翅顶更宽。

【分　　布】中国浙江（凤阳山、天目山）、四川、贵州、湖北、福建、广西；越南。

【发　　生】6—7 月。

♂正

♂反

1cm

浙江凤阳山　2019-06-16

浙江凤阳山　生境　2017-07-02

娆灰蝶属 *Arhopala* Boisduval, 1832

【鉴别特征】小型至极大型灰蝶。翅背面深褐色，两翅中央有大片紫或蓝色斑，部分热带种类的雄蝶则呈金属绿色。翅腹面多呈褐色，有暗色斑纹和斑带。后翅或带丝状尾突。雄雌异型，雄蝶背面的色斑多较大或艳丽。本属不少种类外形十分相似，鉴定有一定难度。

【分　　布】东洋区、澳洲区的热带区域。

【寄主植物】龙脑香科 Dipterocarpaceae、壳斗科 Fagaceae、桃金娘科 Myrtaceae、千屈菜科 Lythraceae。

192. 齿翅娆灰蝶 *Arhopala rama* (Kollar, [1844])

【鉴别特征】中型灰蝶。雄蝶前翅外缘近顶角锯齿状，翅背面呈金属光泽的暗紫色，外缘有黑边；雌蝶的斑纹偏蓝色，仅局限于翅中域，双翅前缘和外缘有粗黑边。翅腹面褐色，深褐色斑纹和斑带镶淡色线，前翅外侧的斑带平直。旱季型翅腹斑纹减退，不突出。后翅有短尾突。

【分　　布】中国浙江（百山祖、凤阳山、四明山、天目山、白云森林公园）、云南、四川、江西、福建、广西、广东、香港；喜马拉雅、缅甸、泰国、中南半岛。

【发　　生】全年。

♀正

♀反

1cm

浙江凤阳山　2018-05-15

♀正

♀反

1cm

浙江四明山　2018-07-24

193. 小娆灰蝶 *Arhopala paramuta* (de Nicéville, [1884])

【鉴别特征】中小型灰蝶。雄蝶前翅外缘近顶角锯齿状，翅背面呈金属光泽的暗紫色，外缘有黑边；雌蝶的斑纹偏蓝色，仅局限于翅中域，双翅前缘和外缘有粗黑边。翅腹面黄褐色，深褐色斑纹和斑带镶淡色线，前翅外侧的斑带平直，后翅外侧的斑带在 M_1 脉断开。

【分　　布】中国浙江（凤阳山）、云南、四川、广东、海南、台湾、香港；喜马拉雅、缅甸、泰国、中南半岛。

【发　　生】全年。

浙江凤阳山　2018-05-17

浙江凤阳山　2018-10-02

194. 百娆灰蝶 *Arhopala bazalus* (Hewitson, 1862)

【鉴别特征】大型灰蝶。雄蝶翅背面呈金属光泽的黑紫色，外缘有窄黑边；雌蝶的斑纹紫蓝色，仅局限于前翅中域和后翅基附近。翅腹面褐色，深褐色斑纹和斑带镶淡色线，后翅后半部发黑，臀角有 1 个圆形黑斑，附近散布金属蓝色鳞片。后翅有细长尾突。

【分　　布】中国浙江（百山祖、凤阳山、天目山）、云南、福建、江西、广东、广西、海南、台湾、香港；缅甸、泰国、马来西亚、印度尼西亚、日本、印度、中南半岛。

【发　　生】全年。

浙江凤阳山　2018-09-09

浙江凤阳山　2019-08-07

玛灰蝶属 *Mahathala* Moore, 1878

【鉴别特征】中型灰蝶。前翅外缘呈波纹状，翅背面有大面积的暗蓝色斑块，后翅前缘内凹，尾突末端膨大，呈叶状，臀角有叶状突。

【分　　布】东洋区。

【寄主植物】大戟科 Euphorbiaceae。

195. 玛灰蝶 *Mahathala ameria* Hewitson, 1862

【鉴别特征】中型灰蝶。雌雄斑纹相似，前翅外缘波纹状，凹入，后翅前缘内凹，外缘较圆，有明显叶状尾突，臀角有圆弧形叶状突，翅背面底色黑褐色，前后翅有紫蓝色斑，不同的季节型蓝斑面积大小不一，部分季节型蓝斑几乎占满翅面，翅腹面浅褐色，后翅近基部色彩深，前、后翅各有 1 条褐色斑带，前翅纵向，后翅呈圆弧形横带，前翅中室有数道白色斑线，后翅有云状纹。

【分　　布】中国浙江（白云森林公园、天目山、划岩山）、福建、广东、海南、台湾、广西；印度、缅甸、泰国、老挝、越南、马来西亚、印度尼西亚。

【发　　生】全年。

♀正

♀反

1cm

浙江天目山　2018-09-06

♂正

♂反

1cm

浙江白云森林公园　2019-10-24

灰蝶科　Lycaenidae

浙江天目山　2018-09-06

丫灰蝶属 *Amblopala* Leech, [1893]

【鉴别特征】中型灰蝶。雄蝶复眼光滑。下唇须第 3 节短小，扁平。雄蝶前足跗节愈合，末端钝、无爪，雌蝶则分节，末端具爪。翅形独特，后翅棱角明显，后端有 1 个明显突出。翅背面底色褐色，于翅背面有橙色纹及金属色明显的蓝色斑纹。腹面底色红褐色，后翅有“丫”字形浅色细带纹。

【分　　布】古北区、东洋区。

【寄主植物】豆科 Fabaceae。

196. 丫灰蝶 *Amblopala avidiena* (Hewitson, 1877)

【鉴别特征】中型灰蝶。翅背面底色黑褐色，前、后翅背面具金属色明显的蓝色斑纹，后翅则仅于翅基附近有之。前翅靛蓝色纹前方有橙色小纹。腹面底色红褐色，前翅外侧有 1 条白色线纹，线纹内侧翅面呈黄褐色。后翅有灰白色带纹形成“丫”字形。

【分　　布】中国浙江（百山祖、天目山）、河南、陕西、安徽、江苏、福建、台湾；尼泊尔。

【发　　生】2—6 月。

浙江天目山　2018-04-09

浙江天目山　2018-04-09

银线灰蝶属 *Spindasis* Wallengren, 1857

【鉴别特征】中小型灰蝶。复眼光滑。下唇须第 3 节细长。足跗节末端爪二分。雄蝶前足跗节愈合，无爪。翅背面色彩以黑褐色为底色，常有黄、橙色纹及金属色蓝、紫色斑。翅腹面具有银色及黑褐色或红褐色线纹。后翅常有两尾突。后翅臀角叶状突起明显。

【分　　布】古北区、东洋区。

【寄主植物】榆科 Ulmaceae 等多科植物。

197. 银线灰蝶 *Spindasis lohita* (Horsfield, 1829)

【鉴别特征】中小型灰蝶。雌雄斑纹相异。躯体黑褐色、有浅黄色细环。后翅有 2 条丝状细尾突。臀角附近有叶状突。翅背面底色黑褐色，雄蝶具金属光泽的靛蓝色纹，雌蝶无纹。后翅臀角附近有橙色斑，叶状突黑色，内有银纹。翅腹面底色呈浅黄色，前、后翅均有含银线的黑褐色条纹，黑褐色条纹与银线间无空隙。前翅腹面翅基纹附近斑纹膝状，末端反折部分填满、呈杆状。后翅腹面翅基附近斑纹相连成带，Cu_2 室的斑纹向后延伸。臀区处有 1 个橙色斑。叶状突黑色，内有银纹。

【分　　布】中国浙江（百山祖、凤阳山、白云森林公园）、广东、四川、福建、香港、台湾；东洋区。

【发　　生】5—8 月。

浙江凤阳山　2018-06-14

♂ 正

♂ 反

1cm

浙江凤阳山　2019-08-17

浙江凤阳山　2018-06-14

珀灰蝶属 *Pratapa* Moore, 1881

【鉴别特征】中型灰蝶。雄蝶背面有非常亮丽的蓝斑并带有强烈的金属光泽，后翅有明显的性标。雌蝶翅面蓝白色，色泽淡，没有金属光泽，无性标，后翅有 1 对尾突，类似双尾灰蝶属种类。

【分　　布】东洋区。

【寄主植物】桑寄生科 Loranthaceae。

198. 小珀灰蝶 *Pratapa icetas* (Hewitson, 1865)

【鉴别特征】中型灰蝶。雄蝶背面黑褐色，前后翅的蓝斑较暗，不如珀灰蝶的蓝斑明亮，前翅蓝斑的面积更小，呈半椭圆形，翅腹面底色银灰色，前后翅亚外缘线连续感更强，前后翅中室端有白色条纹。雌蝶斑纹与雄蝶相似，但翅背面蓝斑色泽很淡，后翅蓝斑不明显。

【分　　布】中国浙江（凤阳山）、福建、海南、四川、云南；印度、缅甸、老挝、泰国、马来西亚。

【发　　生】5 月。

浙江凤阳山　2018-05-16

♀正

♀反

1cm

浙江凤阳山　2018-05-17

安灰蝶属 *Ancema* Eliot, 1973

【鉴别特征】中型灰蝶。雄蝶背面有非常亮丽的蓝斑，带有强烈的金属光泽，前后翅有明显的性标，雌蝶翅背面颜色青蓝色，没有金属光泽，无性标，后翅有 1 对尾突，形态类似双尾灰蝶属种类。

【分　　布】东洋区。

【寄主植物】桑寄生科 Loranthaceae。

199. 安灰蝶 *Ancema ctesia* (Hewitson, [1865])

【鉴别特征】中型灰蝶。雄蝶背面黑褐色，前、后翅有大片金属光泽的暗蓝斑，前翅翅面中央及后缘中央、后翅前缘近基部有灰色性标，翅腹面底色银灰色，前后翅中室端有黑褐色纹，亚外缘有 1 列黑褐色斑点形成的条纹，后翅近基部有 1 个黑褐色小斑，臀角及外缘有 2 个黑斑，外围包裹橙色纹。雌蝶斑纹与雄蝶相似，但翅背面蓝斑较淡，前翅蓝斑带白，无性标。

浙江凤阳山　2019-07-28

【分　　布】中国浙江（百山祖、凤阳山）、福建、广东、广西、海南、云南、西藏、香港；印度、缅甸、老挝、越南、泰国、马来西亚。

【发　　生】3—11 月。

♂正

♂反

1cm

浙江凤阳山　2019-07-16

浙江凤阳山　2019-08-02

浙江凤阳山　2019-08-02

玳灰蝶属 *Deudorix* Hewitson, [1863]

【鉴别特征】中型至中大型灰蝶。复眼密被毛。下唇须第3节细长，指向前方。雄蝶前足跗节愈合，末端下弯、尖锐。雄蝶翅背面常具金属光泽的蓝或红色纹，雌蝶一般褐色、无纹。翅腹面褐色或白色，上缀线纹。后翅有细尾突。后翅臀角叶状突明显。部分种类有性标，主要是雄蝶前翅腹面后缘具长毛及后翅背面近翅基处有椭圆形或圆形性标。

【分　　布】澳洲区、东洋区。

【寄主植物】山茶科 Theaceae。

200. 淡黑玳灰蝶 *Deudorix rapaloides* (Naritomi, 1941)

【鉴别特征】中型灰蝶。雌雄斑纹相异。躯体背侧黑褐色，腹侧灰白色。后翅有细长尾突。臀区叶状突发达，上有由橙色及黑色纹构成之眼斑。翅背面底色黑褐色，雄蝶前、

♀正　♀反

1cm

浙江四明山　2018-08-24

♂正　♂反

1cm

浙江天目山　2019-05-05

♂正

♂反

1cm

浙江天目山　2019-05-05

后翅有金属色蓝斑，雌蝶无纹。雄蝶翅腹面底色灰色或灰褐色、雌蝶翅腹面底色较浅，呈浅灰褐色或灰白色，前、后翅均有两侧镶白线的斑列，前翅斑列作直线状排列，后翅斑列分断，反折成“V”字形。前、后翅中室端有两侧镶白线之短条。后翅后侧有黑斑与橙色环形成的眼纹。雄蝶前翅腹面后缘具长毛，后翅背面翅基附近有灰色性标。

【分　　布】中国浙江（百山祖、凤阳山、四明山、天目山、天台山）、陕西、江西、安徽、广东、广西、福建、台湾；老挝、越南。

【发　　生】5—8月。

浙江天目山　2019-05-05

浙江天目山　2019-05-24

绿灰蝶属 *Artipe* Boisduval, 1870

【鉴别特征】中大型灰蝶。雄蝶翅背面有金属光泽蓝斑，雌蝶一般褐色且有白纹，腹面绿色或橄榄绿色，有白色细纹，后翅有细长尾突。

【分　　布】东洋区、澳洲区。

【寄主植物】茜草科 Rubiaceae。

201. 绿灰蝶 *Artipe eryx* Linnaeus, 1771

【鉴别特征】中大型灰蝶。雄蝶翅背面黑褐色，前翅基半部及后翅大部分有金属光泽的蓝斑，臀角有圆状突出，呈绿色，后翅有细长的尾突，翅腹面绿色，前翅亚外缘有1道白色细带，后翅中室端有白色短条，外中区及亚外缘分别有1道白纹，其中亚外缘白纹后半段白线格外发达，尤其雌蝶更加明显，外缘有模糊白圈纹，近臀角处有2个黑斑，有时黑斑会退化，圆臀角为黑色。雌蝶个体明显较雄蝶大，翅背面灰褐色，后翅有白纹，翅腹面斑纹与雄蝶类似，但白纹更加发达。

【分　　布】中国浙江（百山祖、凤阳山、古田山、天目山、中央山）、江西、福建、广东、台湾、海南、广西、贵州、云南、四川、香港；印度、缅甸、泰国、老挝、越南、马来西亚、印度尼西亚。

【发　　生】4—10月。

浙江台州市中央山　2018-08-08

♀正

♀反

1cm

浙江古田山　2017-08-25

灰蝶科 Lycaenidae

燕灰蝶属 *Rapala* Moore, [1881]

【鉴别特征】中型或中小型灰蝶。复眼被毛。下唇须第 3 节向前指。雄蝶前足跗节愈合。翅背面常有蓝色光泽或橙色纹。翅腹面呈褐色、黄色或白色，有褐色线纹、斑点。后翅有尾突。后翅臀角有叶状突。雄蝶有第二性征：雄蝶前翅腹面后缘具长毛，后翅背面翅基附近有性标。

【分　　布】澳洲区、东洋区。

【寄主植物】豆科 Fabaceae、虎耳草科 Saxifragaceae。

202. 蓝燕灰蝶 *Rapala caerulea* Bremer & Grey, 1852

【鉴别特征】中型灰蝶。雌雄斑纹相似。躯体背侧黑褐色，腹侧胸部灰白色，腹部橙色。后翅有细长尾突。翅背面褐色，常有橙色纹，雄蝶有蓝紫色金属光泽。翅腹面底色黄

♀正

♀反

1cm

浙江凤阳山　2018-05-15

♀正

♀反

1cm

浙江凤阳山　2018-07-08

浙江丽水市峰源　2019-04-22

褐色或灰白色，前、后翅均有两侧镶浅色线的带纹，于后翅反折呈“W”字形。前、后翅中室端有 1 条镶浅色线的短条，沿外缘有 2 道暗色带，后翅臀角附近有眼状斑。雄蝶前翅腹面后缘具长毛，后翅背面近翅基处有灰色性标。

【分　　布】中国浙江（百山祖、凤阳山、白云森林公园、草鱼塘、烂泥湖、天目山）、河北、北京、甘肃、四川、重庆、陕西、福建、台湾；朝鲜半岛。

【发　　生】4—9 月。

浙江凤阳山　2018-07-08

浙江凤阳山　2018-06-15

浙江凤阳山　2019-07-28

203. 霓纱燕灰蝶 *Rapala nissa* Kollar, [1844]

【鉴别特征】中型或中小型灰蝶。雌雄斑纹相似。躯体背侧黑褐色，腹侧胸部浅褐色或灰色，腹部黄白色或橙色。后翅有细长尾突。翅背面褐色，有蓝色金属光泽，前翅偶有橙红色纹。翅腹面底色褐色或浅褐色，前、后翅各有 1 条线纹，外侧为模糊白线，中间为暗褐色线，内侧为橙色线。线纹于后翅后侧反折呈“W”字形。前、后翅中室端有模糊暗褐色的短条，沿外缘有 2 道暗色带，后翅臀角附近有眼状斑。雄蝶前翅腹面后缘具长毛，后翅背面近翅基处有半圆形灰色性标。

【分　　布】中国浙江（凤阳山、天目山、烂泥湖）、西藏、云南、四川、台湾；印度、尼泊尔、泰国。

【发　　生】3—10 月。

浙江凤阳山　2018-07-08

浙江天目山　2017-07-26

浙江天目山　2017-08-16

浙江天目山　2018-04-08

浙江天目山　2019-05-22

生灰蝶属 *Sinthusa* Moore, 1884

【鉴别特征】中型灰蝶。翅背面底色呈深褐色或白色，雄蝶多有大片金属蓝色或灰蓝色斑，雌蝶无斑或带浅色斑。翅腹多呈灰白色，有断裂或连续的褐色斑纹。后翅有细长尾突，臀叶发达。雄蝶前翅腹面下缘带长毛，后翅背面近基部有灰色性标。

【分　　布】古北区东部南缘、东洋区。

【寄主植物】蔷薇科 Rosaceae、无患子科 Sapindaceae、大戟科 Euphorbiaceae。

204. 生灰蝶 *Sinthusa chandrana* (Moore, 1882)

【鉴别特征】中型灰蝶。雄蝶翅背面底色呈深褐色，前翅内侧为暗蓝色，后翅则带金属紫蓝色斑；雌蝶翅背面底色呈深褐色，部分个体前翅中央有橙斑，后翅中央则带白斑。翅腹底色呈灰白色，两翅有断裂为数截的灰褐色斑列，中室端有短斑，翅基部有数个黑

♀正　♀反

1cm

浙江凤阳山　2019-06-16

♂正　♂反

1cm

浙江凤阳山　2018-06-14

点，后翅臀区附近散布金属蓝色鳞片，并有 1 个橙色包围的黑色眼斑，臀叶黑色。旱季型翅腹斑纹消退，雌蝶翅背浅色斑更发达。

【分　　布】中国浙江（凤阳山、四明山、天目山、划岩山）、云南、四川、广西、广东、福建、江西、海南、台湾、香港；喜马拉雅、缅甸、泰国、中南半岛。

【发　　生】3—10 月。

浙江天目山　2018-06-01

浙江天目山　2018-07-11

浙江凤阳山　2019-08-01

梳灰蝶属 *Ahlbergia* Bryk, 1946

【鉴别特征】小型灰蝶。该属成虫翅底色多为棕褐色至黑褐色，大部分种类翅面具蓝色闪光，翅外缘波浪状，雄蝶前翅前缘多具性标，点状或条状。腹面多为棕褐色至深褐色，部分种类后翅前缘具白斑。本属种类外形分化较小，很多种类依靠外观难以区分，且雄蝶生殖器官区别也较小，目前比较准确的分类依据是雌蝶生殖器官。

【分　　布】古北区、东洋区。

【寄主植物】蔷薇科 Rosaceae、豆科 Fabaceae、忍冬科 Caprifoliaceae。

205. 南岭梳灰蝶 *Ahlbergia dongyui* Huang & Zhan, 2006

【鉴别特征】小型灰蝶。与李氏梳灰蝶相似。翅背面底色蓝色，前翅顶角及外缘黑色，外缘波浪状。翅腹面棕色，有较清晰的深棕色斑纹，雄蝶具条状性标。雌雄同型。雌蝶蓝色闪光较雄蝶发达。翅背蓝色斑纹较李氏梳灰蝶欠发达，且颜色深于李氏梳灰蝶，翅外缘波浪状较李氏梳灰蝶发达。

【分　　布】中国浙江（百山祖、凤阳山、天目山）、广东、江苏。

【发　　生】3—5月。

浙江天目山　2018-04-10

♂正

♂反

1cm

浙江凤阳山　2019-04-17

浙江天目山 2018-04-19

206. 尼采梳灰蝶 *Ahlbergia nicevillei* (Leech, 1893)

【鉴别特征】小型灰蝶。雌雄同型。翅背面底色蓝色，前翅顶角及外缘黑色，后翅浅蓝色，外缘黑色，外缘平滑非波浪状，臀角突出。翅腹面棕色，几乎无斑纹，雄蝶具条状性标。雌蝶蓝色闪光较雄蝶发达。

【分　　布】中国浙江（凤阳山、天目山）、江苏、湖南、广东、安徽、陕西。

【发　　生】3—5 月。

浙江凤阳山　2019-04-17

浙江凤阳山　2020-04-15

浙江凤阳山　生境　2017-04-20

洒灰蝶属 *Satyrium* Scudder, 1897

【鉴别特征】小型至大型灰蝶。翅面灰黑至棕黑色（杨氏洒灰蝶为淡蓝色），部分种类翅背面具红斑，多数种类后翅具尾突，腹面颜色浅于背面，部分种类黄色、灰色或白色。

【分　　布】古北区、新北区、东洋区。

【寄主植物】豆科 Fabaceae、鼠李科 Rhamnaceae、蔷薇科 Rosaceae、忍冬科 Caprifoliaceae、榆科 Ulmaceae、壳斗科 Fagaceae、无患子科 Sapindaceae、槭树科 Aceraceae。

207. 杨氏洒灰蝶 *Satyrium yangi* (Riley, 1939)

【鉴别特征】中型灰蝶。雌雄同型。翅背面淡蓝色，后翅具 1 条尾丝，翅腹面棕黄色，前翅亚外缘分布 1 列黑斑，中部有 1 条不规则白线，后翅亚外缘有 1 条连续红斑带，

浙江凤阳山　2018-05-16

浙江九龙山　2019-05-25

红斑内部分布 1 列不连续黑斑，中部有 1 条不规则白线。雄蝶前翅有 1 个棒状性标。

【分　　布】中国浙江（凤阳山、天目山、九龙山）、福建、广东、湖南。

【发　　生】5—6 月。

浙江天目山　2019-06-01

208. 饰洒灰蝶 *Satyrium ornate* (Leech, 1890)

【鉴别特征】中小型灰蝶。雌雄异型。翅背面棕黑色，大部分个体前翅具红斑，有 2 条尾丝，一长一短，翅腹面灰黑色，前翅腹面亚外缘具 1 列黑斑，中部有 1 条不规则白线，后翅亚外缘有 1 条连续红斑带，尤以雌蝶非常发达，红斑内侧具 1 列不连续黑斑，翅中有 1 条不规则白线。雌蝶翅形明显较雄蝶宽阔，雄蝶不具性标。

【分　　布】中国浙江（凤阳山、天目山）、北京、河北、黑龙江、吉林、河南、陕西。

【发　　生】5—8 月。

浙江天目山　2018-05-25

浙江凤阳山　2020-07-06

209. 大洒灰蝶 *Satyrium grandis* (Felder & Felder, 1862)

【鉴别特征】大型灰蝶。雌雄异型。翅背面棕褐色，具 2 条尾丝，雄蝶极短，雌蝶一长一短。翅腹面灰黑色，雄蝶前翅中部有 1 条不规则白线，后翅亚外缘有 1 连续红黑交叉斑带，雌蝶后翅较雄蝶宽阔，腹面红斑尤其发达，雄蝶前翅有 1 个圆形性标。

【分　　布】中国浙江（凤阳山、四明山、天目山）、江苏、河南、福建。

【发　　生】5—7 月。

浙江天目山　2017-05-26

浙江天目山　2018-06-10

浙江天目山　2019-05-22

灰蝶属 *Lycaena* Fabricius, 1807

【鉴别特征】中小型灰蝶。该属成虫前翅底色为红色，后翅黑褐色，前翅有黑斑，后翅有红带，腹面前翅橙黄色，后翅灰褐色，前翅黑斑大，后翅黑斑小。

【分　　布】世界各地。

【寄主植物】蓼科 Polygonaceae。

210. 红灰蝶 *Lycaena phlaeas* (Linnaeus, 1761)

【鉴别特征】中小型灰蝶。背面前翅红色，中室有 2 个黑斑，中室外有黑斑带，外缘黑色，后翅黑褐色，外缘有红色带；腹面前翅橙黄色，斑纹同背面，外缘灰褐色，后翅灰褐色，基部、中域、中域外侧有小黑斑，外缘红色。

【分　　布】中国浙江（凤阳山、四明山、天目山）、北京、陕西、四川、西藏、云南、新疆；世界各地。

【发　　生】4—9 月。

浙江天目山　2018-04-15

浙江天目山　2018-04-18

浙江天目山　2018-04-20

浙江天目山　2018-05-24

浙江天目山　2019-04-21

彩灰蝶属 *Heliophorus* Geyer, [1832]

【鉴别特征】中小型灰蝶。雌雄斑纹相异，雄蝶翅背面黑褐色，常有金属光泽的蓝色、绿色或金色斑，雌蝶前翅多有 1 条橙色或红色斜纹。翅腹面底色黄色，上有细小的黑褐色及白色斑点和线纹，绝大多数种类后翅具尾突，属内各种间雌蝶差异极小，难以辨认。

【分　　布】东洋区。

【寄主植物】蓼科 Polygonaceae。

211. 浓紫彩灰蝶 *Heliophorus ila* (de Nicéville & Martin, [1896])

【鉴别特征】中型灰蝶。雄蝶翅背面黑褐色，前翅基半部及后翅内中区有色泽暗淡的深紫色斑，后翅臀角附近有 1 道橙红色斑纹，具尾突，末端白色。翅腹面底色为黄色，前后翅近外侧有 1 列细小短线纹，前翅及后翅前段为黑褐色，后段为白色，前后翅外缘有 1 列外镶白纹的红色斑带。雌蝶背面黑褐色，无深紫色斑，前翅中部有 1 个橙红色斑，腹面斑纹与雄蝶类似。

【分　　布】中国浙江（凤阳山、天目山）、福建、江西、广东、海南、台湾、广西、四川、陕西、河南；印度、不丹、缅甸、马来西亚、印度尼西亚。

【发　　生】3—10 月。

福建福州森林公园　2018-10-06

♀正

♀反

1cm

浙江凤阳山　2019-07-16

灰蝶科 Lycaenidae

福建福州森林公园　2018-10-06

锯灰蝶属 *Orthomiella* Nicéville, 1890

【鉴别特征】小型灰蝶。翅背面黑褐色，雄蝶有紫色金属光泽，部分种类有非常亮丽的金属蓝斑，翅腹面黄褐色或灰褐色，有黑褐色斑纹。

【分　　布】东洋区。

【寄主植物】壳斗科 Fagaceae。

212. 锯灰蝶 *Orthomiella pontis* Elwes, 1887

【鉴别特征】小型灰蝶。雄蝶翅背面大部分为带紫色光泽的暗蓝色斑，仅后翅前缘有较宽的黑色带，翅外缘有明显黑白相间的缘毛，腹面为黄褐色，前后翅中央及近翅基处有镶白边的暗褐色纹，前翅暗褐色纹弧形排列，后翅暗褐色纹更加明显。雌蝶翅背面为更明亮的蓝色，前翅顶角、外缘，后翅前缘有宽阔的黑边，腹面斑纹类似雄蝶。

【分　　布】中国浙江（凤阳山、天目山）、河南、陕西、江苏、福建、湖北、云南；印度、缅甸、泰国、老挝。

【发　　生】3—5月。

浙江凤阳山　2018-04-25

浙江凤阳山　2019-04-27

浙江凤阳山　2018-04-25

浙江凤阳山　2020-03-25

213. 中华锯灰蝶 *Orthomiella sinensis* (Elwes, 1887)

【鉴别特征】小型灰蝶。雄蝶翅背面黑褐色，前翅有宽阔的黑边，黑边内侧及后翅前缘区为暗淡的紫色斑，翅外缘有明显黑白相间的缘毛，腹面斑纹类似峦太锯灰蝶。

【分　　布】中国浙江（凤阳山、天目山、峰源）、陕西、河南。

【发　　生】3—5月。

浙江天目山　2019-04-13

♂正　♂反

1cm

浙江凤阳山　2019-04-17

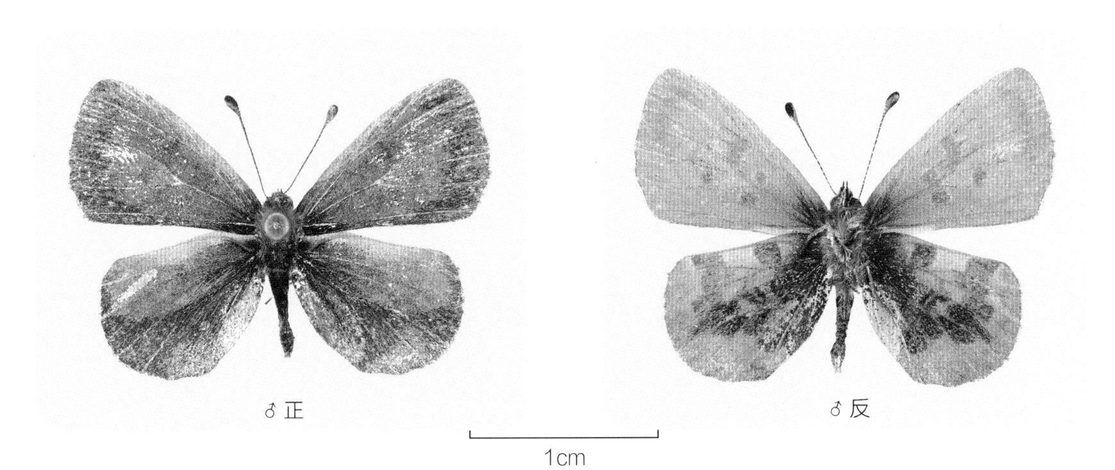

♂正　♂反

1cm

浙江丽水市峰源　2019-04-22

浙江凤阳山　2020-03-25

浙江凤阳山
2020-03-25

浙江凤阳山
2020-03-25

214. 峦太锯灰蝶 *Orthomiella rantaizana* Wileman, 1910

【鉴别特征】小型灰蝶。雄蝶翅背面黑褐色，后翅上半部有鲜亮的金属蓝斑块，易与属内其他种类区分，腹面为黄褐色，斑纹与锯灰蝶相似。雌蝶翅背面为灰褐色，前后翅靠基部有暗淡的蓝色斑块，腹面与雄蝶相似。

【分　　布】中国浙江（凤阳山、白云森林公园）、福建、台湾、广东、云南；缅甸、泰国、老挝。

【发　　生】3—5月。

浙江凤阳山　2020-03-25

♂正　　♂反

1cm

浙江凤阳山　2018-04-24

♂正　　♂反

1cm

浙江凤阳山　2019-04-27

黑灰蝶属 *Niphanda* Moore, [1875]

【鉴别特征】中小型灰蝶。雌雄异型。雄蝶翅背面常具蓝色至紫色光泽，雌蝶无光泽。翅腹面具黑白色相间斑纹。

【分　　布】古北区、东洋区。

【寄主植物】未知。

215. 黑灰蝶 *Niphanda fusca* (Bremer & Grey, 1853)

【鉴别特征】中型灰蝶。雌雄异型。雄蝶翅背暗紫色，翅腹面灰白色，不规则斑纹相间。雌蝶翅背面棕灰色，有些产地的个体呈灰白相间的颜色，腹面斑纹分布与雄蝶近似。

【分　　布】中国浙江（百山祖、凤阳山、草鱼塘）、北京、辽宁、陕西；俄罗斯、朝鲜半岛。

【发　　生】5—7 月。

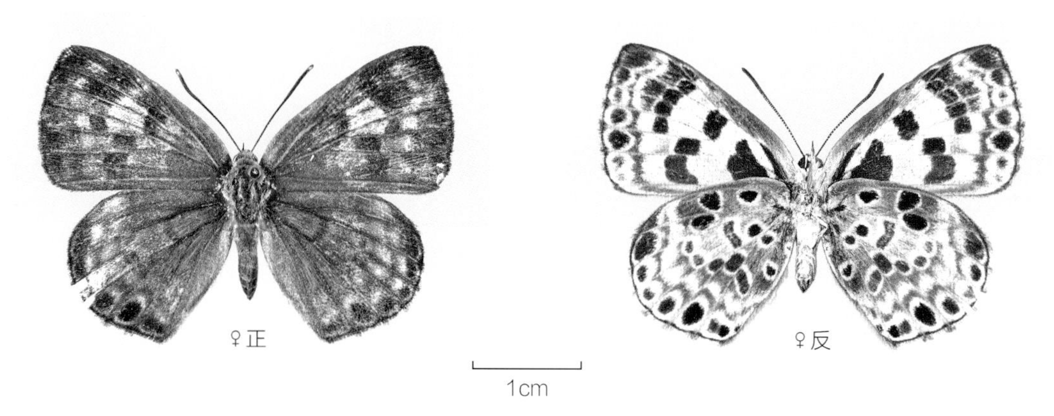

浙江凤阳山　2019-07-28

浙江草鱼塘　2019-05-21

浙江凤阳山　2019-07-28

浙江凤阳山　2019-07-28

雅灰蝶属 *Jamides* Hübner, [1819]

【鉴别特征】中至大型灰蝶。翅背面通常呈深蓝色、浅蓝色及白色，雄蝶具有光泽，翅腹面布满白色条纹，具尾突。此属后翅腹面内缘到臀角区有"V"字形线纹，可区分于娜灰蝶属和波灰蝶属。

【分　　布】东洋区。

【寄主植物】豆科 Fabaceae、姜科 Zingiberaceae。

216. 雅灰蝶 *Jamides bochus* (Stoll, [1782])

【鉴别特征】中型灰蝶。雌雄异型。雄蝶前翅前缘、外缘及翅角为较宽黑色，由中部到后翅均为蓝色金属闪光，后翅外缘黑色，翅反面为褐色，前翅由白线组成"丫"字形图案，后翅白线不规则排列，臀区有1个橙边包围的圆形黑斑，细长尾突1对。雌蝶翅面为浅绿色斑，无光泽。

【分　　布】中国浙江（凤阳山、天目山、望东垟）、福建、广东、广西、海南、云南、湖南、江西、香港、台湾；泰国、缅甸、越南、印度、老挝。

【发　　生】5—12月。

浙江凤阳山　2019-08-01

浙江凤阳山　2019-07-28

灰蝶科 Lycaenidae

亮灰蝶属 *Lampides* Hübner, [1819]

【鉴别特征】中型灰蝶。雄蝶翅背面紫蓝色，有形态特殊的发香鳞，雌蝶翅背面黑褐色，有蓝色纹。

【分　　布】全国各地。

【寄主植物】豆科 Fabaceae。

217. 亮灰蝶 *Lampides boeticus* Linnaeus, 1767

【鉴别特征】中型灰蝶。雄蝶翅背面蓝紫色，仅外缘有极细的黑边，后翅具尾突，近臀角处有 1 个黑点，翅腹面浅灰褐色，前后翅有许多白色细线及褐色带组成的斑纹，后翅亚外缘有 1 条醒目的宽阔白带，臀角处有 2 个黑斑，黑斑内有绿黄色鳞，外具橙黄色纹。雌蝶斑纹与雄蝶类似，但背面黑褐色部分明显较宽，后翅外缘和亚外缘有白纹及白带，腹面斑纹与雄蝶相似。

【分　　布】中国浙江（百山祖、凤阳山、四明山、天目山、望东垟）、陕西、河南、安徽、江苏、福建、台湾、海南、广东、云南、香港；世界各地。

【发　　生】2—10 月。

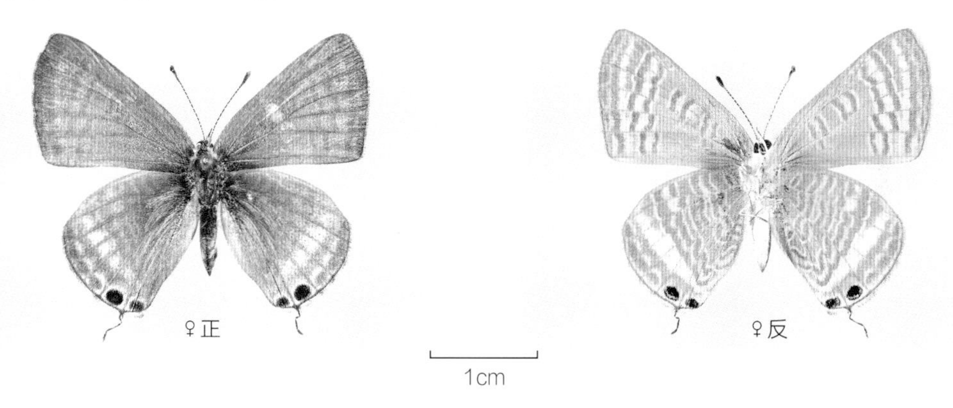

浙江凤阳山　2018-04-25

浙江凤阳山　2018-10-02

灰蝶科 Lycaenidae

浙江凤阳山　2017-08-11

浙江凤阳山　2018-05-15

浙江凤阳山　2019-08-07

吉灰蝶属 *Zizeeria* Chapman, 1910

【鉴别特征】小型灰蝶。翅背面闪蓝色金属光泽，翅腹面白色至淡黄褐色，具许多小斑。

【分　　布】古北区南部、东洋区、澳洲区和非洲区。

【寄主植物】豆科 Fabaceae、酢浆草科 Oxalidaceae、蓼科 Polygonaceae、苋科 Amaranthaceae。

218. 酢浆灰蝶 *Zizeeria maha* (Kollar, [1844])

【鉴别特征】小型灰蝶。雄蝶背面闪淡蓝色金属光泽，雌蝶则为黑色，但低温型个体翅基部至中域闪有蓝色金属光泽；高温型个体翅腹面为白色，具有许多小黑点；低温型个体翅腹面呈淡黄褐色，具许多围有淡色环纹的黑色或褐色小点。

【分　　布】中国浙江（百山祖、凤阳山、九龙山、草鱼塘、白云森林公园、四明山、天目山、望东垟）、江苏、福建、江西、广东、广西、海南、四川、重庆、贵州、云南、西藏、香港、台湾；日本、朝鲜半岛、西亚、南亚、东南亚。

【发　　生】4—10月。

浙江凤阳山　2019-07-28

♂正　　♂反

1cm

浙江凤阳山　2018-10-02

浙江凤阳山　2018-07-08

浙江凤阳山　2018-08-14

浙江凤阳山　2018-08-14

蓝灰蝶属 *Everes* Hübner, [1819]

【鉴别特征】小型灰蝶。雄蝶翅背面闪蓝色金属光泽，雌蝶翅背面蓝色区域较小，翅腹面具褐色或黑色小斑点，后翅近臀角处具橙色斑。

【分　　布】古北区、新北区、东洋区和澳洲区。

【寄主植物】豆科 Fabaceae、大麻科 Cannabaceae。

219. 蓝灰蝶 *Everes argiades* (Pallas, 1771)

【鉴别特征】小型灰蝶。雄蝶翅背面呈蓝紫色，雌蝶则为黑褐色，仅在翅基部具蓝色金属光泽；翅腹面白色至淡灰色，具许多黑色小斑点，后翅近臀角处具橙色斑，具 1 对尾突。

【分　　布】中国浙江（百山祖、凤阳山、四明山、天目山），国内大部分地区。

【发　　生】3—11 月。

浙江天目山　2018-05-12

浙江凤阳山
2018-05-15

玄灰蝶属 *Tongeia* Tutt, [1908]

【鉴别特征】小型灰蝶。雌雄斑纹相似，翅背面为黑褐色，前翅无斑纹，部分种类隐约可见腹面斑纹，后翅具尾突，外缘、亚外缘有隐约模糊的黑斑，边缘有微弱的淡蓝色线。翅腹面为带褐色的白色、浅灰色，多黑色斑点和斑带。

【分　　布】东洋区、古北区。

【寄主植物】景天科 Crassulaceae。

220. 点玄灰蝶 *Tongeia filicaudis* (Pryer, 1877)

【鉴别特征】小型灰蝶。雌雄斑纹相似，翅背面为黑褐色，前翅无斑纹，后翅外缘、亚外缘有隐约模糊的黑斑，边缘有模糊的淡蓝线。翅腹面底色为带褐色的白色或浅灰色，前后翅中室内及翅基附近有暗褐色小斑点，其中前翅中室及下方的 2 个小黑斑可与近似种区分，前后翅亚外缘有暗褐色重纹列，后翅具尾突，臀角附近有橙黄色弦月纹。

【分　　布】中国浙江（百山祖、凤阳山、四明山、天目山、午潮山）、河南、山东、四川、陕西、福建、广东、江西、台湾。

【发　　生】4—10 月。

浙江四明山　2018-04-29

浙江凤阳山　2018-10-02

浙江杭州市午潮山　2017-10-01

浙江凤阳山　2018-07-07

浙江凤阳山　2019-07-28

221. 波太玄灰蝶 *Tongeia potanini* (Alphéraky, 1889)

浙江天目山　2018-09-24

【鉴别特征】小型灰蝶。本种与其他玄灰蝶较易区别，其翅腹面底色较纯，斑纹多呈条状或带状，不似其他玄灰蝶有密集的斑点，后翅翅基处有 2 个斑点，斑纹或斑点的颜色较浅，呈灰褐色。

【分　　布】中国浙江（凤阳山、天目山）、河南、陕西、四川、福建；印度、缅甸、老挝、越南、泰国、马来西亚。

【发　　生】4—10 月。

♂正　♂反

1cm

浙江凤阳山　2018-08-14

♂正　♂反

1cm

浙江凤阳山　2019-04-27

丸灰蝶属 *Pithecops* Horsfield, [1828]

【鉴别特征】小型灰蝶。翅背面黑褐色，部分种类雄蝶闪有暗蓝色光泽，翅腹面白色，后翅顶角处具 1 个明显的黑斑。

【分　　布】东洋区、古北区东南部。

【寄主植物】豆科 Fabaceae。

222. 蓝丸灰蝶 *Pithecops fulgens* Doherty, 1889

【鉴别特征】小型灰蝶。近似于黑丸灰蝶，但本种雄蝶翅背面中域闪有暗蓝色金属光泽；翅腹面亚外缘通常无淡褐色小斑；前翅腹面前缘处具 1~2 个小黑点，有时也会消失。

【分　　布】中国浙江（凤阳山、天目山、乌岩岭）、安徽、福建、江西、广东、广西、四川、贵州、台湾；日本、印度、老挝、越南。

【发　　生】5—10 月。

浙江凤阳山　2018-05-15

浙江天目山　2018-09-05

浙江天目山　2017-07-26

浙江天目山　2018-06-10

浙江天目山　2019-07-22

妩灰蝶属 *Udara* Toxopeus, 1928

【鉴别特征】小型灰蝶。雄蝶翅背面闪有蓝色光泽或白斑，翅腹面白色，具褐色或黑褐色斑点。

【分　　布】东洋区、澳洲区。

【寄主植物】壳斗科 Fagaceae、忍冬科 Caprifoliaceae。

223. 妩灰蝶 *Udara dilecta* (Moore, 1879)

【鉴别特征】小型灰蝶。雄蝶翅背面闪有蓝紫色光泽，前翅中域以及后翅前缘处常具白色斑纹；雌蝶翅背面中域具蓝灰色斑纹；翅腹面白色，具有许多褐色小斑。

【分　　布】中国浙江（凤阳山、天目山）、安徽、福建、江西、广东、广西、海南、四川、贵州、云南、西藏、香港、台湾；印度、缅甸、老挝、泰国、越南、马来西亚、印度尼西亚、新几内亚。

【发　　生】5—10月。

浙江天目山　2017-07-02

浙江天目山
2018-08-10

灰蝶科 Lycaenidae

浙江天目山 2019-08-21

浙江凤阳山　2020-07-02

浙江凤阳山　2020-07-02

224. 白斑妩灰蝶 *Udara albocaerulea* (Moore, 1879)

【鉴别特征】小型灰蝶。雄蝶翅背面闪有蓝紫色光泽，前翅顶角处呈黑色，前翅中域以及后翅大部分区域呈白色；雌蝶翅背面黑褐色，近翅中域具蓝色和白色斑纹；翅腹面白色，具有许多显著的褐色小斑，外缘缺少褐色细线。

【分　　布】中国浙江（凤阳山、九龙山、白云森林公园、四明山、天目山、峰源）、安徽、福建、江西、广西、广东、四川、贵州、云南、西藏、香港、台湾；日本、印度、尼泊尔、缅甸、老挝、越南、马来西亚。

【发　　生】4—10月。

浙江天目山　2018-04-22

浙江凤阳山　2018-06-15

浙江丽水市峰源　2019-04-22

浙江天目山　2018-06-10

浙江凤阳山　2019-07-28

琉璃灰蝶属 *Celastrina* Tutt, 1906

【鉴别特征】中型灰蝶。雄蝶翅背面呈蓝色至暗紫色，雌蝶背面有粗深褐色边，仅中央带蓝斑或白纹。翅腹面白色或浅灰色，带细小暗褐色斑点。本属含多种外形相似的物种，加上与其他数个近缘属形态接近，容易造成混淆。

【分　　布】全北区、东洋区、澳洲区北部。

【寄主植物】豆科 Fabaceae、无患子科 Sapindaceae、蔷薇科 Rosaceae、山茱萸科 Cornaceae。

225. 琉璃灰蝶 *Celastrina argiola* (Linnaeus, 1758)

【鉴别特征】中型灰蝶。雄蝶翅背面浅蓝色，前翅外缘及后翅前缘带黑边，后翅亚外缘有 1 列模糊黑斑点。翅腹面底色白色，有细小而颜色平均的灰褐色斑点，沿外缘带灰褐色点列和波浪线纹，前翅外侧的灰褐色纹大致排列成直线，后翅 Cu_2 室的灰褐色纹断为两截。雌蝶前翅背面黑边明显较阔，中央呈灰蓝色，后翅亚外缘的黑斑更明显。

【分　　布】中国浙江（百山祖、凤阳山、九龙山、白云森林公园、草鱼塘、烂泥湖、松阳县、四明山、天目山、望东垟），以及除新疆和海南外的所有地区；古北区、东洋区北缘，包括吕宋岛。

【发　　生】3—9月。

浙江凤阳山　2019-07-28

♀正

♀反

1cm

浙江凤阳山　2018-05-15

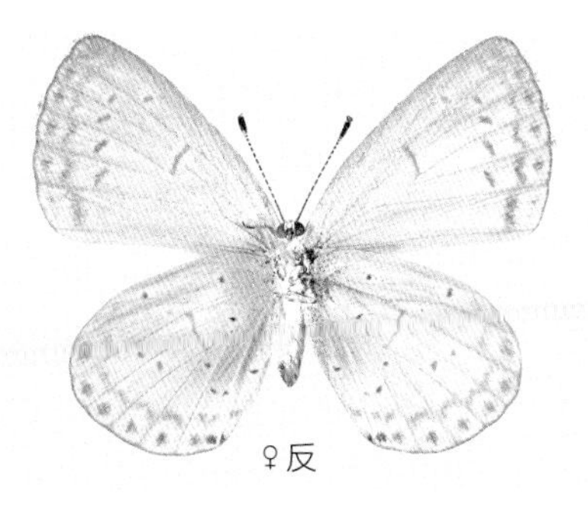

浙江凤阳山　2018-07-07

浙江凤阳山　2018-09-09

浙江凤阳山　2020-03-25

浙江凤阳山　2020-03-25

浙江凤阳山　2020-03-25

226. 大紫琉璃灰蝶 *Celastrina oreas* (Leech, [1893])

【鉴别特征】中型灰蝶。本属体型较大的成员。雄蝶翅背面深紫蓝色，前翅外缘及后翅前缘带窄黑边。翅腹面底色呈略白色，有细小的灰褐色斑点，后翅基部散布浅蓝色鳞片。雌蝶前翅背面前缘和外缘有阔黑边，中央呈灰蓝色，后翅亚外缘有明显黑斑列和波浪线纹。

【分　　布】中国浙江（凤阳山、天目山、桐庐县）、云南、四川、贵州、陕西、西藏、台湾；印度、缅甸、朝鲜半岛。

【发　　生】4—8 月。

浙江桐庐县凤川　2018-04-27

浙江桐庐县凤川　2018-04-27

227. 杉谷琉璃灰蝶 *Celastrina sugitanii* (Matsumura, 1919)

【鉴别特征】中型灰蝶。雄蝶翅背面蓝紫色，前后翅外缘带窄黑边，后翅亚外缘有1 列模糊黑斑点。翅腹面底色白色，有较大而鲜明的黑褐色斑点，沿外缘有灰褐色点列而波浪线纹并不明显，前翅外侧的黑褐色纹部分偏向内侧。雌蝶前翅背面前缘和外缘有阔黑边，蓝斑外侧泛白，两翅中室端有黑纹。

【分　　布】中国浙江（凤阳山、天目山）、陕西、广东、台湾；朝鲜、日本。

【发　　生】3—4 月。

♂正　♂反

1cm

浙江凤阳山　2020-03-25

♂正　♂反

1cm

浙江凤阳山　2020-03-25

♂正

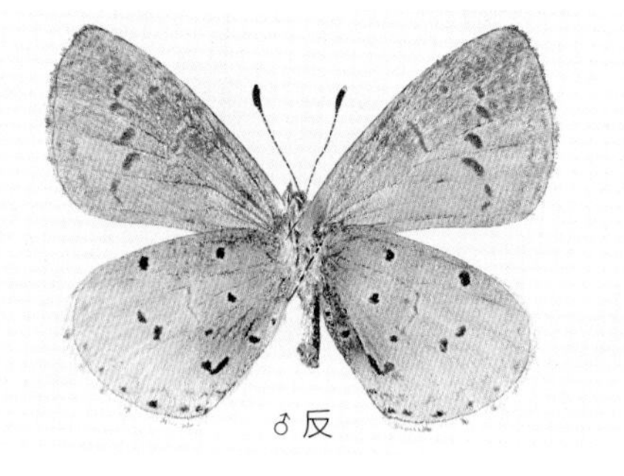

♂反

1cm

浙江凤阳山　2020-03-25

浙江天目山　2019-04-06

紫灰蝶属 *Chilades* Moore, [1881]

【鉴别特征】中小型灰蝶。翅背面为紫色或褐色，具有光泽，黑色翅脉明显，其中 1 种有尾突，有季节型之分，腹面花纹有所不同。

【分　　布】东洋区。

【寄主植物】苏铁科 Cycadaceae、芸香科 Rutaceae、豆科 Fabaceae。

228. 曲纹紫灰蝶 *Chilades pandava* (Horsfield, [1829])

【鉴别特征】中型灰蝶。雌雄异型。雄蝶翅面紫色，具有光泽，前翅外缘黑带较窄，后翅贴近外缘各室内有 1 个黑色斑，前缘深灰色，具尾突，翅腹面灰色，外中区与外缘间有较多黑色斑点，有白色边相伴，臀区有 1 块较黑色圆斑，伴有较明显橙色斑；雌蝶翅背面深灰色，前翅中部有较暗蓝色鳞斑，后翅有 1 个橙色斑，旱湿季腹面花纹有所不同。

【分　　布】中国浙江（白云森林公园、中央山），长江以南地区；南亚、东南亚。

【发　　生】6—11 月。

浙江白云森林公园　2018-08-20

浙江白云森林公园　2018-08-20

浙江台州市中央山　2018-07-31

弄蝶科

Hesperiidae

【鉴别特征】成虫体型为中型或小型，颜色斑纹较为暗淡，少数具黄色或白色斑纹；触角基部相互接近，并通常有黑色毛块，端部略粗，末端弯钩状而尖。世界记载 4 100 余种，中国记载 370 余种，百山祖国家公园记载 36 属 55 种。

【寄主植物】天南星科 Araceae、豆科 Fabaceae、禾本科 Gramineae、唇形科 Labiatae、蔷薇科 Rosaceae、芸香科 Rutaceae、清风藤科 Sabiaceae 等。

伞弄蝶属 *Burara* Swinhoe, 1893

229. 大伞弄蝶 *Burara miracula* (Evans,1949)

趾弄蝶属 *Hasora* Moore, [1881]

230. 无趾弄蝶 *Hasora anurade* Nicéville, 1889

绿弄蝶属 *Choaspes* Moore, [1881]

231. 绿弄蝶 *Choaspes benjaminii* (Guérin-Méneville, 1843)

带弄蝶属 *Lobocla* Moore, 1884

232. 双带弄蝶 *Lobocla bifasciata* (Bremer & Grey, 1853)

星弄蝶属 *Celaenorrhinus* Hübner, [1819]

233. 斑星弄蝶 *Celaenorrhinus maculosus* C. & R. Felder, [1867]

234. 同宗星弄蝶 *Celaenorrhinus consanguinea* Leech, 1891

窗弄蝶属 *Coladenia* Moore, 1881

235. 花窗弄蝶 *Coladenia hoenei* Evans, 1939

236. 幽窗弄蝶 *Coladenia sheila* Evans, 1939

梳翅弄蝶属 *Ctenoptilum* de Nicéville, 1890

237. 梳翅弄蝶 *Ctenoptilum vasava* (Moore, 1865)

黑弄蝶属 *Daimio* Murray, 1875

238. 黑弄蝶 *Daimio tethys* (Ménétriès, 1857)

捷弄蝶属 *Gerosis* Mabille, 1903

239. 匪夷捷弄蝶 *Gerosis phisara* (Moore, 1884)

240. 中华捷弄蝶 *Gerosis sinica* (C. & R. Felder, 1862)

裙弄蝶属 *Tagiades* Hübner, [1819]

241. 沾边裙弄蝶 *Tagiades litigiosa* Möschler, 1878

瑟弄蝶属 *Seseria* Matsumura, 1919

242. 锦瑟弄蝶 *Seseria dohertyi* (Watson, 1893)

飒弄蝶属 *Satarupa* Moore, 1865

243. 密纹飒弄蝶 *Satarupa monbeigi* Oberthür, 1921

244. 蛱型飒弄蝶 *Satarupa nymphalis* (Speyer, 1879)

白弄蝶属 *Abraximorpha* Elwes & Edwards, 1897

245. 白弄蝶 *Abraximorpha davidii* (Mabille, 1876)

珠弄蝶属 Erynnis Schrank, 1801

246. 深山珠弄蝶 *Erynnis montanus* (Bremer, 1861)

锷弄蝶属 *Aeromachus* de Nicéville, 1890

247. 黑锷弄蝶 *Aeromachus piceus* Leech, 1893

248. 小锷弄蝶 *Aeromachus nanus* Leech, 1890

黄斑弄蝶属 *Ampittia* Moore, 1881

249. 黄斑弄蝶 *Ampittia dioscorides* (Fabricius, 1793)

250. 钩形黄斑弄蝶 *Ampittia virgata* (Leech, 1890)

讴弄蝶属 *Onryza* Watson, 1893

251. 讴弄蝶 *Onryza maga* (Leech, 1890)

陀弄蝶属 *Thoressa* Swinhoe, [1913]

252. 黄毛陀弄蝶 *Thoressa kuata* (Evans, 1940)

酣弄蝶属 *Halpe* Moore, 1878

253. 峨眉酣弄蝶 *Halpe nephele* Leech, 1893

254. 凹缘酣弄蝶 *Halpe concavimarginata* Yuan, Wang & Yuan, 2007

旖弄蝶属 *Isoteinon* C. & R. Felder, 1862

255. 旖弄蝶 *Isoteinon lamprospilus* C. & R. Felder, 1862

腌翅弄蝶属 *Astictopterus* C. & R. Felder, 1860

256. 腌翅弄蝶 *Astictopterus jama* C. & R. Felder, 1860

袖弄蝶属 *Notocrypta* de Nicéville, 1889

257. 曲纹袖弄蝶 *Notocrypta curvifascia* (C. & R. Felder, 1862)

姜弄蝶属 *Udaspes* Moore, 1881

258. 姜弄蝶 *Udaspes folus* (Cramer, [1775])

须弄蝶属 *Scobura* Elwes & Edwards, 1897

259. 显脉须弄蝶 *Scobura lyso* (Evans, 1939)

珞弄蝶属 *Lotongus* Distant, 1886

260. 珞弄蝶 *Lotongus saralus* (de Nicéville, 1889)

蕉弄蝶属 *Erionota* Mabille, 1878

261. 黄斑蕉弄蝶 *Erionota torus* Evans, 1941

赭弄蝶属 *Ochlodes* Scudder, 1872

262. 小赭弄蝶 *Ochlodes venata* (Bremer & Grey, 1853)

263. 白斑赭弄蝶 *Ochlodes subhyalina* (Bremer & Grey, 1853)

264. 针纹赭弄蝶 *Ochlodes klapperichii* Evans, 1940

豹弄蝶属 *Thymelicus* Hübner, [1819]

265. 豹弄蝶 *Thymelicus leoninus* (Butler, 1878)

266. 黑豹弄蝶 *Thymelicus sylvaticus* (Bremer, 1861)

黄室弄蝶属 *Potanthus* Scudder, 1872

267. 严氏黄室弄蝶 *Potanthus yani* Huang, 2002

268. 曲纹黄室弄蝶 *Potanthus flavus* (Murray, 1875)

269. 断纹黄室弄蝶 *Potanthus trachalus* (Mabille, 1878)

长标弄蝶属 *Telicota* Moore, 1881

270. 竹长标弄蝶 *Telicota bambusae* (Moore, 1878)

稻弄蝶属 *Parnara* Moore, 1881

271. 直纹稻弄蝶 *Parnara guttata* (Bremer & Grey, 1853)

272. 挂墩稻弄蝶 *Parnara batta* Evans, 1949

刺胫弄蝶属 *Baoris* Moore, 1881

273. 黎氏刺胫弄蝶 *Baoris leechii* Elwes & Edwards, 1897

谷弄蝶属 *Pelopidas* Walker, 1870

274. 隐纹谷弄蝶 *Pelopidas mathias* (Fabricius, 1798)

275. 中华谷弄蝶 *Pelopidas sinensis* (Mabille, 1877)

孔弄蝶属 *Polytremis* Mabille, 1904

276. 黄纹孔弄蝶 *Polytremis lubricans* (Herrich-Schäffer, 1869)

277. 刺纹孔弄蝶 *Polytremis zina* (Evans, 1932)

278. 硕孔弄蝶 *Polytremis gigantea* Tsukiyama, Chiba & Fujioka, 1997

279. 透纹孔弄蝶 *Polytremis pellucida* (Murray, 1875)

280. 盒纹孔弄蝶 *Polytremis theca* (Evans, 1937)

281. 华西孔弄蝶 *Polytremis nascens* (Leech, 1893)

珂弄蝶属 *Caltoris* Swinhoe, 1893

282. 珂弄蝶 *Caltoris cahira* (Moore, 1877)

283. 斑珂弄蝶 *Caltoris bromus* (Leech, 1894)

伞弄蝶属 *Burara* Swinhoe, 1893

【鉴别特征】中型至大型弄蝶。身体粗壮，体被鳞毛，翅腹面常具辐射状细纹，部分雄蝶前翅背面具有性标。

【分　　布】东洋区、澳洲区。

【寄主植物】五加科 Araliaceae、金虎尾科 Malpighiaceae。

229. 大伞弄蝶 *Burara miracula* (Evans,1949)

【鉴别特征】大型弄蝶。翅背面深褐色，两翅基部具黄棕色的鳞毛；翅腹面除了前翅下半部呈黑褐色外，其余区域均呈灰绿色或淡蓝绿色，翅脉呈褐色。后翅臀角处的缘毛呈淡橙黄色。

♂正　　♂反

1cm

浙江凤阳山　2018-06-15

♂正　　♂反

1cm

浙江凤阳山　2019-06-24

【分　　布】中国浙江（凤阳山）、福建、江西、广东、广西、四川、重庆等；越南。

【发　　生】6—7月。

浙江凤阳山　2019-07-31

浙江凤阳山　2020-07-05

趾弄蝶属 *Hasora* Moore, [1881]

【鉴别特征】中大型弄蝶。后翅臀角常突出而成叶状。雄蝶后足胫节无毛束。许多种类雄蝶于前翅翅表具性标。雌蝶于前翅常有半透明斑纹，雄蝶则斑纹少或无纹。

【分　　布】澳洲区、东洋区。

【寄主植物】豆科 Fabaceae。

230. 无趾弄蝶 *Hasora anurade* Nicéville, 1889

【鉴别特征】中大型弄蝶。雌雄斑纹相异。躯体褐色。后翅叶状突不明显。翅表褐色，除了前翅前缘外侧有数枚黄白色小点以外无纹，翅基具褐色长毛。翅腹面底色褐色。前、后翅外半部有 1 条模糊斜行浅色线，后翅浅色线后端有 1 条黄白色小纹。后翅中室端有

♀正　♀反

1cm

浙江凤阳山　2017-07-21

♂正　♂反

1cm

浙江凤阳山　2018-07-08

1 个黄白色小点。雌蝶前翅有 3 枚明显的半透明米黄色斑。前缘外侧翅顶附近有 1 列同色小斑。翅基有黄褐色长毛，翅腹面色彩与雄蝶相近，唯前翅的半透明斑见于相应位置。

【分　　布】中国浙江（凤阳山、烂泥湖、天目山）、四川、重庆、云南、贵州、陕西、河南、江西、广东、福建、香港、海南、台湾；尼泊尔、不丹、印度、缅甸、泰国、老挝、越南。

【发　　生】全年。

浙江天目山　2018-04-07

浙江凤阳山　2020-07-01

绿弄蝶属 *Choaspes* Moore, [1881]

【鉴别特征】中大型弄蝶。体型壮硕，翅为鲜艳的蓝色、绿色，后翅臀角有橙色、黄色斑纹。雄蝶后足胫节具 2 组长毛束（毛笔器），内侧者长度较短，位于后胸与腹部的沟槽内，外侧者较长，位于后足胫节后侧毛状鳞丛内。部分种类雄蝶前翅背面有性标。

【分　　布】古北区、东洋区。

【寄主植物】清风藤科 Sabiaceae。

231. 绿弄蝶 *Choaspes benjaminii* (Guérin-Méneville, 1843)

【鉴别特征】中大型弄蝶。雌雄斑纹相似。胸部背侧被蓝褐色长毛，腹部腹面有橙黄色纹。后翅臀角有叶状突。翅背面底色暗蓝绿色，翅基有蓝绿色毛，后翅臀角沿外缘有橙红色边。翅腹面底色绿色，沿翅脉黑褐色，后翅臀区附近有橙红色及黑褐色纹。雌蝶翅背

♂正　　♂反

1cm

浙江九龙山　2019-06-15

♂正　　♂反

1cm

浙江凤阳山　2019-09-17

面底色较暗，蓝绿色长毛与底色的对比显著。雄蝶后足胫节基部生有 2 组黄褐色长毛束。

【分　　布】中国浙江（百山祖、凤阳山、九龙山、四明山、天目山）、云南、陕西、河南、江西、广西、广东、福建、香港、台湾；日本、印度、斯里兰卡、缅甸、泰国、老挝、越南、朝鲜半岛。

【发　　生】4—9 月。

浙江凤阳山　2019-08-03

浙江凤阳山　2020-07-04

带弄蝶属 *Lobocla* Moore, 1884

【鉴别特征】中型弄蝶。该属成虫背面黑褐色，前翅中域、亚顶区有白色半透明斑，后翅无斑纹，腹面后翅多白色鳞片和黑色、棕褐色斑。

【分　　布】中国浙江、云南等地。

【寄主植物】豆科 Fabaceae。

232. 双带弄蝶 *Lobocla bifasciata* (Bremer & Grey, 1853)

【鉴别特征】中型弄蝶。背面翅色黑褐色，雄蝶前翅前缘外翻见黄褐色性标，亚顶区有白色半透明小斑列，中域半透明白斑带斜向较宽，后翅无斑纹；腹面前翅顶区覆白色鳞片，后翅白色鳞片多，中部有 2 条浅黑色带，横向上下分布。

【分　　布】中国浙江（百山祖、凤阳山、四明山、天目山）、北京、辽宁、陕西、广东、云南、台湾；蒙古、俄罗斯。

【发　　生】6—7 月。

♀正　♀反

1cm

浙江凤阳山　2018-07-08

浙江天目山
2018-06-11

浙江天目山　2018-06-11

星弄蝶属 *Celaenorrhinus* Hübner, [1819]

【鉴别特征】中小型、中型或中大型弄蝶。翅形宽阔，前翅有白色或黄色的带纹、斑点，后翅常有白色或黄色小斑点。雄蝶有诸多第二性征，如后足胫节具有长毛束、胸部腹面后端有一团特化鳞，以及第 2 腹节腹面有 1 对线形发香袋等。

【分　　布】泛世界热带地区。

【寄主植物】爵床科 Acanthaceae、木樨科 Oleaceae、荨麻科 Urticaceae。

233. 斑星弄蝶 *Celaenorrhinus maculosus* C. & R. Felder, [1867]

【鉴别特征】中大型弄蝶。触角末端具 1 条黄白环。腹部黄黑相间。翅背面底色暗褐色。前翅中室端及其他翅室有鲜明白斑，约略排成斜列。中室端外小白斑较斑列后端小白斑更小。翅顶附近有 3 枚排成 1 列的小白纹。后翅有许多鲜明的黄色斑纹缘毛黄黑相间，但前端黄色部分常减退、消失。翅腹面斑纹色彩与背面相似，但翅基有放射状黄色条纹。

【分　　布】中国浙江（凤阳山、四明山、天目山）、贵州、四川、重庆、湖北、湖南、江苏、河南、台湾；老挝。

【发　　生】7—9 月。

浙江天目山　2017-07-27

♀正

♀反

1cm

浙江凤阳山　2018-07-07

浙江天目山　2019-07-16

234. 同宗星弄蝶 *Celaenorrhinus consanguinea* Leech, 1891

【鉴别特征】中型弄蝶。触角末端常具不鲜明白环。腹部背侧褐色，有时具不鲜明黄色细纹，腹侧黄黑相间。翅背面底色暗褐色。前翅中室端及其他翅室有鲜明白斑，约略排成斜列。翅顶附近有 3 条排成 1 列的小白纹。中室端白斑前方常有黄色短线纹。后翅有黄白色斑纹，缘毛白黑相间。翅腹面斑纹色彩与背面相似，但后翅黄纹常较背面鲜艳。

【分　　布】中国浙江（百山祖、白云森林公园、天目山）、云南、贵州、广西、广东、湖南、四川、湖北、安徽。

【发　　生】5—7 月。

浙江白云森林公园　2017-05-24

浙江天目山　2019-06-14

窗弄蝶属 *Coladenia* Moore, 1881

【鉴别特征】中型弄蝶。翅色多为褐色至深褐色，翅面通常具有发达的白斑。雄蝶后足常具毛簇，雌蝶腹部末端常具发达的鳞毛簇。

【分　　布】东洋区。

【寄主植物】蔷薇科 Rosaceae、禾本科 Gramineae。

235. 花窗弄蝶 *Coladenia hoenei* Evans, 1939

【鉴别特征】中型弄蝶。后翅外缘略呈波状；翅底色为棕褐色，前后翅中域均具有大小不等的白斑，其中后翅外侧的小白斑常围有黑边，其外侧具有淡褐色环纹。

【分　　布】中国浙江（凤阳山、天目山）、河南、安徽、福建、广东、四川、陕西；老挝、越南。

【发　　生】4—6 月。

♀正　　♀反

1cm

浙江凤阳山　2018-04-24

♀正　　♀反

1cm

浙江天目山　2019-05-04

浙江天目山　2018-05-28

浙江天目山　2019-05-11

236. 幽窗弄蝶 *Coladenia sheila* Evans, 1939

【鉴别特征】中型弄蝶。翅底色为黑褐色，翅背面亚外缘散布灰白色的鳞片，前翅中域具 2 个较大的白斑，外侧具 4 个小白斑，近顶角通常具 5 个小白斑，后翅中域具 1 个很大的白斑；翅腹面斑纹基本同背面，前翅内缘和后翅内缘呈灰白色。

【分　　布】中国浙江（凤阳山、天目山）、河南、安徽、福建、广东、陕西、四川。

【发　　生】4—6 月。

浙江天目山　2019-05-01

♀正

♀反

1cm

浙江凤阳山　2019-04-27

♂正

♂反

1cm

浙江天目山　2019-05-02

浙江天目山　2018-05-25

浙江天目山　2018-05-25

梳翅弄蝶属 *Ctenoptilum* de Nicéville, 1890

【鉴别特征】中型弄蝶。前后翅外缘中部呈突起状，翅面具许多集中分布的小白斑。

【分　　布】东洋区。

【寄主植物】未知。

237. 梳翅弄蝶 *Ctenoptilum vasava* (Moore, 1865)

【鉴别特征】中型弄蝶。前后翅外缘中部呈突起状，翅底色为黄褐色，翅基部至中域呈深褐色，翅面具有许多集中分布的半透明状的小白斑。

【分　　布】中国浙江（凤阳山、天目山）、河南、江苏、福建、江西、广西、四川、云南、陕西等；印度、缅甸、泰国、老挝、越南等。

【发　　生】4—5月。

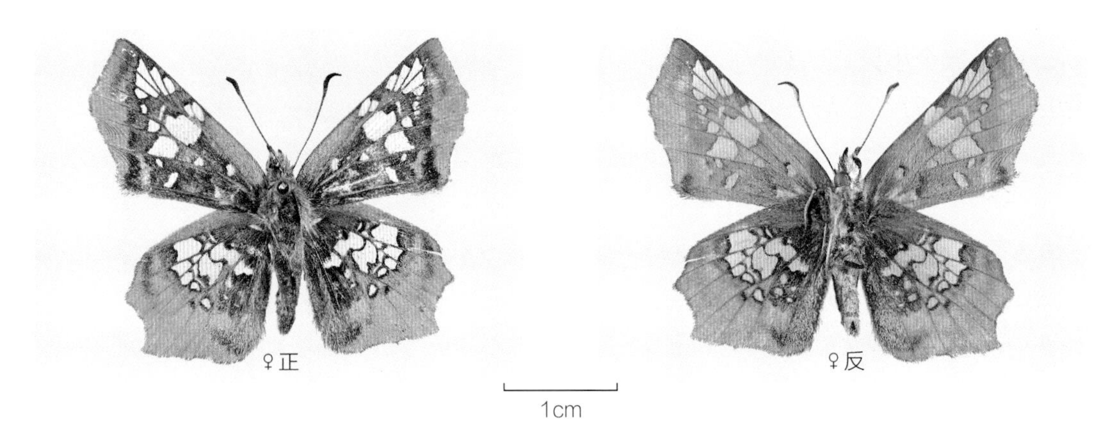

浙江凤阳山　2020-04-08

浙江天目山　2018-04-10

黑弄蝶属 *Daimio* Murray, 1875

【鉴别特征】中型弄蝶。翅色为黑色，前翅具白斑，后翅中域具白带或无；雌蝶腹部末端具淡黄色的鳞毛簇。

【分　　布】古北区东南部、东洋区的北部。

【寄主植物】薯蓣科 Dioscoreaceae。

238. 黑弄蝶 *Daimio tethys* (Ménétriès, 1857)

【鉴别特征】中型弄蝶。翅底色为黑色，前翅具数个小白斑，全翅的缘毛黑白相间。南方地区的个体后翅中域具 1 条宽阔的白色斑带，其外围具数个小黑点；东北地区的个体通常后翅无明显斑纹。

【分　　布】中国浙江（百山祖、凤阳山、九龙山、烂泥湖、四明山、天目山、白云森林公园、望东垟），东北、华北、南方地区；俄罗斯、日本、缅甸、朝鲜半岛。

【发　　生】4—9 月。

浙江白云森林公园　2017-05-18

♂ 正　　♂ 反

1cm

浙江凤阳山　2018-06-14

弄蝶科 Hesperiidae

浙江白云森林公园　2017-05-18

浙江天目山　2018-06-09

浙江凤阳山　2018-07-08

捷弄蝶属 *Gerosis* Mabille, 1903

【鉴别特征】中型弄蝶。翅底色为黑褐色，前翅具许多大小不等的小白斑，后翅中域具 1 个较大的白斑。

【分　　布】东洋区。

【寄主植物】豆科 Fabaceae。

239. 匪夷捷弄蝶 *Gerosis phisara* (Moore, 1884)

【鉴别特征】中型弄蝶。翅底色为黑褐色，前翅近顶角具数个小白斑，中域数个较大的白斑通常不延伸至后缘；后翅白斑外侧具 1 列较大且模糊的深色斑。前、后翅缘毛黑褐色。腹部背面黑白相间。

【分　　布】中国浙江（凤阳山、九龙山、四明山）、福建、广东、广西、海南、四川、贵州、云南、西藏、香港；印度、缅甸、泰国、老挝、越南、马来西亚。

【发　　生】3—10 月。

♂正　♂反

1cm

浙江凤阳山　2019-06-16

♂正　♂反

1cm

浙江凤阳山　2019-06-16

浙江凤阳山　2020-07-04

240. 中华捷弄蝶 *Gerosis sinica* (C. & R. Felder, 1862)

【鉴别特征】中型弄蝶。翅底色为黑褐色，前翅近顶角具数个小白斑，中域数个较大的白斑延伸至后缘；后翅中域具 1 个较大的白斑，其外侧具 1 列小黑斑。前翅缘毛为黑褐色，后翅缘毛黑白相间。腹部末端背面覆有白色鳞片。

【分　　布】中国浙江（凤阳山、草鱼塘、四明山、九龙山）、福建、湖北、广东、广西、海南、四川、云南、西藏；印度、缅甸、泰国、老挝、越南、马来西亚。

【发　　生】5—10 月。

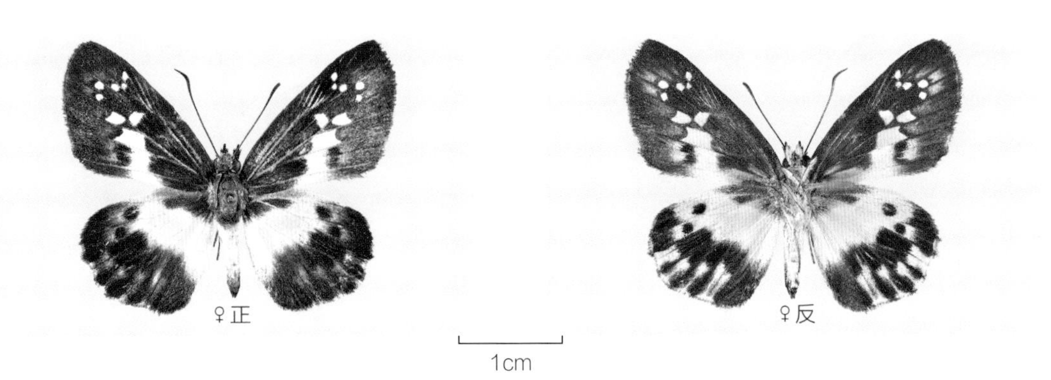

浙江四明山　2018-09-15

♀正

♀反

1cm

浙江凤阳山　2018-10-02

♀正

♀反

1cm

浙江草鱼塘　2019-06-27

♂正

♂反

1cm

浙江九龙山　2019-06-15

浙江凤阳山　2019-07-31

浙江凤阳山　2020-07-01

裙弄蝶属 *Tagiades* Hübner, [1819]

【鉴别特征】中型弄蝶。翅黑褐色，前翅具数个小白点；后翅常具发达的白斑；雌蝶腹部末端具鳞毛簇。

【分　　布】东洋区、澳洲区和非洲区。

【寄主植物】薯蓣科 Dioscoreaceae。

241. 沾边裙弄蝶 *Tagiades litigiosa* Möschler, 1878

【鉴别特征】中型弄蝶。翅背面黑褐色，前翅上部具数个小白斑，后翅中域下侧具1个大白斑，且沿着翅脉抵达外缘，雌蝶后翅的白斑更为发达，其外侧具1列小黑斑。腹部末端的背面具白色鳞片。

【分　　布】中国浙江（凤阳山、台州市）、福建、江西、广东、广西、海南、四川、云南、西藏、香港；印度、缅甸、泰国、老挝、越南。

【发　　生】5—10月。

♀正　♀反

1cm

浙江凤阳山　2018-07-07

♀正　♀反

1cm

浙江凤阳山　2019-07-16

浙江台州市 2018-08-31

瑟弄蝶属 *Seseria* Matsumura, 1919

【鉴别特征】中型弄蝶。翅底色呈褐色，前翅有弯曲排列的半透明白斑。后翅有黑褐色斑点略作弧形排列，大部分种类后翅翅面上有发达的白纹。雌雄二型性不发达。

【分　　布】东洋区。

【寄主植物】樟科 Lauraceae。

242. 锦瑟弄蝶 *Seseria dohertyi* (Watson, 1893)

【鉴别特征】中型弄蝶。雌雄斑纹相似。躯体底色为褐色，腹部后半段白色。前翅 Cu_2 室有 1 个白斑。后翅翅面中央有明显白色带白纹。翅腹面斑纹色彩与翅背面相似，但翅腹面底色较浅，且后翅白纹范围较广。后翅腹面 $Sc+r_1$ 室外侧黑斑点外偏，与 rs 室黑斑点接近而离 $Sc+r_1$ 室内侧黑斑点较远。后翅腹面基部暗色纹泛蓝色。雌蝶腹部末端具浅褐色软毛。

【分　　布】中国浙江（凤阳山）、云南、西藏、海南、广东、福建；越南、尼泊尔、印度、老挝。

【发　　生】5—9 月。

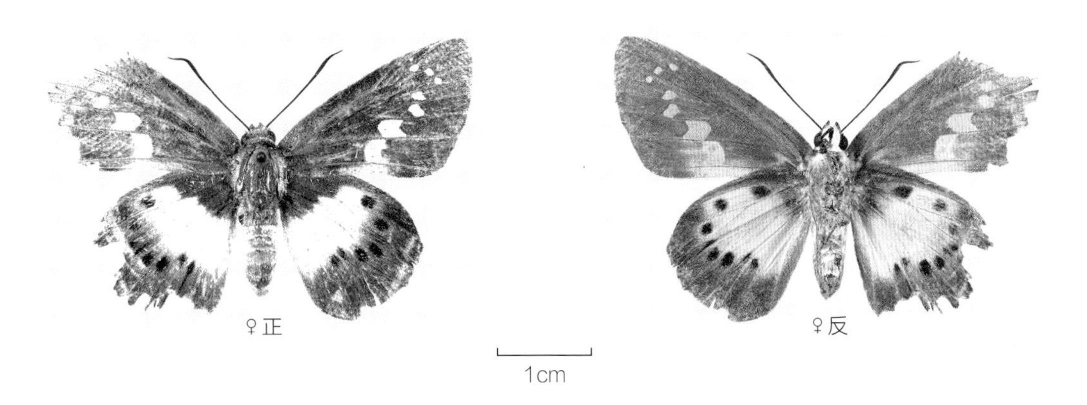

浙江凤阳山　2019-09-17

浙江凤阳山　生境　2017-09-16

飒弄蝶属 *Satarupa* Moore, 1865

【鉴别特征】大型弄蝶。翅底色为黑色，前翅具大小不等的白斑，后翅具 1 个大白斑。

【分　　布】古北区东南部、东洋区北部。

【寄主植物】芸香科 Rutaceae。

243. 密纹飒弄蝶 *Satarupa monbeigi* Oberthür, 1921

【鉴别特征】大型弄蝶。前翅中室白斑较发达，且靠近翅中域的白斑，中域下侧的白斑较小；后翅白色斑带较窄，外侧具 1 列不很清晰的黑色斑点；后翅腹面白斑近前缘处具 2 个明显的黑斑。

【分　　布】中国浙江（凤阳山、四明山、天目山）、北京、安徽、湖北、湖南、广东、广西、四川、贵州、内蒙古。

【发　　生】6—7 月。

浙江天目山　2017-06-26

♂ 正

♂ 反

1cm

浙江天目山　2017-06-26

浙江天目山　2018-06-29

244. 蛱型飒弄蝶 *Satarupa nymphalis* (Speyer, 1879)

【鉴别特征】中大型弄蝶。前翅中室白斑通常较小，且远离翅中域的白斑，中域下侧的白斑发达；后翅具 1 个较宽的白色斑带，外侧具 1 列清晰的长圆形黑色斑点。

【分　　布】中国浙江（凤阳山、九龙山、天目山）、黑龙江、吉林、河南、福建、四川、陕西、甘肃；朝鲜半岛、俄罗斯。

【发　　生】6—7 月。

浙江九龙山　2019-06-15

浙江凤阳山　2020-07-07

白弄蝶属 *Abraximorpha* Elwes & Edwards, 1897

【鉴别特征】中型弄蝶。翅形圆润，翅底色为灰黑色，翅面具发达的白色斑纹和小黑斑。雌蝶腹部末端具淡黄色的鳞毛簇。

【分　　布】东洋区。

【寄主植物】蔷薇科 Rosaceae。

245. 白弄蝶 *Abraximorpha davidii* (Mabille, 1876)

【鉴别特征】中型弄蝶。翅形圆润，翅背面底色为灰黑色，翅面具发达的白色斑纹和小黑斑，翅背面散布有灰白色鳞片和细毛；翅腹面白斑较背面发达。

【分　　布】中国浙江（百山祖、凤阳山、九龙山、四明山、天目山）、江苏、福建、江西、湖北、广东、广西、四川、贵州、云南、陕西、香港、台湾；缅甸、老挝、越南。

【发　　生】5—9月。

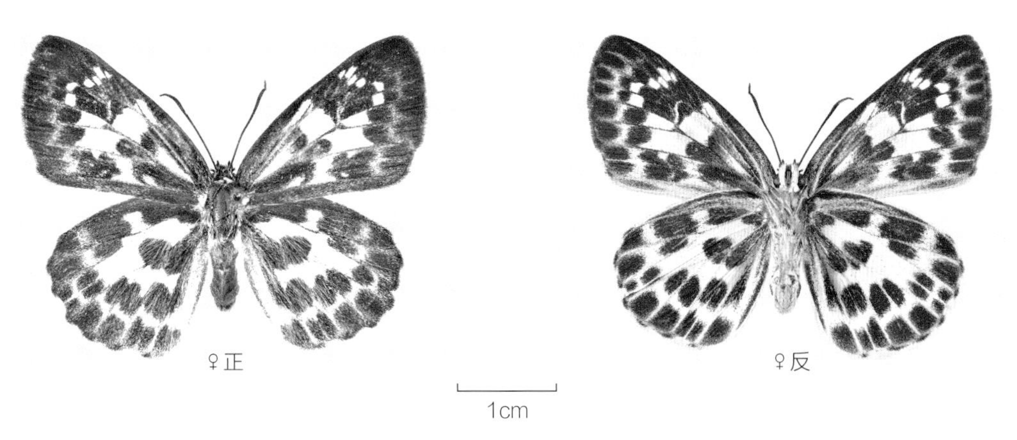

浙江四明山　2018-09-14

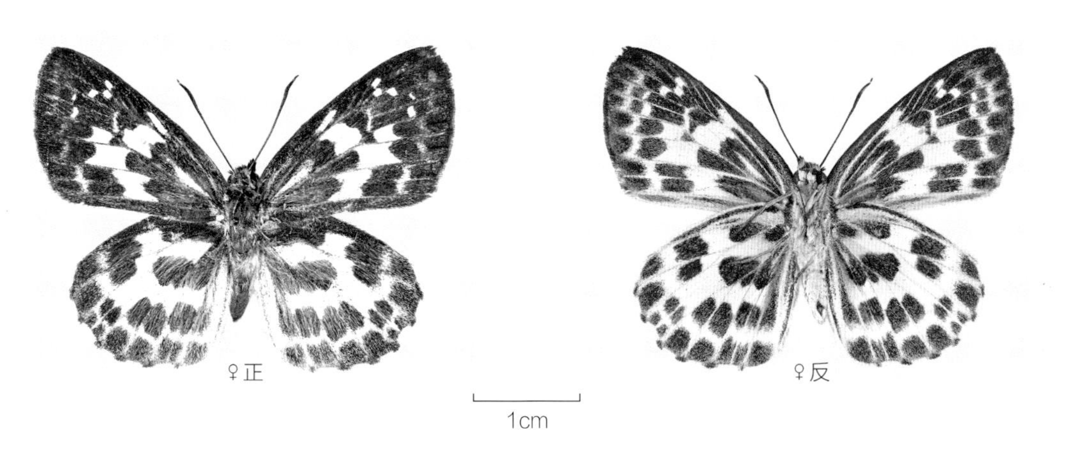

浙江九龙山　2019-06-15

浙江凤阳山　2018-06-14

浙江天目山　2017-06-26

浙江天目山　2018-06-08

浙江天目山　2019-06-16

珠弄蝶属 Erynnis Schrank, 1801

【鉴别特征】中型弄蝶。该属成虫底色为黑褐色，前翅有斜向纵斑带，后翅浅黄斑带有或无，前翅亚顶角处有斑，后翅中室常有斑。

【分　　布】亚洲、欧洲、美洲。

【寄主植物】豆科 Fabaceae、壳斗科 Fagaceae。

246. 深山珠弄蝶 *Erynnis montanus* (Bremer, 1861)

【鉴别特征】中型弄蝶。形态与波珠弄蝶相似，区别在于：本种个体较大，前翅斜向黑斑列不等距，后翅斑淡黄色。前后翅脉纹不清晰。

【分　　布】中国浙江（百山祖、白云森林公园、天目山）、北京、河北、河南、陕西、甘肃、青海、四川；俄罗斯。

【发　　生】3—4 月。

浙江白云森林公园　2019-03-26

浙江天目山　2018-04-19

浙江天目山　2017-04-28

浙江天目山　2019-03-30

锷弄蝶属 *Aeromachus* de Nicéville, 1890

【鉴别特征】小型弄蝶。翅背面黑褐色，通常无斑，翅腹面常具数列淡色小斑，部分种类雄蝶前翅背面具性标。多数种类斑纹较为相似，较难辨别。

【分　　布】古北区东南部、东洋区。

【寄主植物】禾本科 Gramineae。

247. 黑锷弄蝶 *Aeromachus piceus* Leech, 1893

【鉴别特征】小型弄蝶。翅背面黑褐色，雄蝶前翅中域具黑色性标，雌蝶前翅中域常具 1 列淡黄色小斑；翅腹面黄褐色，前翅具 1 列淡黄色小斑，后翅具 2 列淡黄色小斑。

【分　　布】中国浙江（凤阳山）、福建、广东、广西、四川、云南、陕西、甘肃。

【发　　生】5—8 月。

浙江凤阳山　2018-06-14

浙江凤阳山　2019-05-12

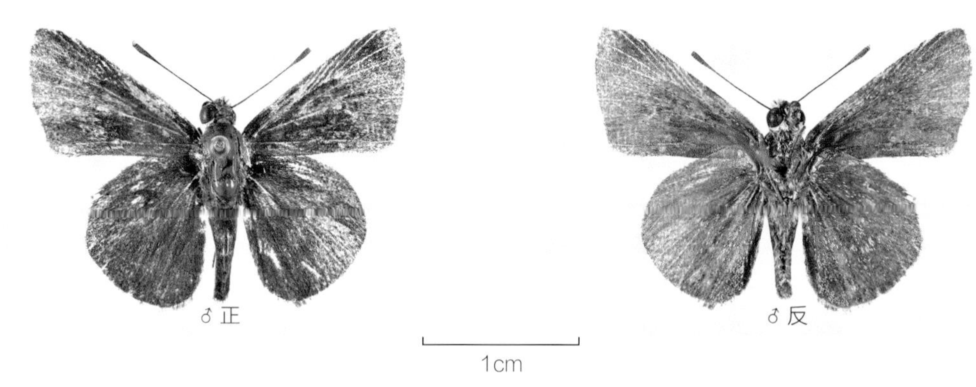

浙江凤阳山　2018-07-07

浙江凤阳山　2019-08-01

浙江凤阳山　2019-08-04

浙江凤阳山　2020-07-04

浙江凤阳山　2020-07-05

248. 小锷弄蝶 *Aeromachus nanus* Leech, 1890

【鉴别特征】小型弄蝶。翅背面黑褐色，前翅中域外侧具数个淡黄色小点，后翅无斑纹；后翅腹面散布淡黄褐色鳞片，具有许多淡黄色小斑。

【分　　布】中国浙江（凤阳山、四明山、天目山）、安徽、福建、江西、湖北、广西、广东、贵州。

【发　　生】5—9月。

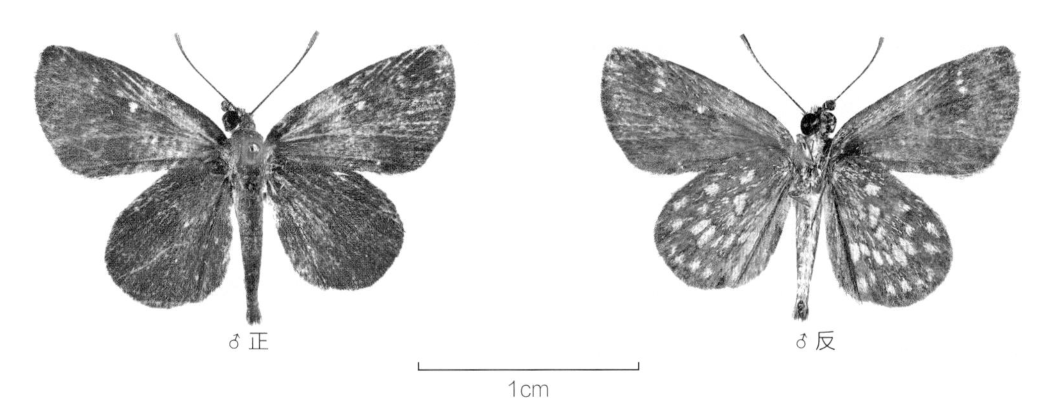

浙江凤阳山　2018-09-09

浙江凤阳山　2018-07-07

弄蝶科　Hesperiidae

黄斑弄蝶属 *Ampittia* Moore, 1881

【鉴别特征】小型至中型弄蝶。翅黑褐色，具黄色或橙黄色斑纹，部分种类雄蝶前翅背面具性标。

【分　　布】东洋区、澳洲区。

【寄主植物】禾本科 Gramineae。

249. 黄斑弄蝶 *Ampittia dioscorides* (Fabricius, 1793)

【鉴别特征】小型弄蝶。翅背面黑褐色，斑纹呈黄色，雄蝶前翅中域具发达的黄斑，内有黑色斑带，后翅中域具 1 个较大的黄斑；翅腹面黄色，具许多黑色小斑。雌蝶翅面的黄斑不及雄蝶发达。

【分　　布】中国浙江（凤阳山）、江苏、上海、福建、广东、广西、海南、云南、香港、台湾等；印度、缅甸、泰国、老挝、越南、马来西亚、新加坡、印度尼西亚等。

【发　　生】5—10 月。

浙江凤阳山　2018-07-07

250. 钩形黄斑弄蝶 *Ampittia virgata* (Leech, 1890)

【鉴别特征】中型弄蝶。翅背面黑褐色，前翅的淡橙黄斑发达，并被中域的黑色斑带分割，雄蝶性标位于黑色斑带中；翅腹面呈淡橙黄色，后翅翅脉黄色并有许多黑色小斑。雌蝶前翅的黄斑被黑色斑带分隔呈数个小斑，后翅中域的黄斑较小。

【分　　布】中国浙江（凤阳山、烂泥湖、四明山、天目山）、河南、安徽、福建、湖北、广东、广西、海南、四川、云南、台湾、香港。

【发　　生】4—8月。

浙江凤阳山　2018-04-24

♀正

♀反

1cm

浙江凤阳山　2018-08-15

♂正

♂反

1cm

浙江凤阳山　2018-08-15

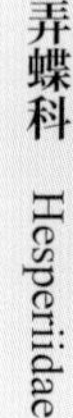

浙江凤阳山　2018-08-15

浙江凤阳山　2019-05-02

浙江凤阳山　2019-07-28

浙江凤阳山　2019-08-04

浙江凤阳山　2018-06-15

浙江凤阳山　2018-06-15

讴弄蝶属 *Onryza* Watson, 1893

【鉴别特征】中小型弄蝶。翅背面黑褐色，具黄色小斑，翅腹面黄色，具许多黑色细纹或小黑斑。

【分　　布】东洋区。

【寄主植物】未知。

251. 讴弄蝶 *Onryza maga* (Leech, 1890)

【鉴别特征】中小型弄蝶。翅背面黑褐色，前翅中域具数个黄色的矩形小斑，后翅中域具 1 个或 2 个小黄斑；后翅腹面黄色，具有许多黑色细纹或小黑斑。

【分　　布】中国浙江（百山祖、凤阳山、九龙山、白云森林公园、烂泥湖、四明山、天目山、峰源）、安徽、福建、江西、湖南、广东、广西、贵州、四川、陕西、台湾。

【发　　生】3—9 月。

浙江丽水市峰源　2019-04-22

浙江凤阳山　2020-03-25

浙江天目山　2020-04-07

陀弄蝶属 *Thoressa* Swinhoe, [1913]

【鉴别特征】中小型弄蝶。该属成虫底色为黑褐色，前翅有透明白斑，中室有斑或无斑，雄蝶 Cu_2 室常有烙印状性标，有些种类无性标；后翅中域常有褐色毛列，后翅有斑或无斑。

【分　　布】东洋区、古北区。

【寄主植物】禾本科 Gramineae。

252. 黄毛陀弄蝶 *Thoressa kuata* (Evans, 1940)

【鉴别特征】大型弄蝶。背面翅面黑褐色，斑纹白色半透明，前翅中室端 2 斑相连，中域 2 个斑靠近，亚顶角斑 2~3 个，前翅中室下方有性标，后翅中部多棕色毛列；腹面棕黄色，后翅有点状斑 4 个。

【分　　布】中国浙江（九龙山、仙居县、天目山）、福建、陕西。

【发　　生】6 月。

♂正

♂反

1cm

浙江九龙山　2019-06-15

浙江仙居县
淡竹原始森林
2018-06-16

酣弄蝶属 *Halpe* Moore, 1878

【鉴别特征】中型或中大型弄蝶。翅背面黑褐色，前翅具数个白色或黄白色小斑，雄蝶前翅背面有性标；后翅腹面常具有淡色的斑纹。本属种类外观相似，许多种类雄蝶需要检验外生殖器才能有效鉴定，而雌蝶则难以识别。

【分　　布】东洋区。

【寄主植物】禾本科 Gramineae。

253. 峨眉酣弄蝶 *Halpe nephele* Leech, 1893

【鉴别特征】中型弄蝶。翅背面深褐色，前翅中室内具 1 个椭圆形的淡黄色小斑，其外侧具 5 个小斑，雄蝶前翅中域具性标，后翅中域具淡色斑；翅腹面淡黄褐色，前翅外侧具 1 列黄色小斑，后翅具 2 列黄色长条斑。前翅缘毛黑白相间；后翅缘毛为白色，脉端略呈黑色。

浙江凤阳山　2018-06-14

【分　　布】中国浙江（凤阳山、四明山、天目山）、安徽、福建、江西、广西、四川、重庆、贵州、海南。

【发　　生】6—10 月。

♂正　　♂反

1cm

浙江凤阳山　2018-10-02

254. 凹缘酣弄蝶 *Halpe concavimarginata* Yuan, Wang & Yuan, 2007

【鉴别特征】中型弄蝶。翅面上近似峨眉酣弄蝶，但本种后翅腹面的黄斑略小、斑纹颜色略深，后翅缘毛基本为黑白相间，两者最可靠的鉴别方法是检验外生殖器结构。

【分　　布】中国浙江（凤阳山、四明山）、福建、四川。

【发　　生】6—8 月。

浙江四明山　2018-06-03

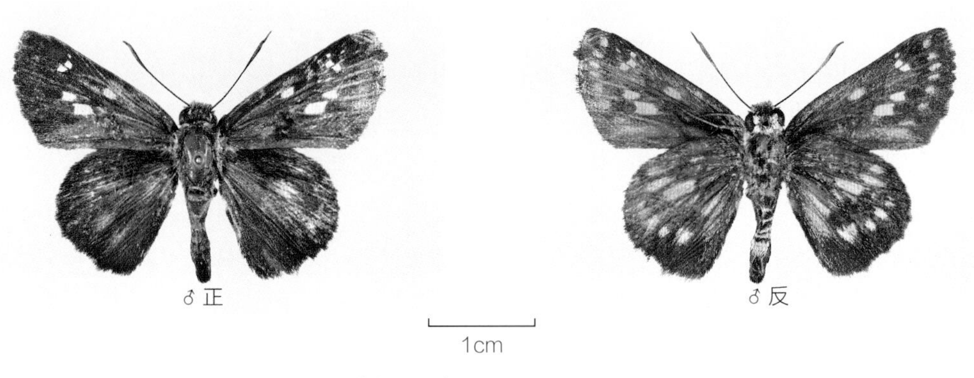

浙江凤阳山　2019-07-16

浙江凤阳山　2019-07-29

旖弄蝶属 *Isoteinon* C. & R. Felder, 1862

【鉴别特征】中型弄蝶。本属种类的前翅中域具有数个大小不等的白斑；后翅背面无斑，后翅腹面具有许多小白斑。

【分　　布】东洋区北部。

【寄主植物】禾本科 Gramineae。

255. 旖弄蝶 *Isoteinon lamprospilus* C. & R. Felder, 1862

【鉴别特征】中型弄蝶。翅背面黑褐色，前翅中域具有 7 个大小不等的白色或黄白色斑，后翅无斑纹。前翅腹面前缘至顶角以及后翅腹面大部分区域呈黄褐色或棕褐色，前翅腹面斑纹同背面，后翅腹面具 9 个圆形白斑，其外围有黑色环。

【分　　布】中国浙江（凤阳山、九龙山、烂泥湖、四明山、天目山）、安徽、福建、江西、广西、广东、四川、台湾、香港；日本、越南、朝鲜半岛。

【发　　生】5—9 月。

浙江凤阳山　2018-07-08

♀正　　♀反

1cm

浙江凤阳山　2018-09-09

弄蝶科 Hesperiidae

浙江凤阳山　2018-08-15

浙江凤阳山　2019-07-28

浙江凤阳山　2019-07-28

腌翅弄蝶属 *Astictopterus* C. & R. Felder, 1860

【鉴别特征】中型弄蝶。身体纤细，翅黑褐色，通常无斑。

【分　　布】东洋区。

【寄主植物】禾本科 Gramineae。

256. 腌翅弄蝶 *Astictopterus jama* C. & R. Felder, 1860

【鉴别特征】中型弄蝶。翅背面黑褐色，无斑或仅在前翅顶角处具 2~3 个排成 1 列的小白斑；后翅腹面呈深棕褐色，具有黑色的暗斑，散布有黄褐色或灰色鳞片。

【分　　布】中国浙江（百山祖、凤阳山、天目山）、福建、江西、广西、广东、海南、云南、香港；印度、缅甸、泰国、老挝、越南、印度尼西亚、菲律宾。

【发　　生】4—9 月。

♀正　♀反

1cm

浙江凤阳山　2019-04-26

♂正　♂反

1cm

浙江凤阳山　2018-07-07

浙江凤阳山　2018-08-14

袖弄蝶属 *Notocrypta* de Nicéville, 1889

【鉴别特征】中型弄蝶。翅底色为黑褐色，前翅中域具有 1 个大白斑，后翅无白斑。

【分　　布】东洋区、澳洲区。

【寄主植物】姜科 Zingiberaceae。

257. 曲纹袖弄蝶 *Notocrypta curvifascia* (C. & R. Felder, 1862)

【鉴别特征】中型弄蝶。前翅腹面中域的白斑不到达前翅前缘，前翅顶角处具有数个小白斑；翅腹面具黄褐色和暗蓝色的鳞片。

【分　　布】中国浙江（凤阳山、天目山）、福建、广东、广西、四川、云南、海南、西藏、香港、台湾；日本、东南亚、南亚地区。

【发　　生】4—11 月。

浙江凤阳山　2018-08-14

浙江天目山　2019-05-18

弄蝶科 Hesperiidae

姜弄蝶属 *Udaspes* Moore, 1881

【鉴别特征】中型至中大型弄蝶。翅底色为黑褐色，具白色斑纹。

【分　　布】东洋区。

【寄主植物】姜科 Zingiberaceae。

258. 姜弄蝶 *Udaspes folus* (Cramer, [1775])

【鉴别特征】中大型弄蝶。翅背面黑褐色，前翅中域具有数个白斑，后翅中域具 1 个较大的白斑；翅腹面底色为棕褐色，斑纹基本同背面，但后翅基部至内缘区域散布灰白色鳞片；全翅的缘毛为黑白相间。

【分　　布】中国浙江（百山祖、凤阳山、天目山）、江苏、福建、广东、云南、四川、香港、台湾；日本、印度、缅甸、泰国、老挝、越南、印度尼西亚。

【发　　生】4—10 月。

浙江天目山　2018-07-11

浙江凤阳山　2019-08-17

须弄蝶属 *Scobura* Elwes & Edwards, 1897

【鉴别特征】中型弄蝶。翅色为深褐色，翅面具有白色或黄色的小斑，翅腹面常呈黄色，部分种类雄蝶具性标。

【分　　布】东洋区。

【寄主植物】禾本科 Gramineae。

259. 显脉须弄蝶 *Scobura lyso* (Evans, 1939)

【鉴别特征】中型弄蝶。翅背面深褐色，基部具黄色鳞毛，前翅中室具数个大小不等的白斑，其中中室内 2 个白斑通常分离，后翅中域具 2 个白斑；翅腹面黑褐色，前翅上部和后翅覆有黄色鳞片，后翅的翅脉呈黄色，如同放射纹，后翅中域的白斑外侧具许多黑色小斑。

【分　　布】中国浙江（凤阳山、九龙山）、安徽。

【发　　生】6—8 月。

浙江凤阳山　2019-08-04

♀正

♀反

1cm

浙江九龙山　2019-07-16

浙江凤阳山 2020-07-06

珞弄蝶属 *Lotongus* Distant, 1886

【鉴别特征】中型弄蝶。前翅具白斑，后翅腹面无斑或有黄白色斑带。

【分　　布】东洋区。

【寄主植物】棕榈科 Palmae。

260. 珞弄蝶 *Lotongus saralus* (de Nicéville, 1889)

【鉴别特征】中型弄蝶。翅底色为黑褐色，前翅中域具 5 个互相紧靠的小白斑；后翅背面中域具白斑，腹面具 1 条黄白色斑带。

【分　　布】中国浙江（凤阳山、九龙山、天目山）、福建、广东、广西、海南、四川、云南；印度、缅甸、泰国、老挝、越南。

【发　　生】6—9 月。

♀正　♀反

1cm

浙江九龙山　2019-06-15

♂正　♂反

1cm

浙江凤阳山　2018-09-09

蕉弄蝶属 *Erionota* Mabille, 1878

【鉴别特征】大型弄蝶。身体粗壮，翅狭长，前翅具有白斑或黄斑，后翅则无斑。

【分　　布】东洋区。

【寄主植物】芭蕉科 Musaceae、棕榈科 Palmae。

261. 黄斑蕉弄蝶 *Erionota torus* Evans, 1941

【鉴别特征】大型弄蝶。身体粗壮；翅背面褐色，前翅中域具 3 个黄斑，后翅无斑纹；翅腹面淡黄褐色，斑纹同背面。

【分　　布】中国浙江（九龙山、古田山、天目山）、福建、江西、广东、广西、海南、四川、云南、香港；印度、缅甸、泰国、老挝、越南、马来西亚。

【发　　生】4—10 月。

浙江九龙山　2019-08-06

浙江天目山　2019-08-14

赭弄蝶属 *Ochlodes* Scudder, 1872

【鉴别特征】中型弄蝶。该属成虫底色为黄褐色、黑褐色，翅面有黄褐色斑或白色斑，有些斑透明；后翅腹面有少量较小的黄斑或白斑，雄蝶前翅有线状性标。

【分　　布】古北区、东洋区。

【寄主植物】禾本科 Gramineae、莎草科 Cyperaceae。

262. 小赭弄蝶 *Ochlodes venata* (Bremer & Grey, 1853)

【鉴别特征】中型弄蝶。背面翅面赭黄色，雄蝶前翅中室下方有线状性标，中室外侧脉纹清晰，亚外缘隐见暗色斑，后翅前缘黑褐色，翅面翅脉清晰，前后翅外缘线黑色，缘毛橙黄色；腹面色淡，翅脉清晰。

【分　　布】中国浙江（百山祖、凤阳山、九龙山、天目山）、北京、辽宁、吉林、河南、陕西、甘肃、新疆；蒙古、俄罗斯、日本、朝鲜半岛。

【发　　生】5—7月。

♀正　　♀反

1cm

浙江九龙山　2019-05-24

♂正

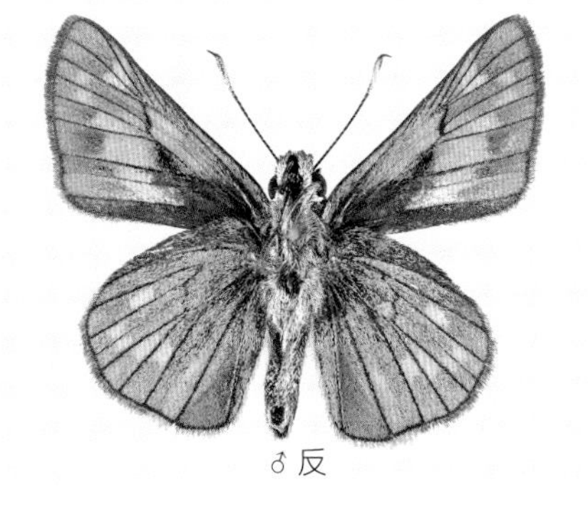

♂反

1cm

浙江凤阳山　2018-06-15

浙江天目山　2019-06-14

263. 白斑赭弄蝶 *Ochlodes subhyalina* (Bremer & Grey, 1853)

【鉴别特征】中型弄蝶。背面翅面棕褐色，斑纹黄白色，半透明，中室端斑2个细长，雄蝶中室外有线状性标，性标外侧有3个斑，亚顶角斑3个，下方常有1~2个小斑或无，后翅中室有1个斑，亚外缘区有5个小斑，腹面斑纹同背面。

【分　　布】中国浙江（凤阳山、四明山、九龙山）、北京、辽宁、吉林、山东、陕西、四川、福建、云南等；日本、印度、缅甸、朝鲜半岛等。

【发　　生】5—6月。

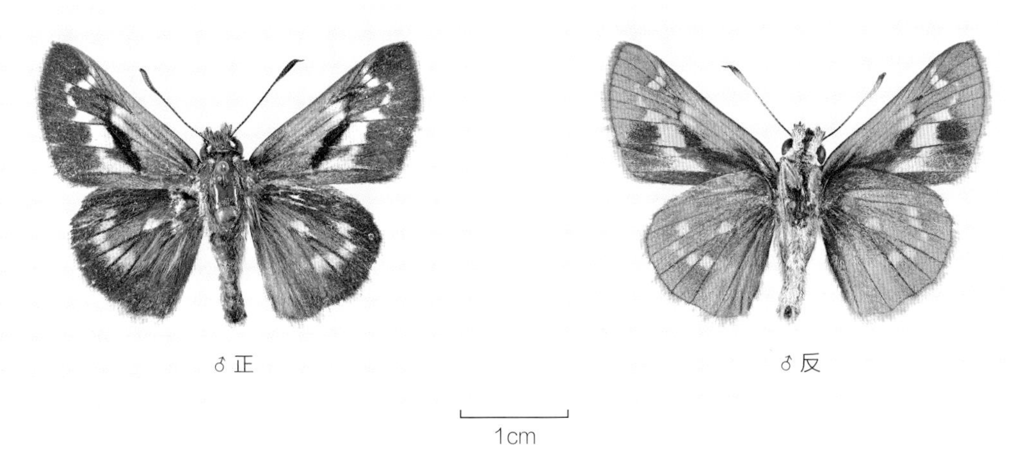

♂正　♂反

1cm

浙江四明山　2018-06-02

♂正　♂反

1cm

浙江四明山　2018-06-03

264. 针纹赭弄蝶 *Ochlodes klapperichii* Evans, 1940

【鉴别特征】中型弄蝶。背面翅面褐色，有银白色斑，前翅中室 2 个斑，其中 1 个细长，雄蝶中室外有线状性标，中有白线纹，性标外侧有 2 个斑，亚顶角斑 2 个，后翅中室有 1 个斑，外侧有 3 个斑；腹面黄褐色，斑纹同背面。

【分　　布】中国浙江（凤阳山、天目山）、福建、广西、甘肃。

【发　　生】6—9 月。

♂正　♂反

1cm

浙江凤阳山　2018-09-09

浙江凤阳山　2018-07-08

豹弄蝶属 *Thymelicus* Hübner, [1819]

【鉴别特征】中型弄蝶。翅背面橙黄色，翅脉呈黑色，翅外缘呈黑褐色，雄蝶中域具线状性标，雌蝶翅面黑色区域发达。翅腹面为淡橙黄色，翅脉呈黑色，雌蝶翅中域具淡黄色斑。

【分　　布】中国浙江（百山祖、凤阳山、天目山）、黑龙江、吉林、辽宁、内蒙古、北京、河北、福建、江西、湖北、四川、甘肃；日本及俄罗斯东南部、朝鲜半岛等。

【寄主植物】禾本科 Gramineae。

265. 豹弄蝶 *Thymelicus leoninus* (Butler, 1878)

【鉴别特征】中型弄蝶。翅背面橙黄色，翅脉呈黑色，翅外缘呈黑褐色，雄蝶中域具线状性标，雌蝶翅面黑色区域发达。翅腹面为淡橙黄色，翅脉呈黑色，雌蝶翅中域具淡黄色斑。

【分　　布】中国浙江（百山祖、凤阳山、天目山）、黑龙江、吉林、辽宁、内蒙古、北京、河北、福建、江西、湖北、四川、甘肃；日本。

【发　　生】6—7月。

浙江凤阳山　2017-07-03

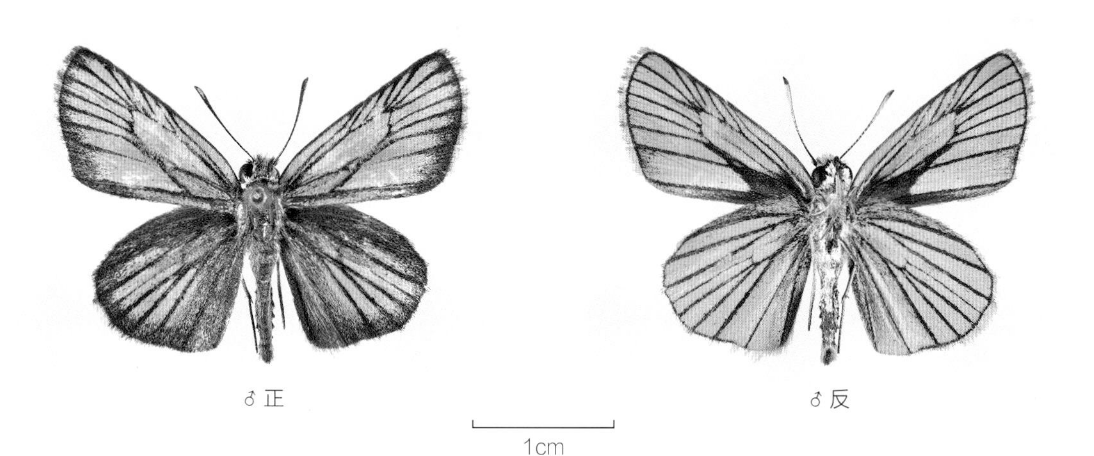

♂正　　♂反

1cm

浙江天目山　2018-06-09

弄蝶科 Hesperiidae

266. 黑豹弄蝶 *Thymelicus sylvaticus* (Bremer, 1861)

【鉴别特征】中型弄蝶。翅背面黑褐色，中域具橙黄色斑，被黑色的翅脉分隔。雄蝶前翅背面无线状性标。翅腹面为淡橙黄色，翅脉呈黑色，中域具淡橙黄色斑。

【分　　布】中国浙江（凤阳山、四明山、天目山）、黑龙江、吉林、辽宁、内蒙古、北京、河北、福建、江西、湖北、四川、甘肃；日本、俄罗斯、朝鲜半岛。

【发　　生】6—8月。

浙江凤阳山　2018-06-14

浙江凤阳山　2017-07-03

浙江凤阳山　2019-08-06

浙江凤阳山　2018-06-14

浙江凤阳山　2018-06-15

黄室弄蝶属 *Potanthus* Scudder, 1872

【鉴别特征】中小型弄蝶。翅底色为黑褐色，具发达的黄色或橙黄色斑纹，大部分种类的雄蝶前翅具线状性标。

【分　　布】东洋区。

【寄主植物】禾本科 Gramineae。

267. 严氏黄室弄蝶 *Potanthus yani* Huang, 2002

【鉴别特征】中型弄蝶。翅面黄斑发达，前翅外侧的黄斑相连；后翅腹面颜色较浅，中域的黄斑常向上延伸。

【分　　布】中国浙江（凤阳山、四明山、天目山）、安徽、福建、江西、广西。

【发　　生】5—9 月。

浙江凤阳山　2018-09-09

浙江天目山　2018-06-03

268. 曲纹黄室弄蝶 *Potanthus flavus* (Murray, 1875)

【鉴别特征】中型弄蝶。翅面黄斑发达，前翅外侧的黄斑相连；后翅中域黄斑的外缘曲折，后翅腹面颜色通常较深。

【分　　布】中国浙江（凤阳山、九龙山）、吉林、辽宁、北京、河北、山东、福建、湖北、湖南、贵州、四川、云南等；俄罗斯、日本、印度、缅甸、朝鲜半岛等。

【发　　生】5—9月。

浙江九龙山　2019-05-25

269. 断纹黄室弄蝶 *Potanthus trachalus* (Mabille, 1878)

【鉴别特征】中型弄蝶。翅背面底色为黑褐色，斑纹呈黄色至淡橙黄色；前翅外侧的黄斑被分隔为3块，后翅中域的大黄斑相对较窄；后翅腹面覆有暗黄色鳞片，黄斑较明显。

【分　　布】中国浙江（凤阳山）、安徽、福建、江西、湖北、广东、海南、四川、云南、西藏、香港；印度、斯里兰卡、缅甸、泰国、印度尼西亚。

【发　　生】4—11月。

浙江凤阳山　2018-09-09

浙江凤阳山　2018-06-15

浙江凤阳山　2018-06-15

长标弄蝶属 *Telicota* Moore, 1881

【鉴别特征】中型弄蝶。前翅较尖，翅底色为黑褐色，具发达的橙黄色斑纹，雄蝶前翅背面中域具线状灰色性标。

【分　　布】东洋区、澳洲区。

【寄主植物】禾本科 Gramineae。

270. 竹长标弄蝶 *Telicota bambusae* (Moore, 1878)

【鉴别特征】中型弄蝶。翅背面斑纹呈橙黄色且发达，雄蝶前翅中域外侧的橙黄色斑沿着翅脉延伸至外缘；雄蝶性标较粗，几乎占据翅中域的黑带；翅腹面底色稍暗，黄斑不显著。

【分　　布】中国浙江（凤阳山）、福建、湖南、广东、广西、海南、香港、台湾；印度、缅甸、越南、马来西亚、印度尼西亚。

【发　　生】4—10月。

♂正

♂反

1cm

浙江凤阳山　2018-04-24

♂正

♂反

1cm

浙江凤阳山　2017-09-07

浙江凤阳山　2017-04-20

浙江凤阳山　2018-04-24

稻弄蝶属 *Parnara* Moore, 1881

【鉴别特征】小型弄蝶。触角短，翅底色为褐色至深褐色，斑点为白色或淡黄白色。前翅具 3~8 个斑点，后翅中域常具 4~5 个曲折或直线状排列的斑点。雄蝶无性标。

【分　　布】古北区、东洋区、澳洲区、非洲区。

【寄主植物】禾本科 Gramineae。

271. 直纹稻弄蝶 *Parnara guttata* (Bremer & Grey, 1853)

【鉴别特征】中型弄蝶。翅背面褐色，翅腹面黄褐色，翅面的斑点呈白色半透明状，前翅具 6~8 个斑点呈弧状排列，后翅中部具 4 个排列成直线的斑点。全翅背面和腹面的斑纹基本一致。

【分　　布】中国浙江（百山祖、九龙山、九龙湿地、白云森林公园、天目山），以及除新疆等西北干旱地区外的大部分地区；俄罗斯、日本、朝鲜半岛、印度、缅甸、老挝、越南、马来西亚。

【发　　生】4—11 月。

♂正

♂反

1cm

浙江天目山　2019-05-02

♂正

♂反

1cm

浙江九龙湿地　2017-04-03

浙江天目山　2018-04-17

272. 挂墩稻弄蝶 *Parnara batta* Evans, 1949

【鉴别特征】中小型弄蝶。翅背面褐色，翅腹面黄褐色，翅面的斑点细小，呈白色至淡黄白色，前翅具 4~8 个斑点呈弧状排列，后翅通常具 2~4 个略呈曲折排列的小斑点，但有时这些斑点会退化消失。

【分　　布】中国浙江（凤阳山、四明山）、福建、江西、湖南、广东、广西、四川、贵州、云南、西藏；越南。

【发　　生】4—11 月。

♂正　♂反

1cm

浙江四明山　2018-07-24

♂正　♂反

1cm

浙江天目山　2019-04-29

刺胫弄蝶属 *Baoris* Moore, 1881

【鉴别特征】中型弄蝶。翅底色为灰褐色至黑褐色，前翅具白色或淡黄色小斑。前翅腹面下部通常具椭圆形性标，后翅无明显的斑纹，后翅背面中部内侧具刷毛状性标。

【分　　布】东洋区。

【寄主植物】禾本科 Gramineae。

273. 黎氏刺胫弄蝶 *Baoris leechii* Elwes & Edwards, 1897

【鉴别特征】中型弄蝶。翅背面深褐色，翅腹面黄褐色，前翅具 8~9 个白斑，后翅无斑纹；雄蝶前翅腹面中下部具椭圆形的灰白色性标，后翅背面中部具刷毛状性标。

【分　　布】中国浙江（凤阳山、烂泥湖、四明山、天目山）、安徽、福建、江西、湖南、广东、广西、四川、陕西。

【发　　生】5—9 月。

浙江青田县烂泥湖　2019-08-23

浙江天目山　2018-06-09

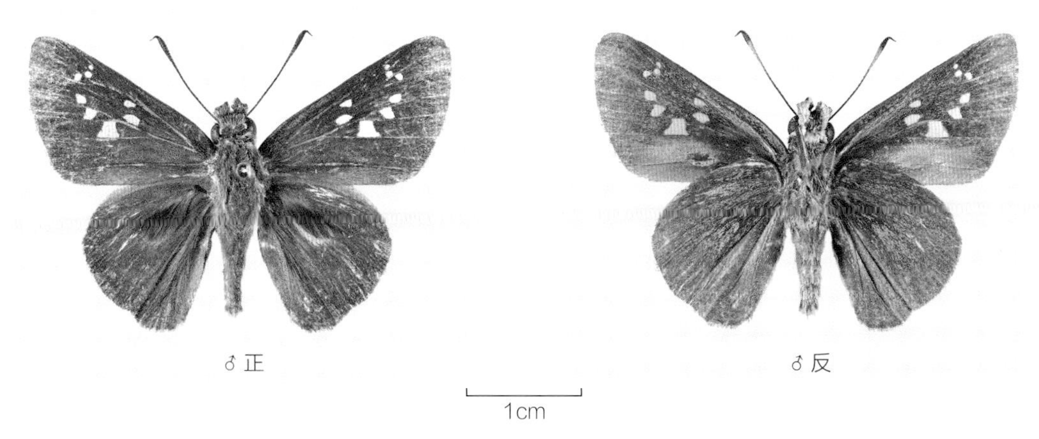

浙江凤阳山　2019-08-17

浙江天目山　2018-06-10

浙江青田县烂泥湖　2019-08-23

浙江青田县烂泥湖　2019-08-23

谷弄蝶属 *Pelopidas* Walker, 1870

【鉴别特征】中大型弄蝶。该属成虫翅底色黄褐色至黑褐色，斑纹为白色或淡黄色。部分种类雄蝶前翅背面具线状性标。后翅腹面基部外侧常具 1 个斑点，并与后翅中部的小白斑排列成弧状。

【分　　布】古北区、东洋区、澳洲区、非洲区。

【寄主植物】禾本科 Gramineae。

274. 隐纹谷弄蝶 *Pelopidas mathias* (Fabricius, 1798)

【鉴别特征】中型弄蝶。翅背面深褐色，翅腹面覆有灰黄色鳞片，前翅具 8 个呈弧状排列的细小斑点，雄蝶前翅背面中下部具线状性标，并与前翅 2 个中室斑的延长线相交；

♀正　♀反

1cm

浙江凤阳山　2018-09-09

♂正　♂反

1cm

浙江凤阳山　2019-09-17

后翅背面通常无斑，后翅腹面中部通常具 8 个弧状排列的小斑点，但有些个体的部分白斑会退化消失。雌蝶斑纹基本与雄蝶一致，但前翅性标位置取代为 2 个小白斑。其翅面以及外生殖器特征均显示与隐纹谷弄蝶相近。

【分　　布】中国浙江（凤阳山、四明山、天目山）、北京、山西、辽宁、上海、福建、湖南、广西、四川、贵州、云南、台湾、香港；日本、俄罗斯、朝鲜半岛、南亚、东南亚、西亚、大洋洲、非洲。

【发　　生】5—11 月。

浙江天目山　2017-06-26

275. 中华谷弄蝶 *Pelopidas sinensis* (Mabille, 1877)

【鉴别特征】中型弄蝶。翅色为深褐色，翅面白色斑点较发达，前翅具 8 个呈弧状排列的白斑；雄蝶前翅背面中下部具线状性标，其长度较短，不与前翅 2 个中室斑的延长线相交；后翅背面中域具 3~5 个小白斑，腹面通常具 6 个白斑。雌蝶斑纹基本与雄蝶一致，前翅性标位置取代为 2 个小白斑。

【分　　布】中国浙江（凤阳山、天目山）、北京、辽宁、上海、安徽、湖南、广东、广西、四川、云南、西藏、台湾；印度、缅甸。

【发　　生】4—9 月。

浙江天目山　2018-04-20

浙江天目山　2018-04-20

浙江天目山　2019-08-18

孔弄蝶属 *Polytremis* Mabille, 1904

【鉴别特征】中型弄蝶。该属成虫翅底色为黄褐色至黑褐色，翅面具白色、淡黄色或淡紫色斑点，后翅常具排成 1 列的小斑。部分种类的雄蝶前翅背面具线状性标。

【分　　布】古北区东南部、东洋区北部。

【寄主植物】禾本科 Gramineae。

276. 黄纹孔弄蝶 *Polytremis lubricans* (Herrich-Schäffer, 1869)

【鉴别特征】中型弄蝶。翅色黄褐色，斑面斑点为淡黄色，前翅具 9 个大小不等的斑点，其中中室内的 2 个斑点互相紧靠，翅中域的斑纹呈长条状，后翅中域具 4~5 个曲折排列的小斑。雄蝶翅面无性标。

【分　　布】中国浙江（凤阳山）、安徽、江西、福建、湖北、贵州、广东、广西、海南、四川、云南、西藏、香港、台湾；日本、印度、缅甸、泰国、越南、老挝、马来西亚、印度尼西亚。

【发　　生】4—8 月。

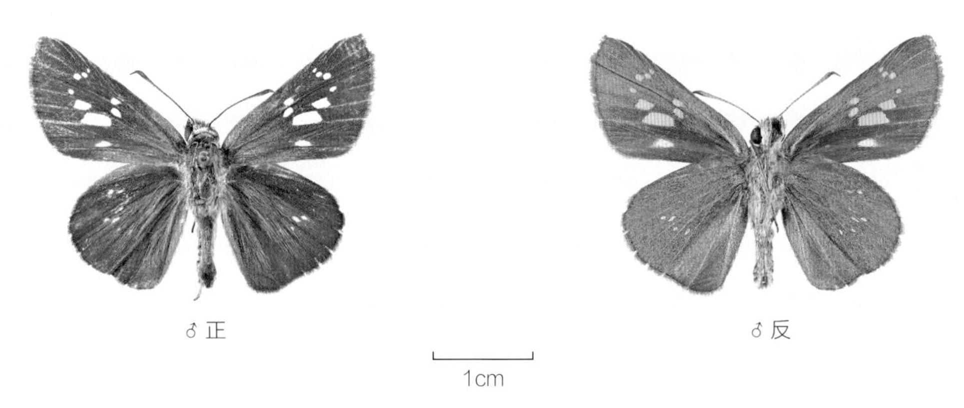

♂正　♂反

1cm

浙江凤阳山　2018-08-14

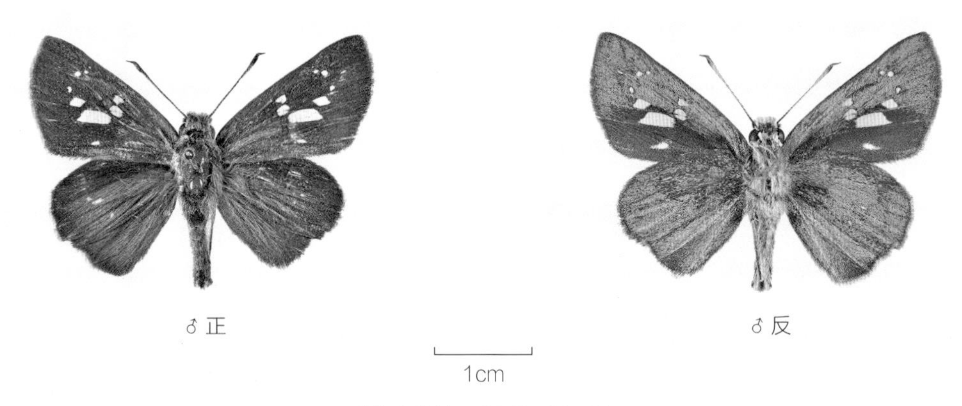

♂正　♂反

1cm

浙江凤阳山　2019-06-24

弄蝶科 Hesperiidae

277. 刺纹孔弄蝶 *Polytremis zina* (Evans, 1932)

【鉴别特征】中型弄蝶。翅背面深褐色，翅腹面黄褐色，翅面斑点较发达并呈白色，前翅具 9 个大小不等的斑点，其中雄蝶前翅靠近基部位置的白斑呈长条状。后翅中部具 4~5 个排列曲折的椭圆形小斑。雄蝶翅面无性标。

【分　　布】中国浙江（百山祖、凤阳山、四明山、天目山）、黑龙江、吉林、辽宁、河南、安徽、江西、福建、四川、广东、广西、陕西、台湾；俄罗斯。

【发　　生】7—9 月。

♂正　♂反

1cm

浙江凤阳山　2017-08-12

浙江凤阳山　2017-08-12

浙江凤阳山　2017-08-12

浙江凤阳山　2019-07-28

278. 硕孔弄蝶 *Polytremis gigantea* Tsukiyama, Chiba & Fujioka, 1997

【鉴别特征】中型弄蝶。个体较其他孔弄蝶属种类略大，翅背面深褐色，翅腹面黄褐色，翅面斑点呈白色，前翅具9个大小不等的斑点，其中最下部的斑点呈淡黄色，后翅中域具4~5个排列曲折的白斑。雄蝶翅面无线状性标。

【分　　布】中国浙江（凤阳山）、福建、广东、四川、贵州。

【发　　生】7—9月。

浙江凤阳山　2018-09-09

浙江凤阳山　2019-08-06

279. 透纹孔弄蝶 *Polytremis pellucida* (Murray, 1875)

【鉴别特征】中型弄蝶。翅背面褐色，翅腹面淡黄褐色，翅面斑点呈白色且个体变异幅度较大，前翅通常具 7~9 个大小不等的斑点，后翅中部一般具 4 个小斑点，有些个体白斑完全消失。雄蝶翅面无线状性标。

【分　　布】中国浙江（凤阳山、四明山）、黑龙江、吉林、河南、江苏、安徽、江西、广东；俄罗斯、日本、朝鲜半岛。

【发　　生】4—10月。

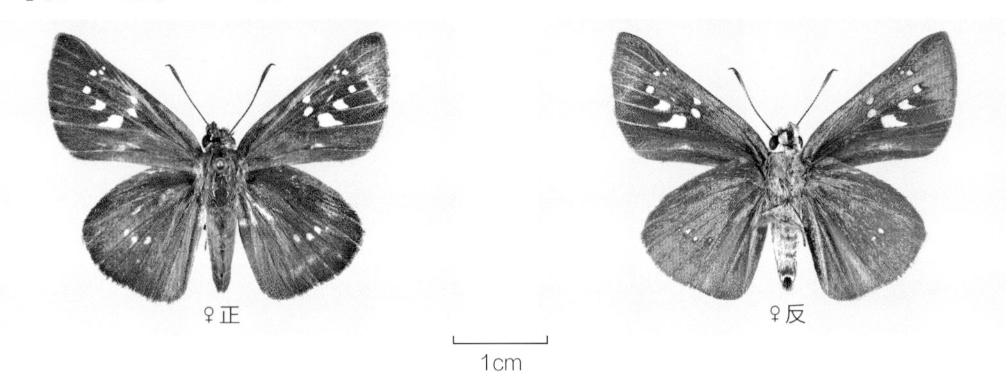

♀正　♀反

1cm

浙江凤阳山　2018-05-15

♀正

♀反

1cm

浙江凤阳山　2018-07-07

♀正

♀反

1cm

浙江四明山　2018-09-15

浙江凤阳山　2017-08-12

浙江凤阳山　2018-05-15

280. 盒纹孔弄蝶 Polytremis theca (Evans, 1937)

【鉴别特征】中型弄蝶。翅背面黑褐色，翅腹面褐色或覆有灰白色鳞片，翅面斑点呈白色，前翅通常具 8~9 个斑点。后翅中部具 4 个排列曲折的小斑。雄蝶翅面无性标。

【分　　布】中国浙江（凤阳山、四明山、天目山）、安徽、江西、福建、湖南、广东、广西、贵州、四川、陕西、云南。

【发　　生】4—10 月。

浙江凤阳山　2018-09-09

浙江凤阳山　2019-08-01

浙江凤阳山　2019-09-24

浙江凤阳山　2019-09-24

281. 华西孔弄蝶 *Polytremis nascens* (Leech, 1893)

【鉴别特征】中型弄蝶。翅背面深褐色，翅腹面为深黄褐色，翅面斑点细小呈白色，前翅通常具 7 个斑点，雄蝶前翅背面下部具 1 条线状性标，且性标常呈断裂状，雌蝶于同等位置有 1 个白色小斑。后翅中部具 4 个小斑。

【分　　布】中国浙江（凤阳山）、湖北、广西、贵州、四川、云南、陕西、甘肃。

【发　　生】7—9 月。

浙江凤阳山　2019-07-29

浙江凤阳山　2019-07-29

珂弄蝶属 *Caltoris* Swinhoe, 1893

【鉴别特征】中小型弄蝶。该属成虫翅底色黄褐色至黑褐色，翅面具白色、淡黄色或淡紫色斑纹。本属多数种类后翅无斑点，大部分种类雄蝶翅面无性标。

【分　　布】东洋区。

【寄主植物】禾本科 Gramineae。

282. 珂弄蝶 *Caltoris cahira* (Moore, 1877)

【鉴别特征】中小型弄蝶。翅背面为褐色，翅腹面深褐色，斑点为白色，个体间变异幅度较大，通常前翅具 4~8 个小白斑。后翅无斑纹。

【分　　布】中国浙江（凤阳山、天目山、九龙山）、福建、江西、广东、广西、海南、贵州、四川、云南、香港；印度、泰国、越南、缅甸、老挝、马来西亚。

【发　　生】5—10 月。

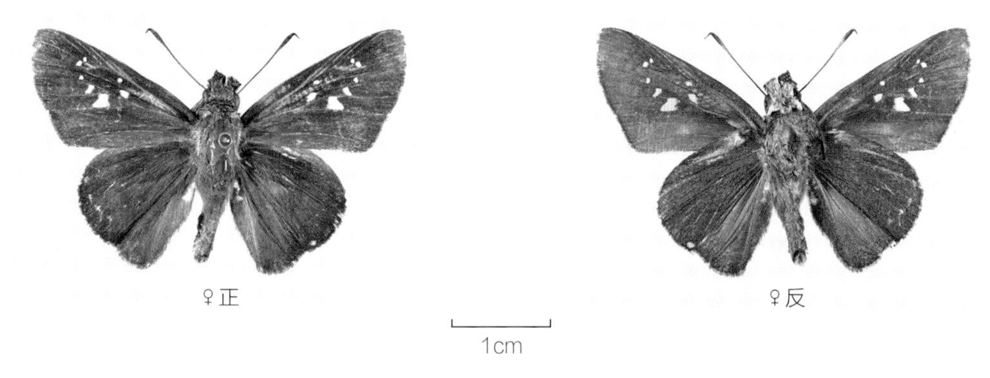

浙江九龙山　2019-08-06

浙江凤阳山
2019-08-03

283. 斑珂弄蝶 *Caltoris bromus* (Leech, 1894)

【鉴别特征】中型弄蝶。翅背面为深褐色，翅腹面为褐色，斑点为白色至淡黄白色，个体间变异幅度较大，通常前翅具 8~10 个小白斑，也有些个体前翅完全无斑纹。后翅中部通常具 1~2 个淡黄色小斑，有些个体则无斑。

【分　　布】中国浙江（四明山、天目山、西溪湿地）、福建、广西、广东、海南、四川、云南、香港、台湾；印度、缅甸、老挝、越南、马来西亚、印度尼西亚。

【发　　生】5—10 月。

浙江杭州市西溪湿地　2018-09-27

参考文献

李泽建，赵明水，刘萌萌，等．浙江天目山蝴蝶图鉴［M］．北京：中国农业科学技术出版社，2019.

刘萌萌，李秀芳，刘胜龙，等．中国粉蝶科（鳞翅目，锤角亚目）浙江一新纪录种——倍林斑粉蝶［J］．南方林业科学，2019，47（5）：71-74.

刘萌萌，姬婷婷，李秀芳，等．浙江天目山蝴蝶物种比较与地理区系分析［J］，南方林业科学，2020，48（2）：48-55.

童雪松．浙江蝶类志［M］．杭州：浙江科学技术出版社，1993.

武春生，徐堉峰．中国蝴蝶图鉴［M］．福州：海峡书局，2017.

吴鸿．华东百山祖昆虫［M］．北京：中国林业出版社，1995.

徐华潮，叶碎仙．浙江凤阳山昆虫［M］．北京：中国林业出版社，2010.

郑晓鸣，王敏彪，叶和军，等．丽水白云国家森林公园蝴蝶物种调查初步探究［J］．南方林业科学，2019，47（1）：15-18.

周尧．中国蝶类志（上下册）［M］．郑州：河南科学技术出版社，1999.

中文学名索引

E

F

G

H

J

K

L

M

N

O

P

Q

S

T

W

X

Y

Z

拉丁学名索引

D

E

F

G

H

N

O

P

R

S

T

U

V

W

Y

Z